祝贺郝石坚教授八十华诞

郝石坚教授

郝石坚教授在工作中（1994年10月）

长安大学校园内合影（左起：符寒光、张长军、郝石坚、宋绪丁）（2011年5月）

合影（前排右起：关世俊、郝石坚、裘国仁、蒋百灵；后排右起：张长军、耿刚强、王晓波、宋绪丁）（1987年7月）

论文答辩会后合影（右起：彭晓春、徐忠华、饶启昌、李启东、郝石坚、徐元福、张长军）（1990年8月）

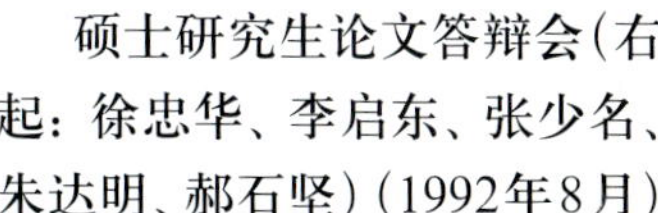

硕士研究生论文答辩会（右起：徐忠华、李启东、张少名、朱达明、郝石坚）（1992年8月）

郝石坚教授（右一）在检查铸件质量（1991年6月）

郝石坚教授（左一）在检查双金属管质量（1994年6月）

郝石坚教授在本溪南芬露天矿与现场人员研究工作（1994年10月）

郝石坚教授在巴黎凯旋门前(2010年10月)

郝石坚教授在澳大利亚墨尔本与夫人合影（1999年3月）

郝石坚教授在美国考察期间摄于芝加哥（1984年5月）

郝石坚教授在伦敦马克思墓前（1984年10月）

郝石坚教授与夫人在新西兰罗托鲁亚地热湖边（1998年10月）

郝石坚教授在日本考察期间摄于广岛市原子弹受难者纪念碑前(1984年5月)

铸造合金及耐磨材料

——祝贺郝石坚教授八十华诞

张长军　宋绪丁　符寒光　主编

北京

冶金工业出版社

2011

内容简介

本书汇集了郝石坚教授及其学生的20篇关于铸造合金及耐磨材料的技术论文，以祝贺郝石坚教授八十华诞。文章总结了作者多年从事企业技术工作的实践经验，主要包括：铸铁凝固与铸态组织，粒状贝氏体钢抗冲蚀能力研究，中低碳空冷贝氏体钢抗磨能力研究，球墨铸铁中球状石墨形成机理探讨，有关高铬铸铁磨球的一些问题，高铬铸铁亚临界温度回火产生聚合组织的热力学分析等。

本书可作为从事铸造合金及耐磨材料生产的技术人员和研究人员的参考资料，也可供相关专业的大专院校师生参考。

图书在版编目（CIP）数据

铸造合金及耐磨材料：祝贺郝石坚教授八十华诞/张长军等主编.
—北京：冶金工业出版社，2011.7
ISBN 978-7-5024-5599-6

Ⅰ.①铸… Ⅱ.①张… Ⅲ.①铸造合金—文集 ②耐磨材料—文集 Ⅳ.①TG136-53 ②TB39-53

中国版本图书馆CIP数据核字（2011）第119442号

出 版 人 曹胜利
地 址 北京北河沿大街嵩祝院北巷39号，邮编100009
电 话 (010)64027926 电子信箱 yjcbs@cnmip.com.cn
责任编辑 李 梅 美术编辑 李 新 版式设计 孙跃红
责任校对 王永欣 责任印制 牛晓波
ISBN 978-7-5024-5599-6
北京兴华印刷厂印刷；冶金工业出版社发行；各地新华书店经销
2011年7月第1版，2011年7月第1次印刷
787mm×1092mm 1/16；15印张；2彩页；364千字；227页
56.00元

冶金工业出版社发行部 电话:(010)64044283 传真:(010)64027893
冶金书店 地址:北京东四西大街46号(100010) 电话:(010)65289081(兼传真)
（本书如有印装质量问题，本社发行部负责退换）

编　委　会

主　编　张长军　宋绪丁　符寒光

编　委　贾晓国　陈志军　周小平　彭晓春

　　　　王林涛　吴鼎汕　王　歆

序

郝石坚教授1952年毕业于天津大学机械工程系。毕业后在煤炭工业部所属煤矿装备制造企业工作多年，后转入长安大学（原西安公路学院、西安公路交通大学）从事教学、科研及培养研究生工作。

1952年正值抗美援朝战争后期，郝石坚老师来到鸭绿江畔一座工厂工作。当时国家急需铸钢件替代产品，他受命主持了国内早期球墨铸铁件的研制、生产。当时没有球化剂供应，他采用击落敌机上的铝镁合金作为球化剂，研究压力加镁方法处理球墨铸铁，经过多次试验，最终消除了加镁处理中的不安全因素，获得稳定的处理工艺和镁回收率，制成合格的球墨铸铁件。这项生产技术在我国东北地区尚属首创。此后又相继开发出多种低合金高强度球墨铸铁件、硅系和奥氏体耐腐蚀球墨铸铁件，缓解了当时此类铸件生产的难题。20世纪60年代他在积累了大量球墨铸铁件铸造经验基础上制定了多种球墨铸铁件典型铸造工艺，这些工艺曾被一些铸造厂广泛应用，推动了我国球墨铸铁生产技术的进步。

在球墨铸铁理论方面，他在总结前人论述基础上，曾对球状石墨形成机理方面提出过新的见解。例如有关镁-稀土复合球化剂对球状石墨晶体形态和生长模式影响的论述，已经在企业的生产实践中得到证实，并获得一些业内专家的肯定。1989年发表了《球墨铸铁中球状石墨形成机理探讨》论文，并在所撰写的《现代球墨铸铁》专著中作了论述。

近20年来，郝石坚教授致力于高合金铸铁和铬白口耐磨铸铁的研究，特别是对高铬铸铁显微组织形成和抗磨料磨损机制方面进行了比较深入的研究。

在显微组织形成理论方面，主要成果是发现了国内外文献上未见报道的高铬铸铁中（$\alpha+Cr_7C_3$）聚合组织基体及其形成条件。这一发现使厚壁高强韧性高铬铸铁件生产工艺大大简化，降低了生产成本，提高了耐磨件寿命。这一科研成果已应用于球磨机研磨体及衬板等产品。十多年来，此种高铬铸铁件已在国内数十家工厂生产了数十万吨，经济效益非常显著。在高铬铸铁件磨损规律的研究方面，他针对火力发电、矿山机械耐磨件使用寿命进行分析测定，找出了影响铸件寿命的因素，建立了相关的模拟试验方法。开发出多种耐磨铸件，这些铸件的可靠性和工作寿命不低于国外产品，得到了厂矿企业的高度肯定。

有关铬白口耐磨铸铁的研究成果，已收录在专著《高铬耐磨铸铁》（1993）和《铬白口铸铁及其生产技术》（即将出版）及他的学术论文中。

郝石坚教授与他的科研团队曾经对高强度粒状贝氏体抗磨铸钢作了多方面的研究、测试。在对钢的成分、制造工艺、抗磨性能进行多方面优化的基础上开发出力学性能优良、抗磨能力强，适用于制造高强度耐磨铸钢件的钢种。利用此种材料制成的重型装载机履带板、推土机铲刃、铲角、冲击磨煤机冲击板等铸件，已经成功替代进口耐磨件，应用于平朔露天煤矿、本溪南芬铁矿等大型矿山。本文集收录的《粒状贝氏体钢抗冲蚀能力研究》和《中低碳空冷贝氏体铸钢抗磨能力研究》两篇文章记录了不同工况下该钢的抗磨料磨损能力测试结果以及相关分析。

20 世纪 70 年代前期，他曾花费几年时间设计研制了一批铸造装备。其中有电弧炉炉盖旋升式炉顶加料装置、水玻璃型砂再生流水线、连续式铸件抛丸清理走廊，并与西安冶金建筑学院（现西安建筑科技大学）教师合作，设计、研制成功容量 2.5t 无芯中频感应熔炼炉（获煤炭工业部科技进步奖）、与西安电炉研究所合作研制成功电弧炼钢炉可控硅-电磁转差离合器电极调节装置，均已成功投入生产运行，也为国内设计和应用这些装置的单位提供了先导技术信息。

铸铁组织形成理论是铸造领域中的核心理论问题之一。多年来，他一直注意结合生产实践，运用冶金热力学和凝固学原理，深入思索与探讨铸铁组织的形成过程和相关理论。在前人有关论述基础上陆续提出铸铁中高碳相形核、生长、铁水孕育、共晶转变、固态相变等一系列新概念，并且合理诠释了铸铁组织形成过程。这些新概念应有助于改善铸铁件质量和性能，并已收入他近年撰写的《现代铸铁学》一书中。

郝石坚教授在长安大学执教多年，亲自为本科生讲授专业课，并指导过 10 位硕士研究生。他所指导的硕士研究生毕业后均在各自工作岗位上表现出色，不负众望，已经在国家机关、高等学校、企事业单位从事教学、科学研究、技术工作或进入领导高层，成为社会的中坚力量。

多年来，郝石坚教授十分注意总结工作经验，即使已过古稀之年，仍然笔耕不辍。近些年在学术刊物上发表过30余篇论文，并撰写了约170万字的科技专著，已出版的专著有：《现代铸铁学》（第1版，2004；第2版，2009）、《现代球墨铸铁》（1989）、《高铬耐磨铸铁》（1993）。

郝石坚老师从事专业工作已近60年。他在学术上造诣精深，并具有丰富的实践经验。在生活和工作中，一贯谦逊务实，淡泊名利，治学态度严谨，善于发现新鲜事物。他经常接受单位或个人的技术咨询，也经常受邀亲赴生产现场，热情无私地指导和帮助企业处理技术难题，推广应用科研成果，提高企业技术水平，深得企业广泛赞誉，被称为学者型的工程师。

这本文集主要是从郝石坚教授近些年来发表的著作中遴选、编辑而成，同时也收录了他的学生们撰写的部分优秀论文。本文集的出版一方面展示师生们近年来的学术成果，另一方面也希望这些成果能对我国铸造事业的发展有所贡献。

本文集出版之际，恰逢郝老80华诞。编辑此书，以为纪念。

莫道桑榆晚，为霞尚满天。谨祝郝老健康长寿，晚霞长驻！

西安交通大学教授 郝建东

2011年4月18日

目　录

第一篇　郝石坚教授学术论文及著作摘录

第二篇　郝石坚教授学生的部分优秀论文

第1篇 郝石坚教授学术论文及著作摘录

1 铸铁凝固与铸态组织
2 粒状贝氏体钢抗冲蚀能力研究
3 中低碳空冷贝氏体铸钢抗磨能力研究
4 球墨铸铁中球状石墨形成机理探讨
5 有关高铬铸铁磨球的一些问题
6 高铬铸铁亚临界温度回火产生“聚合组织”的热力学分析
7 高铬铸铁等离子喷焊粉末研究与应用

【编者按】 铸铁凝固形成的组织具有两重性并且对凝固过程的热条件高度敏感，使得铸铁铸态组织形成理论显得比较复杂。当前虽然已有大量与此有关的研究文献和试验报告发表，但是仍有许多存疑的问题待解。这篇文章在比较广泛的领域内展示和讨论了一些有关的学术论点。在此基础上，本文作者引用热力学、凝固学等相关知识，并结合作者多年来研究探索铸铁组织形成过程的学术积累，在文中提出了一些新的观点。内容涉及液态铸铁结构、铸铁凝固过程中石墨形成理论、初生相和共晶组织形成、非凝固期石墨的形成、氧和氮对铸铁组织的影响、孕育理论等，几乎涵盖了铸铁组织形成理论的方方面面，可供铸铁工作者阅读、参考。

本文的主要内容和学术观点在作者撰写的《现代铸铁学》（第 1 版，2004；第 2 版，2009，冶金工业出版社）中已经有所展示，此次发表前作者又对文章内容进行了重新整理和补充。

铸铁凝固与铸态组织

(The Solidification and As-cast Microstructures of Cast Iron)

郝石坚

长安大学

摘 要：本文从微观角度讨论铸铁凝固和铸态组织形成过程。讨论范围比较广泛，涉及铸铁液态结构、铸铁主要组成相析出行为及共晶相形成原理、铸铁固态相变、铸铁孕育现象的微观本质。作者把握热力学基本原理，借助金属凝固理论提出一些与传统知识有别的新观点，并以这些观点和概念探索和诠释铸铁铸态组织形成原理，力求扩大铸铁知识领域，有助于提高和改进我国铸铁件的生产。

关键词：铸铁，凝固，铸态组织

1 液态铸铁

20 世纪 60 年代以来，人们利用 X 射线宽角衍射和中子宽角衍射方法研究铁碳合金熔液中原子分布状态，并结合超激冷液淬技术[1]、离心分离技术等，获得了一些有关液态金属结构，包括铸铁液态结构的有用信息。铸铁液态结构和性质对其冶金特性、凝固过程、铸铁显微组织和工艺性质有显著影响。深入了解液态铸铁结构可为改变铸铁组成相的形核条件以及控制铸铁组织提供依据。

---

[1] 超激冷是一种使液态金属高速（例如 2×10^6 K/s 的速度）冷却的手段，可使金属成为高黏性的冻结状态的过冷液体。由于冷速很高，原子难以进行扩散运动，便把液相的特征固定下来，形成非晶态物质。通过探查这种非晶态物质，可以研究液态金属结构。

1.1 液态金属

固态金属或合金具有各自的晶体结构，原子规则地排列在晶格结点并在结点附近小幅振动。当金属或合金受热升温时，输入的热量使其内能增加，原子热振动的振幅增大。当温度达到熔点时，晶粒内处于结点上的原子逐渐被激活并在晶体内部发生跳跃。转移出去的原子留下空位。而晶界上的原子比晶粒内的原子受到更大的影响，将会在晶粒表面间互相大量转移，使原有晶粒的晶格结构崩溃而成为失去规律性排列的原子集团。当晶粒消失到一定程度时，金属或合金失去固定的形状，转为液体状态。这个使金属由固态转变为液态所需外部输入的能量通常称为熔化潜热。

金属或合金的物相变化引起一些物理性质的变化。根据这些物理性质变化情况并对相关的科学试验数据加以分析，可以推测或判定两种物相结构之间存在的一些差异。

对一些纯金属进行物理性质测定表明，大多数金属熔化前后体积变化一般不超过5%，导电和导热性能变化幅度也有限。X射线衍射测定发现，稍高于熔点的液态金属与固态金属相比，原子平均间距增加1.0%~1.5%。这些现象预示着接近熔化温度的金属液中大部分原子间距并非无限制地变化，原子之间仍存在着一定的相互作用力。X射线衍射试验还证实液态金属中有许多由十几个到几百个原子组成的原子集团。在集团范围内，大体上保持着稍低于熔点的固态金属晶体结构的规律性。每个原子周围都存在着出现几率最高的相邻原子对，而且原子聚集比较紧密。远离集团范围的原子分布则呈现明显随机性。原子的这种分布状态，就是液态金属的短程有序性。

科学工作者采用X射线宽角衍射和中子宽角衍射方法探查液态金属，利用衍射线强度对某一特定原子周围一定范围（以球体半径r表示与该特定原子的距离）内的原子密度进行分析。图1显示以超激冷方法制取的非晶态铁（实线）与液态铁（虚线）中与某一特定原子中心不同距离（r）处的原子密度函数$g(r)$[1]。此函数既与X射线衍射强度有关（在该金属的衍射图上，液相的主峰位置与固相主峰位置相对应），又表示某特定原子周围存在其他原子的几率随r而变化的规律。此图左边有一高峰，在0.2nm处$g(r)$为零，表示在$r=0.2$nm（$r=0\sim0.2$nm）范围内不存在原子，r值超过0.35~0.4nm后，峰值骤减，变化幅度趋于减少。说明在高峰处，出现其他原子的几率最高，随着与某特定原子距离再增加，出现其他原子的几率逐渐降低。这个试验可以说明液态金属中存在着原子集团。

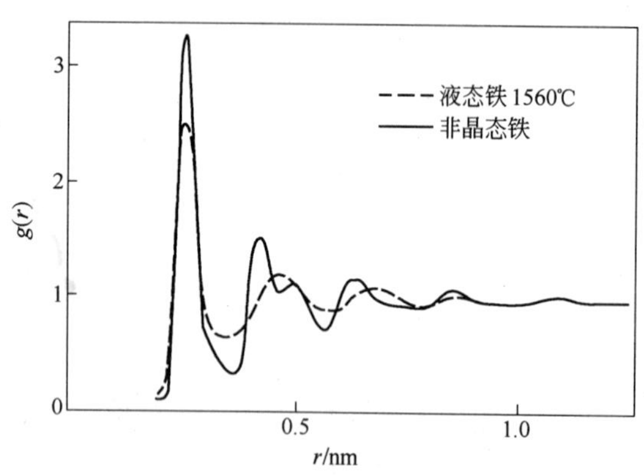

图1 非晶态铁与液态铁的r-$g(r)$图

X射线衍射试验曾经探查了一些金属的液态和固态原子间距和配位数，为近程有序理论提供了一些实验根据。

严格说来，液态金属（包括充分过热的液态金属）并不是真正意义上的匀质相。除了液相含有大量杂质微粒外，其各个微区的成分和结构都不完全相同，并且时时在不断变化之中。液态金属还显示亚显微尺度的温度起伏、能量起伏和结构起伏。所谓起伏，就是温度、能量、结构随时间和空间而有所变化。被限制在有序位置附近的原子热运动能量较高，这些原子可能摆脱邻近原子的束缚而进入其他原子集团中的空穴或加入相邻的原子集团，形成新的原子集团。因此，空穴及原子集团始终处于不间断变化之中，形成液态金属的结构起伏。结构起伏体现了原子集团的能量起伏。

几种原子组成的合金熔液同样存在着结构起伏，导致不同的原子在液相微区中浓度和分布状态都在不断变化，形成浓度起伏。

浓度起伏不仅指原子分布状态，当液态金属中含有未熔的固体微粒时，微粒表面及相邻微区可能出现元素偏聚，形成原子浓度和微粒浓度双重起伏。

液态金属由许多原子集团组成。当金属加热熔化时，在晶格内呈规律排列的原子间结合能被削弱，原子平均间距加大，变成仅在原子周围十几个到几百个原子较小范围内存在一定的原子间结合能并呈现规律排列。超出这个范围，随距离增加而逐渐变成随机分布。这种处于原子集团内部的原子有序排列称为近程有序。液态金属结构的特点之一就是原子的近程有序排列。

液态金属中存在着能量起伏。由外部输入的热量使原子热运动的能量增加。原子集团内一些原子的动能超过了原子之间的结合能，摆脱了集团内的束缚而跳跃到其他原子集团或形成新的原子集团，这样就使液态金属中的原子集团分布状态及其能量存在状态时刻都在变化。原子集团的平均尺寸、跃变速度与液体金属的加热温度有关。温度越高，平均尺寸越小，跃变速度越高，能量变化越快。液态金属中这种能量分布的可变性和不均匀性就是能量起伏。

液态金属内，原子集团间存在原子密度很低的“空位”。这些空位随原子集团分布状态的变化而变化。实验证实，空位之间有自由电子流动。这些自由电子为原子集团中所有以金属键联结的原子所共有。它们只能在原子跃变时随同正离子一起流动，具有离子导电的特征。因此，许多液态金属仍具有一定的导电能力。

1.2 液态合金

合金由两种或两种以上的原子组成。不同原子间作用力与单一原子间作用力不相同，影响到液态合金中原子分布状态，使液态合金的结构远比液态金属的结构复杂。特别是两种元素原子间作用力大于单一原子间作用力时，结构变得更加复杂。液态合金衍射强度图也随合金成分和温度的变化而改变，分析此种结构的变化也相对困难一些。

液态合金中不同原子间存在着三种结合力，即第一元素（或称溶剂元素）原子之间结合力；第二元素（或称溶质元素）原子之间结合力；第一元素和第二元素两种原子间的结合力。当原子集团发生跃变时，两种原子发生按比例跃变的几率相对很低，因此，能量起伏和浓度起伏总是相伴随地发生。

浓度起伏现象对合金凝固过程以及凝固组织都有一定影响。例如，铸铁生产中常常采用的孕育技术，其作用机理与铁水中的浓度起伏现象密切相关。

1.3 铸铁的液态结构

铁碳平衡图显示，液态铸铁的温度降低到液-固相变点温度后，将有第二相由铁液析出，析出物可能是石墨或渗碳体，也可能是固溶相、机械混合物。这些固相与铁液成分相差很多，它们的析出都经过形核和生长过程。因此，不但需要足够的相变驱动力，也需要可以形成结晶核心的基础物质。这些物质可能仅通过碳原子聚合或铁碳原子结合而形成，也可能是其他物质微晶。

液态铸铁凝固时析出的初晶中都含有碳。这些碳以不同方式依附于初晶，并赋予铸铁以不同的力学性能和物理性能。所以过去半个多世纪针对液态铸铁结构的研究都是针对碳在液相中的存在形式以及碳对于初晶形成机理和析出形态的影响。

最早流行的观点认为液态铁碳合金是碳的非饱和熔体，这种液相在化学成分上是均匀的。只当碳超过铁中的饱和浓度时，碳才以“渣”的形式析出。但是对于碳的饱和浓度是多少，并没有明确说法。这个观点随着对铸铁组织的研究和分析技术的进展而渐趋消失。

原苏联的科学工作者曾提出以胶体理论为中心的研究思路。他们把液态铁碳合金看成是一个分散系，并且对于碳原子在熔体中的分布做了一些试验，提出了碳原子集团的概念，对于认识液态铸铁结构曾经起了有益作用。

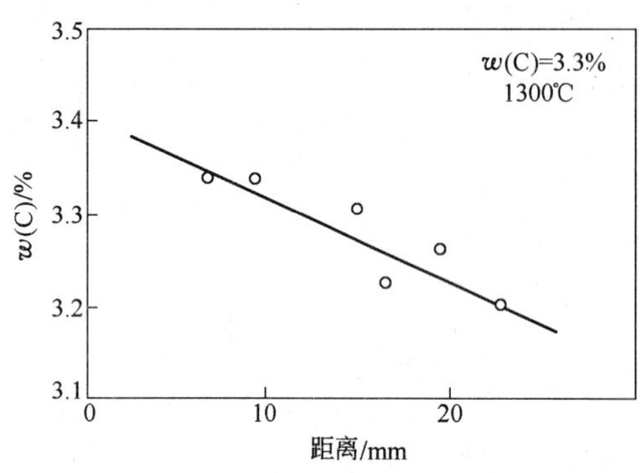

图 2 离心分离试样中碳的径向分布

为了测定铁水中碳原子分布状态，有人曾经对铸铁水进行离心分离试验。利用碳的聚集物密度远小于铁的性质，希望借助离心力将碳的聚集物分离出来。试样铁水 w(C)=3.3%~3.5%，从 1240~1490℃铁水浇注成的环状试样的不同半径处检测碳的质量分数，结果如图 2 所示[2]。

此图显示取样点含碳量随着直径增大而线性递减，说明有碳原子的偏析。研究者计算了不同含碳量和不同温度铁水中存在的碳显微集团尺寸，如表 1 所示。

表 1 不同铁水温度下碳显微集团的尺寸

w(C)/%	铁水温度/℃	碳显微集团尺寸/nm	w(C)/%	铁水温度/℃	碳显微集团尺寸/nm
3.30	1300	0.965	3.45~3.50	1280	0.96
3.30	1370	0.69	3.45	1350	0.70

表 1 中数据显示，提高铁水温度，碳显微集团的尺寸减小。

更早些时间，前苏联科学工作者还在不同含碳量下对液态铁碳合金和镍碳合金密度随过热温度及过热时间的变化进行了测定。铁碳合金含碳量在 2% 以下时，液态合金密度不因过热温度及高温保温时间的变化而增减。但含碳量超过 2% 时，液态合金温度低于 1500℃时密度随温度上升而增加；高于此温度时，则密度渐趋下降。对这一现象的解释是：密度增加的原因是未溶的碳显微集团发生溶解，空位出现变化。超过 1550℃时密度下降是由于表面张力下降引起。

密度变化试验表明液态铁碳合金中碳原子可能在一定范围内迁移和偏聚，形成可以影响熔体密度的偏聚状态，或者说形成碳原子显微集团。离心分离试验结果进一步证实了液态铁碳合金不是单相均质熔液，其中含有在重力作用下能从液相中单独分离出来的碳原子显微集团。

对液态铁碳合金进行过 X 射线宽角衍射和中子宽角衍射，从衍射强度曲线数据分析得到了液态合金中原子配位数与合金含碳量的关系。这里所说的原子配位数相当于以原子第一配位层距离为半径的球面内的原子数，与固态晶体的配位数有类似含意。此原子配位数以 N 表示。N 与合金含碳量的关系如图 3 所示[1]。

由此图可见，$w(\mathrm{C})<3\%$ 时，N 随含碳量的增加而增加。

纯铁液的最近原子距离为 0.252nm，配位数为 9 个原子。当含碳量增加到 1.8%时，最近原子距离为 0.267nm，配位数为 10.4 个原子，原子堆集密度加大；$w(\mathrm{C})=1.8\%\sim3.0\%$ 时，配位数增加到 11.2 个原子，但最近原子距离没有变化，说明原子堆集密度进一步加大。当 $w(\mathrm{C})>3.5\%$ 时，由微激冷试样中可以探查到近程有序的原子分布结构。这是通过科学仪器进一步证实了液态铁碳合金存在碳原子的非均质状态偏聚以及液相中原子分布的近程有序性。

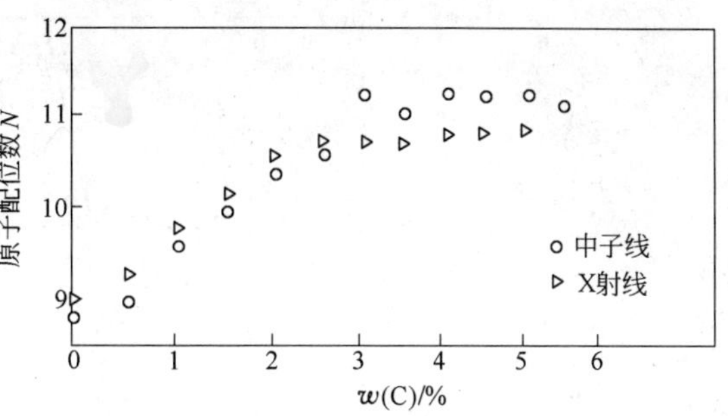

图 3　液态铁碳合金含碳量对 N 的影响

1.4　液态铸铁中原子集团的存在形式

正如前面讨论金属液态结构时所谈到，原子集团在液相中不停地迁移运动，时刻存在结构起伏。液态铸铁中以碳原子为主体的原子集团很不稳定，在时间上和空间上时刻处于变化之中，呈现结构起伏和浓度起伏。在不同条件下，它们或以 C-C 原子集团形式存在（以 $(\mathrm{C})_n$ 标识），或以 C-Fe 原子集团形式存在（以 $(\mathrm{Fe_3C})_n$ 标识）。

C-C 原子集团的存在是因为构成石墨晶体的碳原子最外层 π 电子由结合力较弱的 π 键联结。在 C-C 原子集团所在范围内，π 键仍是原子结合的基础。因此，铸铁熔化时，已有的碳原子倾向于形成 C-C 原子集团。但是随着铁液的过热程度不断提高，碳原子已不足以维持自身的联结，π 电子挣脱原子核对 π 键的束缚而转移到铁原子的 N 电子层上，和铁原子聚合，形成 C-Fe 原子集团。

1.5　铁水中碳的活度

铁水中碳的活度表示经过校正而在熔液中实际起作用的有效碳浓度，也表达实际溶液中组元间相互反应和活动能力。在热力学计算中，以活度代替浓度能更准确地反映组元和相的变化规律。铁液中碳活度提高表明碳原子活动能力增强。由于 C-C 原子集团的形成需要碳原子迅速扩散和聚集，因此，提高碳活度会加强 C-C 原子集团的形成倾向。在其他条件相同情况下，高碳铁液更易于析出石墨。可以认为，影响碳原子在液态铸铁中聚集形式的主要内在因素是碳在铁液中的活度。

图 4[3] 显示铁碳合金二元相图上绘出的碳等活度曲线。以冶金热力学计算铁碳合金熔液反应时，碳活度通常以 1%C 溶液作为标准态，研究铸铁结晶相变过程则以纯石墨作为标准态，设定其活度为 1。石墨与过饱和铁液处于平衡共存时，活度相等，均为 1。当碳超过其在铁水中的溶解度时，石墨即析出。因此在过共晶的液固相共存区内，活度仍等于 1。

由图 4 可见，温度相同的铁水，碳活度随碳浓度提高而增加。这是因为含碳量提高使容纳碳原子的空位减少，碳原子活动趋势增强所致。对于成分相同的铁水，碳活度随温度下降而提高，C-C 原子集团稳定性相应提高，π 键强度相对增强。C-Fe 原子集团易于在过热度高的铁水中保持。这种原子集团在铁液快速冷却下可以大量保留到凝固温度，促使渗碳体析出。

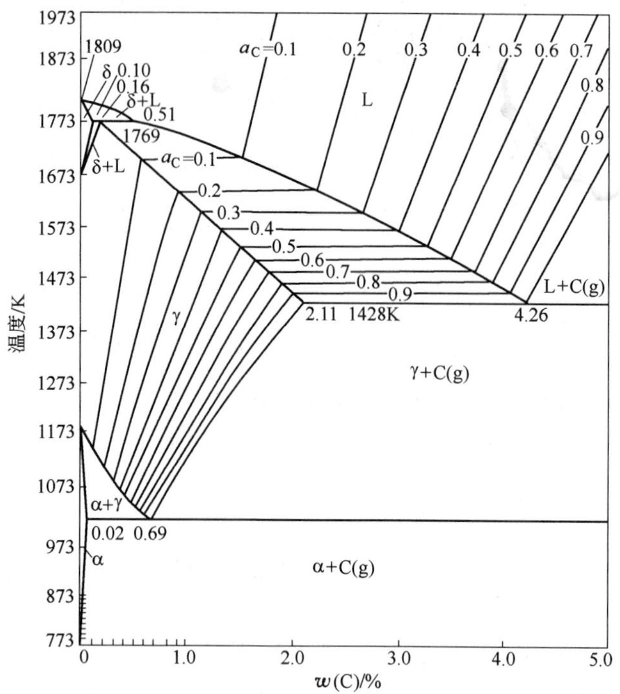

图4 铁碳合金二元相图上碳的等活度曲线

根据不同的浓度单位，碳活度可由 $a_C = f_C$［C］得到，其中 f_C 为活度系数，即实际溶液中活度与其浓度之比。已知活度系数可以计算活度。

铸铁是多组元合金。由于多组元的存在，即使碳浓度不变，碳的活度系数也将发生变化，需加以校正。因此计算铸铁活度时需引入校正用的相互作用系数 e，碳活度系数可由下式求得：

$$\lg f_C = e_C^C[C] + e_C^{Si}[Si] + e_C^{Mn}[Mn] + e_C^P[P] + e_C^S[S] \quad (1)$$

式1中，右边各项分别表示碳和其他常存元素对碳活度系数对数值的影响，相互作用系数 e 值可由有关手册查得。

下面以硅为例说明元素对铁碳硅合金中碳活度及相图的影响。Neumann 等人[4]根据硅对碳的相互作用系数 $e_C^{Si} = 2$，并设定此值不受温度变化的影响，计算了碳、硅浓度和温度与合金中碳活度的关系，并绘出 1400℃时 Fe-C-Si 三元系中碳和硅的等活度线（图5）。由图5可见，铁液中含碳量固定时，硅含量增加将使碳在铁液中的活度增大。也就是说，碳原子活动（逸出）能力随硅含量增加而增强。在相同温度下，含硅铁液中较低的含碳量相当于不含硅铁液中较高含碳量的作用，这将导致共晶转变在较低含碳量下进行。对于某一含碳量合金，硅使相图中碳等活度线移向温度较高位置，相当于发生共晶转变所需碳活度（a_C = 1）将出现在较高温度下（共析反应也有类似情况）。这就是 Fe-C 合金加入硅后共晶体含碳量降低和共晶反应开始温度提高的热力学解释。

不仅硅有这种作用，其他能够提高铁液中碳活度的元素例如镍、铜等也都能产生这种作用。这些元素对碳的相互作用系数应为正值，有助于提高稳定系共晶转变倾向，促进奥氏体-石墨共晶组织产生（石墨化）。这类元素称为石墨化元素。相反地，对碳的相互作用

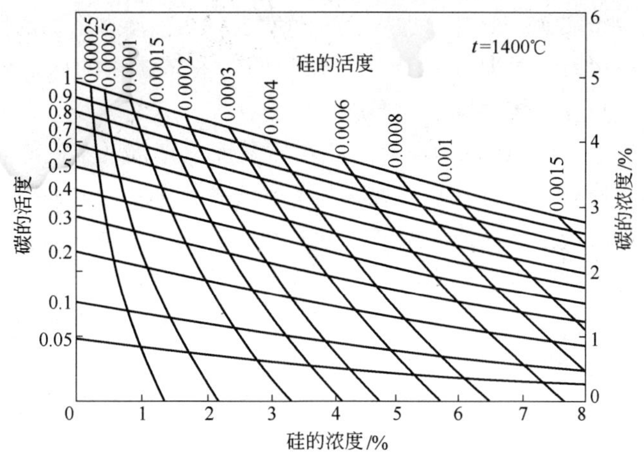

图5　Fe-C-Si 三元合金中碳和硅的等活度线（1400℃）

系数为负的元素，如锰（$e_C^{Mn}=-0.007$），钼（$e_C^{Mo}=-0.007$），铬（$e_C^{Cr}=-0.015$），钛（$e_C^{Ti}=-0.039$），都降低共晶转变温度，有助于提高亚稳定系共晶转变倾向，常被称为反石墨化元素。

1.6　液态铸铁中的非匀质物质

用以熔成铁水的炉料会因其含有不同的高碳相而使液态铸铁结构发生变化。例如，铸造生铁（灰口）中含有粗大石墨，炼钢生铁（白口）则含有大量渗碳体。如果这些高碳物质在熔炼过程中未充分熔化，一部分仍以非匀质状态存在，它们会成为铁液中原子集团的“种子”。未熔石墨微粒或者直接成为石墨晶核，或者形成 C-C 原子集团，促进石墨形核。未熔渗碳体能在铁水中产生许多 C-Fe 原子集团，促进渗碳体生成。铸铁凝固组织在一定程度上似乎成为非匀质相“遗传”效应的产物。在生产上，为了减弱或消除这种现象，需要把铁液充分过热。过热促使生铁中高碳相熔化，碳以原子状态进入液态铸铁。但是过热不能完全消除“遗传”效应。

工业生产制取的铁水中存在着大量异质微粒。将萃取自工业铸铁的石墨加以煅烧，在煅烧残留物中发现 $1cm^3$ 石墨晶体中含有近 500×10^4 个氧化物微粒，4300×10^4 个硫化物微粒，500×10^4 个碳氮化物微粒[5]。各种微粒的数量与炉料和铸铁的化学成分有关。这些微粒中只有极少一部分与石墨晶格结构相近，具有良好的共格关系，易于匹配，能够成为石墨的有效形核基质，促进石墨析出。人为提高这类微粒存在数量是促进石墨化的手段之一。

液态铸铁中还有氧、氮、氢等气体元素。这些元素来源于多个方面：熔化过程中从大气中吸收，炉料带入，冶金反应所产生。工业铁水中的氧常常处于饱和状态，其含量因不同的熔炼工艺、熔化温度、冶金反应程度而有所变化，氧以游离状态或化合状态（SiO_2、MnO）存在于铁水中。SiO_2 因能成为石墨形核基质而对铸铁中石墨的析出产生影响。铁水中的氮对液态铸铁结构未发现明显影响，但在改变共晶过冷度以及稳定共析组织方面有一定作用。

1.7　认识液态铸铁结构的意义

近代有关冶金熔液的研究提示：调整液态铸铁结构可以改变铸铁组织。铸铁孕育处理获得工业应用即是一个实例。此外，加入合金元素也有调整液态结构的作用。

通过热力学分析以及衍射技术的应用，使我们对液态铸铁的认识确是向前迈进了一步。但是，液态铸铁只在其熔点以上的温度稳定地存在，它与环境之间不停地进行着各种反应（如氧化）。因此，对它的认识还不能像在显微镜下直接观察固态金属那样准确和直观，还需要人们不断地努力，打开直接观察和了解液态合金结构的大门。

综上所述，无论从理论意义或实践意义方面看，了解液态铸铁结构都是有用的。探讨液态铸铁结构对于铸铁件的生产至少有以下一些意义：

（1）通过调整液态铸铁结构获得预期的凝固组织。例如，在生产中，选用不同类型生铁（白口或灰口）熔化出来的铁水可在凝固过程中形成不同类型的共晶组织；增加炉料中钢的含量（提高铁水氮含量），可以促进珠光体基体生成；改变铁水浇注温度和提高铁水的碳活度，可以促进石墨生成等。

（2）生产优质铸铁，需要进行孕育处理。合理孕育有助于促进石墨形核，改善铸铁组织，提高其力学性能。液态铸铁结构的研究有助于揭示孕育机制以及影响孕育效果的诸多因素。

（3）铁水的黏度、表面张力与其液态结构密切相关。铁水的黏度、表面张力是决定铁水流动性和充型能力的重要因素。此外，液态铸铁结构对于其他铸造性能也有一定影响。因此，了解液态铸铁结构是生产完美铸铁件的重要方面。

（4）一些物理方法，例如机械振动和超声波处理、激冷、压力下结晶对铸铁组织的改善作用也都与液态铸铁结构变化有关。掌握液态铸铁结构变化规律，有助于开发新的铸造方法，从而扩大铸铁的应用范围。

2 铸铁凝固

2.1 铁碳相图

铁碳相图显示含碳量不同的铁碳合金在平衡条件下各组成相存在的温度、成分范围以及合金液-固相变和固态相变的临界数据。其显著特点是具有二重性。在不同的相变条件下，可能出现含有亚稳高碳相-渗碳体的亚稳定系铁碳合金，也可能出现含有稳定高碳相-石墨的稳定系铁碳合金。

在平衡转变条件下，产生石墨晶体的必要条件首先是碳原子有足够的活动能力，能够在液相中顺利地向结晶核心聚集；其次是，石墨核心周围的晶体生长区中，铁原子能充分自扩散，为石墨晶体提供生长空间。但当合金冷却速度较高时，铁原子来不及充分撤离，碳原子移动也受到限制，在这种情况下，铁、碳原子在较短距离内迁移，进行即位化学反应，碳原子与铁化合成为渗碳体。铁碳合金中有第三元素硅存在时，形成高碳相的过程相对复杂一些。因为第三元素以及更多的其他元素改变碳在液态或固溶体中的活度，影响碳原子在铁液（或固体铁）中的逸出能力。

灰铸铁含硅量范围通常为1%～3%。图6显示的Fe-C-Si亚稳平衡相图（2%Si截面）对显示铸铁相区和相变温度有实际意义。与熟知的Fe-C二元相图不同的是，相图中出现了多个三相共存区。亚稳系相图中的三相区有：$\delta+\gamma+L$、$\gamma+Fe_3C+L$、$\alpha+\gamma+Fe_3C$。稳定系相图的三相区则为：$\delta+\gamma+L$、$\gamma+G+L$、$\alpha+\gamma+G$。因此，共晶转变和共析转变都是发生在一个温度范围内。随硅含量变化，此温度范围也发生变化。

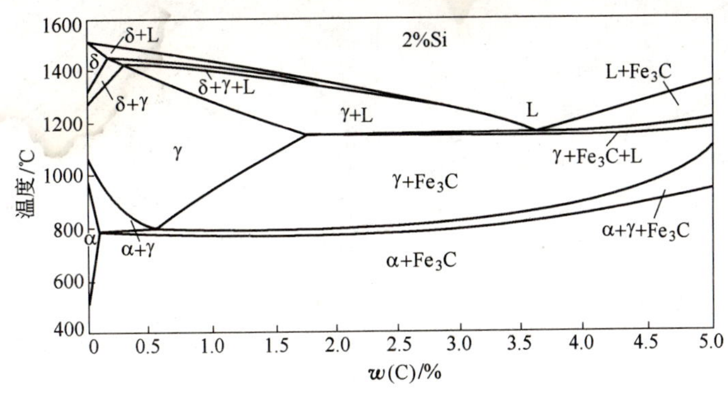

图6 铁碳硅三元合金亚稳定相图（2% Si 截面）

根据相律，系统压力不变时，系统自由度数（即平衡系统中，在一定范围内独立可变因素数）等于系统中组元数（C）和平衡相数（P）之差再加1，即$f=C-P+1$。

在三组元合金中，只有三个相能在一个温度范围内保持平衡相数不变。因此，在Fe-C-Si系中，液相＋奥氏体＋石墨（或渗碳体）或铁素体＋奥氏体＋渗碳体都可以在一定温度范围内共存。

随着硅含量提高，共晶碳含量减少，奥氏体液相线向左移。这是因为硅原子占据了奥氏体晶格中的一些位置，导致碳在奥氏体中的溶解度下降。例如，Fe-C合金中含硅2%或4%时，碳的最大溶解度分别下降到1.7%或1.4%。γ单相区的相界向左移。同时α单相区和α＋γ两相区也随之变化。此外，共析点碳含量相应减少到0.6%和0.4%，共析转变温度随含硅量增加而提高，转变温度范围相应扩大。铁碳合金加入硅后，稳定系共晶转变临界温度提高，亚稳定系共晶转变临界温度下降。

2.2 铸铁实际相变温度和成分

在生产环境下，铸铁件冷却凝固时的实际冷速通常高于平衡冷速，而且由于除铁、碳、硅外铁水还含有其他化学成分，并且在熔炼过程中铁水受到氧化和污染，以致铸铁实际相变临界点、相区范围等与平衡相图存在差别。这些因素会使相变参数和铸铁凝固组织形态偏离纯合金。下面对生产现场取样测定的灰铸铁凝固数据与相图显示数据加以比较。数据包括初生奥氏体开始析出温度、过共晶灰铸铁初生石墨开始析出温度、过共晶白口铸铁初生渗碳体开始析出温度、灰铸铁和白口铸铁共晶转变温度和共晶碳含量、灰铸铁奥氏体固相线温度，这些数据都来自不同凝固环境下铸铁冷却曲线的特征点，对实际生产很有用。

（1）初生奥氏体开始析出温度（亚共晶灰铸铁液相线）。亚共晶灰铸铁的凝固一般始于初生奥氏体析出。初生奥氏体开始析出温度和它的生长温度间隔是影响铸铁组织的重要因素。工业铸铁的初生奥氏体开始析出温度一般是偏离铁碳硅合金相应平衡温度的。产生这种现象的原因，除了动力学因素外，还与在空气中熔化、过热使铁水受到氧化有关。图7显示了几种熔炼条件下碳当量不同的铁水中初生奥氏体开始析出温度[6]。

图7中曲线1的温度数据取自氩气保护下熔化并过热到1450℃铁水的冷却曲线。炉料

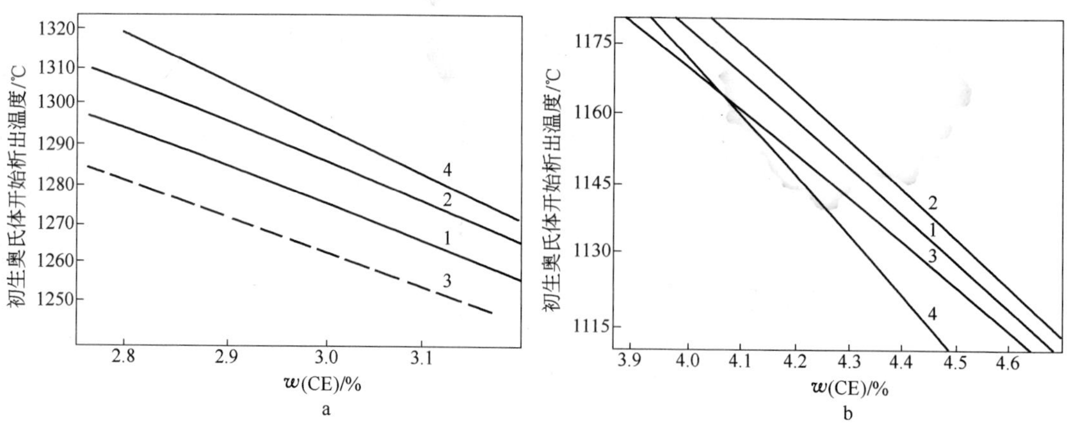

图7 几种熔炼条件下碳当量不同的铁水初生奥氏体析出温度

a—$w(CE)=w(C)+0.25w(Si)+0.5w(P)=2.8\%\sim3.2\%$；

b—$w(CE)=w(C)+0.25w(Si)+0.5w(P)=3.9\%\sim4.6\%$

为高纯生铁、钢、硅铁和增碳剂。初生奥氏体开始析出温度（T_γ）与碳硅含量的关系如下：

$$T_\gamma = 1569 - 97.3(\%C) + 0.25(\%Si) \quad ℃ \tag{2}$$

在密闭熔炉中熔化相同炉料，但通入 CO_2 使铁水强制氧化，则初生奥氏体开始析出的温度提高，如图7中曲线2所示。

为了进一步比较铁水氧化的影响，在上述强制氧化后的铁水中加入 $w(Al)>0.01\%$、$w(Mg)>0.04\%$ 或 $w(Ce)>0.015\%$ 脱氧，继续在氩气保护下熔化并过热到1450℃后，测得图7中的曲线3数据。可以看出，强制脱氧后，初生奥氏体开始析出温度显著降低。对 $w(CE)=3.9\%\sim4.6\%$ 近共晶铸铁和球墨铸铁原铁水以及 $w(CE)=2.75\%\sim3.1\%$ 的可锻铸铁进行了生产现场取样测定，其结果如下：

$$T_\gamma = 1669 - 124[(\%C) + 0.25(\%Si) + 0.5(\%P)] \quad ℃ \tag{3}$$

此式绘成图7曲线4。比较图7中的曲线3和曲线4可以看出：$w(CE)$较低情况下，取自现场铁水的温度数据高于实验室试样的数据；$w(CE)$较高时出现相反情况（图7b）。对于共晶和亚共晶灰铸铁，铁水过热温度高（超过1450℃）、铁水在高温下保持时间长、炉料中含有带锈废钢、冲天炉送风氧化性较强，都会提高初生奥氏体开始析出温度。其他熔化条件，例如熔炉类型、熔炼方式、炉前处理过程、废钢加入量，也会对初生奥氏体开始析出温度产生影响。

（2）过共晶灰铸铁初生石墨开始析出温度（过共晶灰铸铁液相线）。这个温度是过共晶成分铁水按稳定系转变的液相线温度。对于灰铸铁，此温度与铁水的碳、硅含量有以下关系：

$$T_g = 389.1[(\%C) + 0.33(\%Si)] - 503.2 \quad ℃ \tag{4}$$

此式表明，过共晶灰铸铁的液相线在相图中是比较陡峭的。高碳当量铁水的初生石墨开始析出温度较高。例如，根据上式，$w(CE)=4.6\%$ 的灰铸铁，初生石墨开始析出温度约为1287℃。由此温度下降约130℃才能达到共晶转变温度。这是一个很宽的晶体生长温度范围，在此温度范围内，石墨得以生长成为粗大晶体。

（3）过共晶白口铸铁初生渗碳体开始析出温度（过共晶白口铸铁液相线）。这个温度是过共晶成分铁水按亚稳定系转变的液相线温度。对于白口铸铁，根据热力学计算，有以下关系式[7]：

$$w(C_{max}) = 4.34 + 0.1874(t - 1150) - 200\ln(t/1150) \quad (5)$$

式中，$w(C_{max})$ 为 t 温度下碳在铁水中的最大溶解量。此式实际上表明了过共晶白口铸铁渗碳体开始析出温度与碳含量的关系。与式4相比较，碳含量相同情况下，初生渗碳体开始析出温度低于初生石墨开始析出温度。

（4）灰铸铁和白口铸铁共晶转变温度和共晶碳含量。根据实际测定，得到以下数据：

对于灰铸铁：

共晶转变开始温度(℃) $t = 1155 + 6.5(\%Si)$ (6)

共晶含碳量(%) $w(C) = 4.26\% - 0.316(\%Si)$ (7)

对于白口铸铁：

共晶转变开始温度(℃) $t = 1150.4 - 20.2(\%Si)$ (8)

共晶含碳量(%) $w(C) = [(100 - (\%Si))/100] \times 4.26\%$ (9)

以上式子表明：硅能提高灰铸铁共晶转变开始温度，降低白口铸铁共晶转变开始温度。两个共晶转变开始温度之差 =4.6 +26.7（%Si）。可见硅使共晶转变开始温度差别增大的作用十分显著。不含硅的铁碳二元合金，此温度仅为4.6℃；而 $w(Si)$ 为2%时，此温度达到58℃。以上各式只考虑了硅的影响，在实际铸造过程中，动力学因素的影响也是很显著的。

（5）灰铸铁中奥氏体固相线温度。此温度（$T_{\gamma s}$,℃）由以下关系式表示：

$$T_{\gamma s} = 1528.4 - 177.9[(\%C) + 0.18(\%Si)] \quad (10)$$

式中，方括号内数据为碳、硅含量对于奥氏体固相线温度的影响，可见硅对于固相线温度的影响小于对奥氏体液相线温度的影响。

2.3 影响铸铁凝固过程的热力学因素

具体如下：

（1）合金相变的能量条件。物质状态的变化总是伴随着物质能量的变化。合金体系内相变或化学反应都是能量变化的过程。热力学定义了判断相变和化学反应过程的状态函数——自由能。反应物质化学成分一定时，影响自由能变化的基本因素是温度。恒温恒压条件下，相变或化学反应的体系自由能减小（$\Delta G < 0$）的方向就是相变或反应自发进行的方向。当自由能变化达到最小值，即 $\Delta G = 0$ 时，相变不再进行，反应达到平衡。

系统压力不变时，自由能除与温度有关外，还与组元浓度和组元原子间相互作用能量有关。某个相的自由能是温度和相内组元浓度的函数。分析相变过程需要借助不同温度下自由能和组元浓度的关系。根据热力学计算，可以绘成某一温度下大多数呈U形的自由能-成分曲线。曲线位置随温度而变。如果某一成分点的成分线与曲线相交，交点即表示具有该成分的相的自由能数值。交点处的曲线斜率代表具有该成分的组元的化学位（偏摩尔自由能）。处于平衡状态多个相内的同一组元的化学位是相等的。因此，各平衡相的自由能-成分曲线必定有公切线。相变产生的新相与母相间的自由能差是相变驱动力，此驱动力推动相变进行。新相析出使系统的自由能降低。自由能降低越多，转变越容易进行。

当熔液温度高于液相线温度时，任何成分的液相其自由能均小于可能析出的固相的自由能。在此温度下，铸铁中奥氏体和高碳相均不能析出。当铁水过冷到低于液相线温度时，从自由能-成分曲线看，成分为 $w(\mathrm{C})$ 的液相自由能高于液相和奥氏体两相平衡混合体自由能[1]，差值即为析出奥氏体的热力学驱动力。液相中碳平衡浓度随温度下降而提高，形成向外的碳化学位梯度。液相中碳原子将在热对流促进下向外扩散。温度进一步下降，奥氏体进一步生长。液相的碳浓度不断增加，最后达到共晶成分。

共晶成分铁水过冷到低于平衡共晶转变温度时，碳和铁同时处于过饱和状态，液相自由能高于奥氏体-石墨平衡混合自由能。如果凝固条件促使合金按稳定系转变，液相将转变为奥氏体＋石墨。固相析出后，液相与石墨界面和液相与奥氏体界面碳浓度差别继续存在，液相中的化学位梯度使碳原子扩散，石墨界面附近的液相中碳原子饱和，石墨进一步生长。奥氏体与液相界面附近的液相中铁原子过饱和，奥氏体随之继续结晶，直到共晶转变完成。

过共晶成分铁水降温到液相线以下的温度时，其碳浓度超过共晶平衡浓度，过冷铁水自由能比液相与石墨平衡的两相混合自由能高，自由能差值就是析出石墨的热力学驱动力。如果液相中石墨形核条件合适，将有初生石墨析出。

（2）过冷。合金在冷却过程中，相变实际温度低于平衡转变温度的现象称为“过冷”。两个温度的差别称为过冷量。过冷是积累相变所需能量的普遍现象。冷却速率、结晶环境、结晶条件以及合金性质对合金相变过冷量有直接影响。动力学因素产生的过冷常称为物理过冷或热过冷。铸铁的凝固组织对热过冷量是非常敏感的。当铁液过冷到 $\mathrm{Fe\text{-}Fe_3C}$ 相图的共晶温度以下开始转变时，产生渗碳体-奥氏体共晶（白口铸铁组织）；过冷到低于 Fe-C（石墨）共晶温度和高于 $\mathrm{Fe\text{-}Fe_3C}$ 相图共晶温度转变时，产生石墨-奥氏体共晶（灰口铸铁组织）。

除了热过冷以外，在合金凝固界面前沿还可能出现一种取决于合金结晶性质和溶质扩散性质的“成分过冷”现象。合金凝固过程中，进入固相的溶质浓度低于进入液相的溶质浓度时，随温度下降，将有更多的溶质由固相排出而富集于凝固界面前沿的液相中。如果溶质不能充分扩散，将使界面附近的液相凝固温度因溶质浓度不同而呈曲线变化。但热传导使离开界面的液相温度基本上呈线性变化。因此，处于界面前沿不同距离的液相中实际过冷量出现差异，近界面处过冷量减小，最大过冷量出现在离开界面一定距离的液相中。这样就出现了因溶质富集而产生的过冷量分布偏离热过冷量分布的现象，即出现了成分过冷。成分过冷可促使熔液在离开界面、过冷最大的部位形核，孤立地析出固相并生长（一般称之为内生长）。这种现象可导致凝固界面形貌以及凝固组织形态发生变化。

[1] 液相和奥氏体两相自由能曲线的公切线上，液相和固相中的组元化学位相等，因此能代表两相平衡混合体自由能。

3 铸铁中的石墨

3.1 石墨晶体基本结构

石墨是灰铸铁中特有的组成相。石墨晶体具有六方晶格结构（图8），碳原子占据着六方棱柱体的各个角点。单元晶格包含基面和棱柱面。基面是晶体中原子密集面（原子间距为 14.21×10^{-9}m），其中的碳原子以结合力较强的共价键联结，结合能约为 293～335kJ/mol，原子结合牢固。此晶面的晶体学符号为（0001），其晶向［0001］通称为 c 向。棱柱面的原子间距为 33.54×10^{-9}m，原子层之间以极性键结合，原子结合能为70kJ/mol。相邻棱柱面方位相差60°，以（$10\bar{1}0$）为代表晶面。［$10\bar{1}0$］晶向通称为 a 向。石墨晶体的这种结构使其强度处于很低水平[8]。

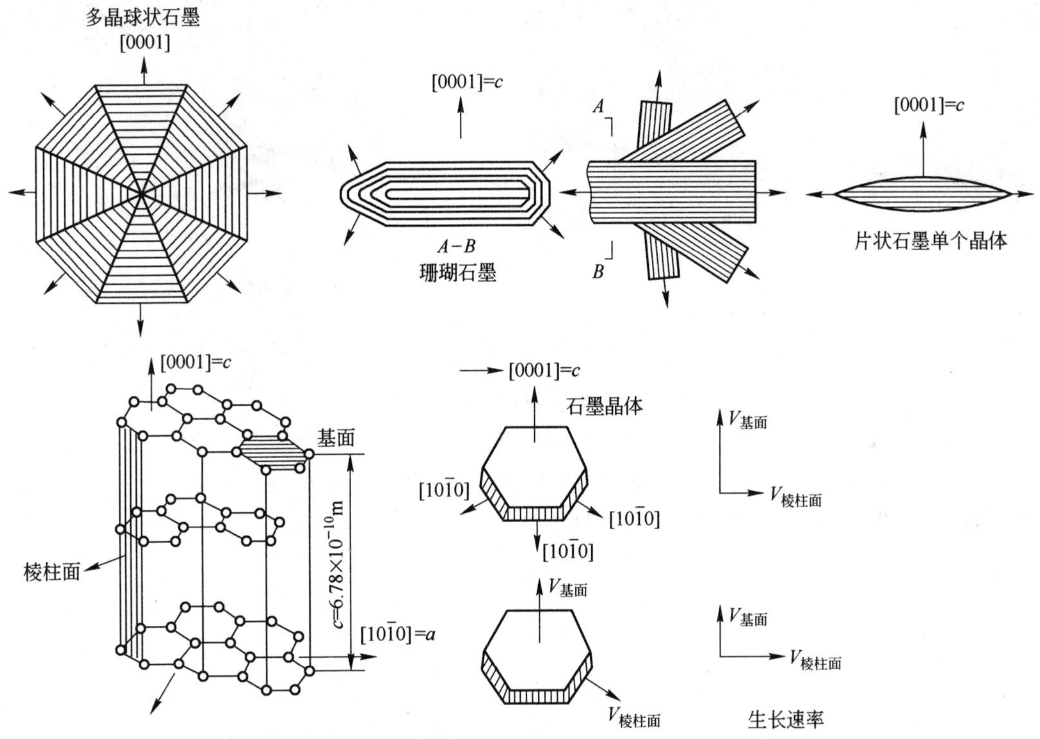

图8 石墨晶体的六方晶格结构

（1）片状石墨。片状石墨晶体是由许多薄片状晶体叠集而成。薄片晶体之间存在着许多亚结构。探查晶体结构发现由于杂质原子陷入和结晶条件限制，普通铸铁的石墨晶体中，总是存在许多晶体缺陷。一些特定的晶体缺陷可为石墨生长提供生长台阶，不同的生长台阶使晶体按不同模式生长。

（2）球状石墨。经过球化处理的铸铁中出现接近球形外廓的球状石墨。在扫描电子显微镜下观察深腐蚀、热氧腐蚀、离子侵蚀试样，可以看到球状石墨表面极不平整，外表呈现局部凸起和凹陷，并有深邃的沟槽和孔洞。球状晶体内部组织呈现松散状态。表面存在近似六方形的晶体生长螺线。对石墨球体进行离子轰击后，球体剖面上出现年轮状特征。

年轮形貌显示石墨晶体（0001）晶面取向的纹理（图 9）[9]。

透射电镜揭示出球状石墨的多晶体结构。石墨球体包含许多呈三维辐射状分布的单晶体。石墨晶体沿晶格［0001］方向由一个共同核心向外辐射状生长，形成许多类似锥形的单晶体。这些单晶体构成球状石墨。这些单晶体中的晶格基面（0001）取向大体上与球体外表接近平行，与辐射生长的方向相垂直。图 10 示意表明此种结构。

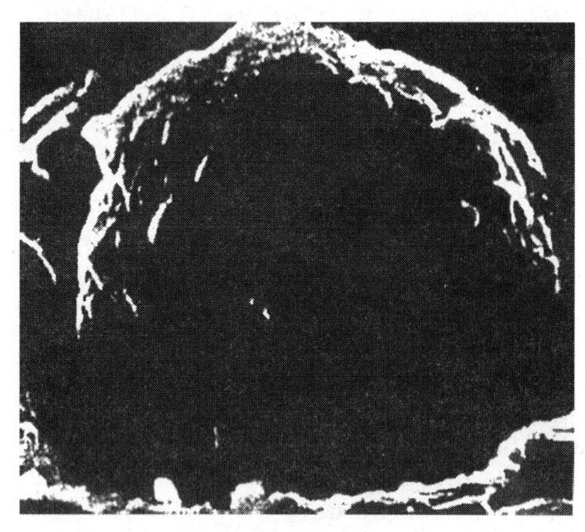

图 9　球状石墨外观（SEM）

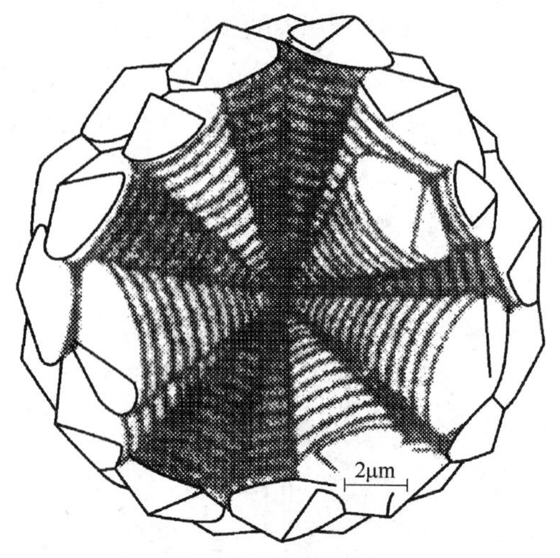

图 10　锥形晶体构成球状石墨示意图

大多数球状石墨中心部分可以观察到核心物质的存在。已经查明的核心物质大多数是由氧化物和硫化物构成，也存在这些化合物的复合物。例如，镁、铈、稀土元素各自的硫化物、硅的氧化物（SiO_2）以及硫化物和氧化物的复合物。分析数据显示，镁、铈的硫化物和硅的氧化物以及这些物质的复合物是构成球状石墨形核基质的主要物质。由于这些物质的晶体结构与石墨晶体结构有一定晶格匹配关系，碳原子沉积在上面，进一步生长可以成为石墨结晶核心。

M. J. Hunter 等在透射电子显微镜下观察热氧腐蚀试样，看到球状石墨心部存在细小的片状石墨[10]；与偏振光观察结果做了比较，发现每个球状石墨的心部都存在一个线状或分枝状的暗色物质，并证实所观察到的暗色物质是片状石墨。接近中心的石墨晶体，其（0001）晶面垂直于辐射方向，往外则逐渐变成与球体相切的切面。这种石墨结构示意于图 11。他提出这种位于石墨球体心部的片状石墨是普遍存在的。经多方面探查，无论从晶体结构上或形态上都不能证实球状石墨多晶体的生长起始于这种细小而没有特定形状的片状石墨。因此，尚不能确认任何足以促使石墨呈球状的特定核心结构。人们也提出过一些相关机制，但是后来发现球状石墨核心物质的成分和结构是多种多样的，并没有找到特定的核心结构足以使石墨呈球状。已经查明的物质大多数是氧化物和硫化物，也存在这些化合物的复合体，例如，镁、铈、稀土元素各自的硫化物、硅的氧化物（SiO_2）以及各种氧化物的复合物（xMgO · $y$$Al_2O_3$ · $z$$SiO_2$、$x$MgO · $y$$SiO_2$、$x$$SiO_2$ · $y$$Al_2O_3$）、硫化物和氧化物的复合物（$x$MgS · $y$$SiO_2$ · zMgO）。有些化合物中还含有氮、铝、碲等元素。

采用电子探针探查形核基质结构，发现它们是双层结构。其内层以钙、镁的硫化物为

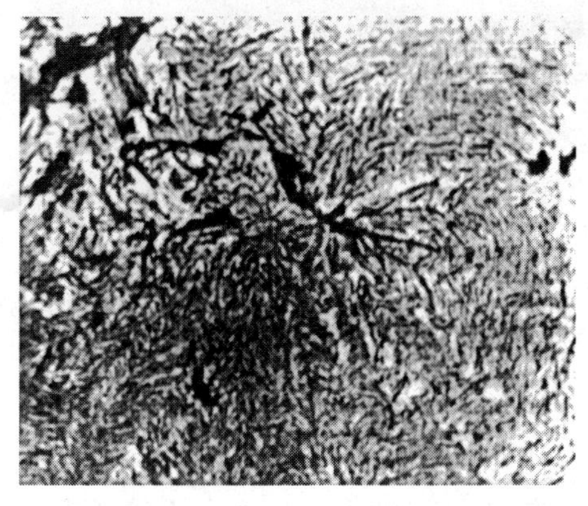

图11 石墨球体心部存在石墨片体

主体，尺寸约为整个形核基质的1/10。外层呈脊柱状，主体为镁、铝、硅、钛的氧化物，两层物质之间有一定的结晶方位关系。研究者提出，所观察到的黑色物质是片状石墨。接近中心的石墨晶体，其（0001）晶面垂直于辐射方向，往外则逐渐变成与球体相切的切面。有研究者提出这种位于石墨球体心部的片状石墨是普遍存在的。球状石墨的生长起始于这种细小而没有特定形状的片状石墨。

（3）蠕虫状石墨。一些石墨的生长模式兼有片状石墨和球状石墨特征，形态上兼有片状石墨和球状石墨的一些特点。这类石墨称为中间形态石墨。蠕虫状石墨是典型的中间形态石墨。

蠕虫状石墨片体比较粗厚，末端圆钝，生长方向变化频繁（图12）。也能观察到一些石墨呈球状。观察深腐蚀试样可以看到，许多蠕虫状石墨处于不同的共晶团内。在一个共晶团内，石墨的生长均源于一个结晶核心，通过核心互相交联。在光镜下可以看到蠕墨铸铁中有些球状石墨，这些石墨虽呈球状但也是与石墨分枝连接着。有些则是真正单独生长的球状石墨。

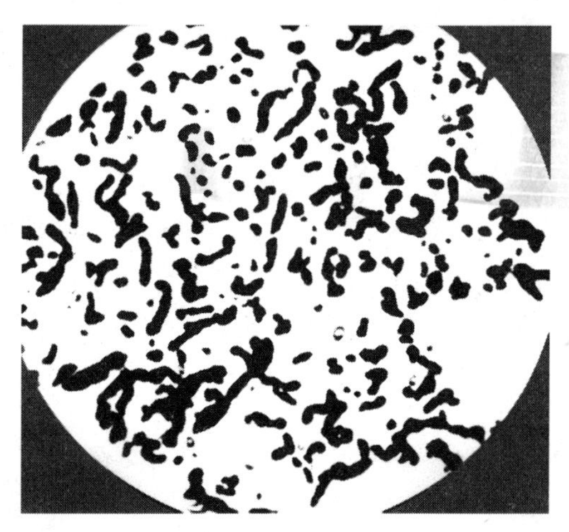

图12 蠕虫状石墨

（4）珊瑚石墨。低硫铁水快速冷却后可以得到一种分布于奥氏体枝晶间的细小石墨。从分布状态上看，难与过冷石墨相区别，这种石墨被称为珊瑚石墨。珊瑚石墨比过冷石墨分枝更为频繁，单体尺寸更小，片体端部圆钝，与过冷石墨的尖锐端头有明显区别。珊瑚石墨生长模式与片状石墨类似，只是因为铁水冷速高，片体不能充分生长而形成这种形态。经过稀土合金处理的铁水以不同速率冷却时，随着冷速变化，石墨可能由过冷石墨改变为珊瑚石墨，再改变为蠕虫石墨。可以认为珊瑚石墨是过冷石墨和蠕虫石墨之间的一种过渡形态石墨。

（5）絮状石墨。絮状石墨是白口铸铁经过高温石墨化退火而产生的石墨。这种由碳原子在固态下扩散而形成的石墨，常因原始化学成分、组织和热处理工艺的不同，而呈现不同的聚集状态。对于可锻铸铁，希望具有球絮形或团絮形石墨，石墨晶体呈现比较紧密的聚集状态。光学显微镜下团絮状石墨表面粗糙。扫描电镜下可以观察到它是由源自核心向四周延伸的不规则链状石墨单晶体组成，其间存在一些基体金属（深腐蚀后金属去除而成为深邃孔洞）。单晶体的基面间互成角度，其主要生长方向是［0001］晶向。

3.2 片状石墨生长

当前已经观察到的石墨形态有几十种，分属不同类型。已知石墨形态及结构都与它们的生长模式有关，不同的生长模式在很大程度上决定了石墨形态和结构。通常根据石墨的外部形貌对其进行分类，实际上也是对石墨生长模式的划分。

石墨的形成过程符合一般晶体结晶规律，要经过形核和生长两个阶段。铁水内的某些杂质微粒、硫化物和氧化物都可能成为石墨的形核基质。当铁水的碳活度达到一定程度，碳原子移向形核基质，并在其上沉积，形成石墨微晶。这种微晶以及铁水中残留的未溶石墨微粒达到一定尺寸后，都能成为有效的石墨结晶核心。

石墨结晶核心中的碳原子并不完全按照石墨晶格结构整齐排列，而是存在许多晶体缺陷。有些晶体缺陷可为石墨生长提供生长台阶。对石墨生长最有作用的缺陷是螺位错和旋转孪晶。由于碳原子在不同生长台阶上的结合能不同，而且受到一些表面活性元素的影响，导致出现不同的生长机制，产生形态各异的石墨晶体。

石墨晶体是沿六方晶格的［$10\bar{1}0$］晶向和［0001］晶向生长的。两个晶向的生长起始于不同的生长台阶，并有各自的生长机制。在缺陷提供的台阶上添加原子是晶体生长的一种方式。由于晶体缺陷处具有较高能量，易于接纳外来原子。台阶上接纳了一层原子后又形成新的台阶，原子继续添加在新的台阶上，使晶体进一步生长。

观察由灰铸铁萃取的片状石墨晶体，发现它是由许多呈层状排列的薄片状石墨叠集而成。薄片状晶体大体上平行于石墨片体表面。在片状石墨单晶体内，沿晶体长度方向的延伸量远大于片体增厚量。

以亚组织形式存在的单个无缺陷晶片厚度约为 0.1μm[15]。X 射线电子衍射图像探查到这些微晶片因晶格位向差异而构成旋转孪晶，如图 13a 所示。相邻的晶格基面以［0001］方向为轴线，变换一定角度，探查到的角度约为 13°、22°、28°以及由这些角度组合成的角度。这种旋转孪晶结构为石墨晶体的生长提供了所需的生长台阶。沉积在台阶上

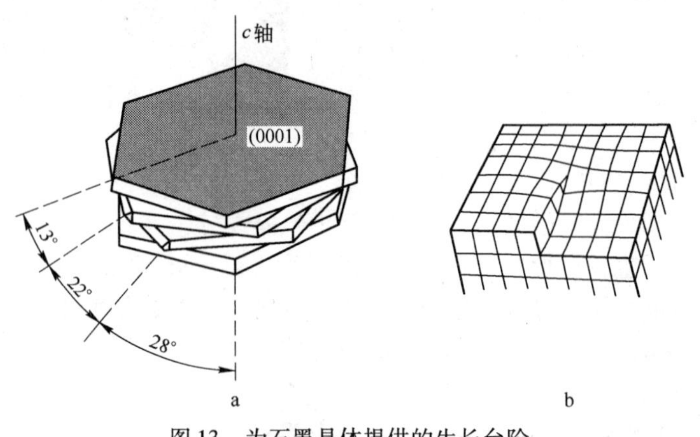

图 13 为石墨晶体提供的生长台阶

a—旋转孪晶；b—螺位错

的碳原子使石墨晶体沿（0001）面不断延伸。这种生长机制表明，片状石墨长度增长是沿晶格棱柱面晶向添加新的棱柱面，属于［10$\bar{1}$0］方向的二维生长。

片状石墨的片体增厚是按另一种生长机制进行的。扫描电子显微镜下可以在石墨片体表面（特别是过冷石墨表面）观察到一些六方形的螺位错线，如图14所示[8]。这种生长方式由螺位错口（图3b）提供生长台阶。当碳原子沉积在这些螺位错口上时，晶体将按旋梯方式生长（图15）。根据晶体学计算，螺位错生长存在临界回转曲率半径，晶体在小于此半径构成的轨迹内生长时，生长台阶边缘和周围熔液处于平衡状态，此轨迹既不增大，也不减小，一直保持到晶体停止生长。在片状石墨表面观察到的六角形螺位错线经过X射线衍射探查，其［0001］晶向垂直于片体表面，说明螺位错产生的［0001］晶向生长使片体增厚。

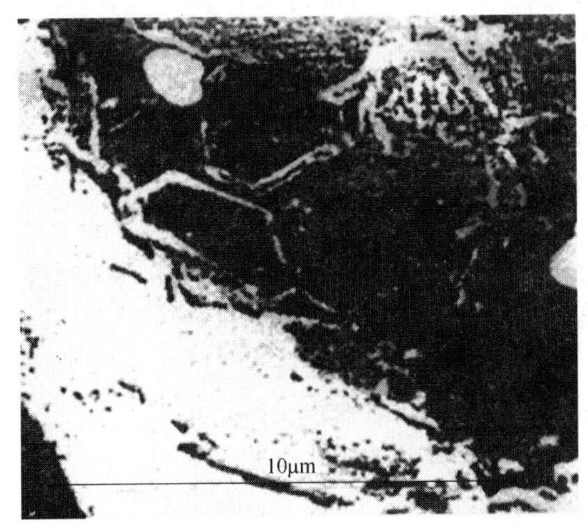

图14　片状石墨表面存在六角形螺位错线

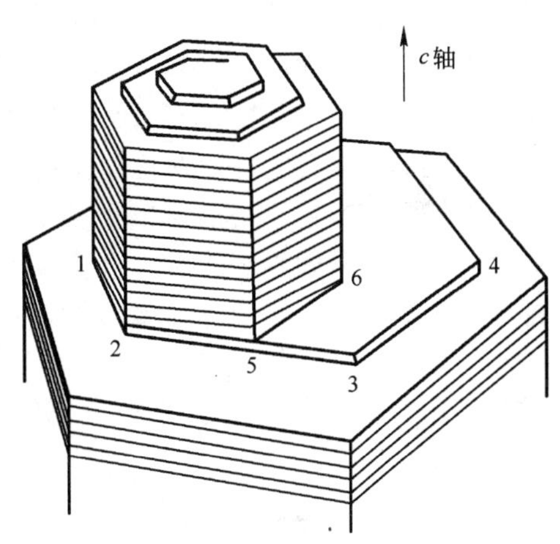

图15　石墨晶体螺旋生长示意图
（数字1~6表示晶体生长顺序）

由此可知，片状石墨的生长包含［10$\bar{1}$0］方向生长和［0001］晶向生长。前者使石墨长度增加，后者使石墨片体增厚。由于［10$\bar{1}$0］晶向的晶体延伸速度相对大于［0001］晶向的延伸速度，因此，片状石墨的长度大于厚度。

石墨生长过程中，晶体一些部位会出现生长方向的突变，产生类似枝杈的晶体，这种现象常称为石墨分枝。石墨晶体分枝方式经常不是只出现一次分枝，大多数情况是多次分枝以至频繁分枝。片状石墨一般以两种方式分枝，图16a示意表明第一种分枝方式，石墨

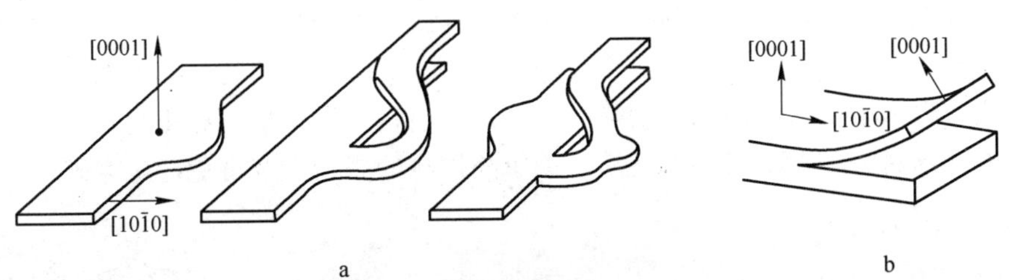

图16　石墨晶体分枝方式示意图
a—沿棱柱面凸起生长；b—薄晶片劈裂方式生长

晶体沿棱柱面（$10\bar{1}0$）分开而沿不同方向生长。晶体按旋转孪晶机制沿［$10\bar{1}0$］晶向生长过程中，石墨片体边缘（表面为棱柱面）可能因晶体缺陷、陷入杂质原子或凝固条件发生局部变化而产生一些凸起。如果凸起与液相的接触界面的热环境合适，凸起将会继续生长，形成分枝。分枝晶体的生长方向总是或大或小地偏离原来生长方向。有些凸起处的生长受到奥氏体枝晶阻挡而不能接触液相，则在阻挡处停止生长。

第二种分枝方式示于图 16b。片状石墨含有的许多薄晶片之间存在着晶体缺陷。当石墨生长界面上存在异类物质（包括奥氏体枝晶）并阻挡石墨晶体在液相中前进时，薄晶片可能被劈裂并向侧面弯曲。如果劈裂的晶片前端与液相接触，它们将会沿不同方向生长，形成分枝。若只有一侧薄晶片与液相接触，另一侧陷入奥氏体包围之中，则石墨只发生弯曲而不产生分枝。

按照分枝偏离原生长方向的程度，可将分枝划分为大角度分枝和小角度分枝两种分枝状态。在液相过冷度较高或局部凝固条件变化（包括液-固界面扰动、杂质陷入），出现小角度分枝的几率较高，例如 A、D、E 型石墨。生长着的石墨晶体上出现孪晶或其他晶体缺陷，容易产生大角度分枝，例如初生 C 型石墨。铁水动力学过冷量对石墨分枝频繁程度有明显影响，提高凝固速率将会提高分枝的频繁程度。高过冷度下形成的 D 型石墨远比 A 型石墨的分枝频繁。石墨频繁分枝（特别是小角度分枝）实际上是减少了灰铸铁中的石墨间距，同时使凝固界面前沿的原子移动能够适应共晶组织快速生长的需要。因此，石墨分枝有助于提高共晶液-固界面移动过程中的稳定性。

图 17 石墨的大角度分枝

初生石墨是在较高温度下和较宽温度范围内由过共晶铁水直接析出。它是在不受先析出相干扰情况下在铁水中自由生长而形成的晶体。光镜下观察，外形比较平直，尺寸一般大于共晶石墨，并显现一些大角度分枝（图 17）。片状初生石墨在石墨的基本分类中属于 C 型石墨。

对萃取的片状初生石墨进行扫描电镜观察，可以看到其表面的六角形螺位错线，其中包含许多以相同生长方向生长而形成的层状薄晶体。由于生长条件较好，晶体缺陷少。实验证实，亚组织中的孪晶缺陷是产生大角度分枝的原因。粗大的片状初生石墨尖端存在薄片石墨。这些薄片石墨可能分叉或在其边缘上出现细小分枝。分叉或分枝可以接纳碳原子而成为共晶石墨的生长起点。在这些部位开始的共晶石墨生长无需新的晶核，因而可以减少形成石墨共晶所需的过冷量。也就是说，初生石墨可促进共晶石墨结晶。初生石墨这种诱发共晶转变的性质有助于高过冷的高碳铁水避免产生渗碳体。

3.3 球状石墨生长

具体如下：

（1）球状石墨的形成。根据对球状石墨晶体结构的观察以及石墨晶体生长过程的试验研究，有关球状石墨形成的讨论集中在以下几方面：

1）球状石墨晶体的基本生长模式。

2）导致球状石墨生长的主要内外因素有哪些？这些因素怎样起作用？

3）球状石墨心部是否含有导致石墨生长成为球状的特定晶核？

球状石墨是由多个石墨单晶体组成的多晶体。其基本生长模式是：各个单晶体均围绕自身几何轴线在螺位错口上以盘旋方式生长，晶体结构向空间辐射延伸。[0001] 晶向是单晶体优先生长方向。与此同时，旋转孪晶生长台阶的 [$10\bar{1}0$] 晶向生长也以较低速度进行。即 [0001] 晶向生长速度大于 [$10\bar{1}0$] 晶向生长速度；最终石墨球表面被垂直于球体半径的（0001）晶面包围。

球状石墨晶体开始析出时，熔液高度过冷，凝固界面变得不稳定。新相析出倾向增加。在碳原子浓度足够高的情况下，晶核上所有位置都有启动石墨晶体生长的机会，促使单晶体在空间三维辐射状生长。单晶体辐射生长时，受到生长着的相邻单晶体限制而不能达到螺旋生长的晶体临界回转半径。但是随着单晶体向外延伸，可容石墨生长的空间增大，将随碳原子在螺位错口上不断沉积以及界面的不稳定性增加都能导致单晶体呈螺旋方式生长的范围扩大。在整个生长过程中，多晶体能够保持均衡生长，最终使球体形成。

单晶体盘旋生长是球状石墨生长的基本模式。盘旋生长只能在螺位错提供的生长台阶上才能实现。因此如何使碳原子添加在螺位错台阶上是形成球状石墨的关键。碳原子沉积在螺位错出口上需要较大的结合能，其值远大于沉积在旋转孪晶台阶上的结合能。也就是说，螺位错生长比旋转孪晶生长需要较大驱动力[8]。

铁水中加入一些特定元素对石墨的生长模式以及生成的石墨形貌产生显著影响。这些元素大体上可分为两类。

一类是能使石墨球化的球化元素，如镁、钙、铈、镧、钇等。这些元素被吸附在晶体缺陷提供的生长台阶上。旋转孪晶生长台阶上的碳原子运动首先受到阻挡，甚至完全堵塞，导致其上的生长减缓或停止，石墨生长的过冷度随之增大。过冷度增大为螺位错生长积累了能量。也就是说，球化元素通过增大晶体过冷度使基面上的螺位错生长台阶活化，导致石墨晶体以 [0001] 晶向沿螺位错台阶出现盘旋生长[8]。

另一类元素，如表面活性高的硫和氧以及砷、锑、铋、碲、钛等，在生长台阶上有选择性吸附作用。吸附在螺位错口上的杂质原子可以堵塞部分螺位错生长台阶，破坏球状石墨生长模式，通常称为干扰元素。例如，铁水含硫较高，石墨生长时其螺位错生长台阶被表面活性的硫原子堵塞，晶体只能在旋转孪晶生长台阶上生长并发生分枝，形成片状石墨。

当铁水中含有镁、铈等球化元素时，这些球化元素首先与硫、氧化合，消除了硫、氧原子对生长台阶的堵塞。多余的球化元素被吸附在晶体缺陷提供的生长台阶上。当生长台阶穿过吸附着活性杂质表面时将要被迫转向。旋转孪晶生长台阶上的碳原子运动首先受到阻挡，甚至完全堵塞，导致其上的晶体生长减缓或停止。

球化元素是表面活性的，如果残留量较高，螺位错旋出口的自由原子吸附密度增大，堵塞了部分生长台阶，可能在生长台阶上形成牢固的覆盖层，使石墨生长受到抑制，石墨形态发生畸变。在某些情况下，过冷量可能急剧增大，使共晶转变温度显著下降，甚至产生渗碳体共晶。这说明了球化元素加入量过多时，球墨铸铁中出现白口组织的原因。

关于球状石墨心部是否含有特定晶核的问题已经存在很久。根据对球状石墨心部核心物质探查结果，可以推断镁、铈的硫化物和硅的氧化物以及这些物质的复合物是构成球状石墨形核基质的主要物质。但是迄今还没有直接证据表明这些异质物能有效导致石墨生长成为球形。也就是说，目前还没有在球状石墨心部发现能导致其成为球状的特定晶核。

（2）球化元素与干扰元素。表 2 列出几种球化元素。这些元素的氧化物熔点都很高，并有以下共同属性：

1）元素 s^1 和 s^2 电子层有一个或两个价电子，次内层有 8 个电子。这种电子结构使元素与硫、氧和碳有较强亲和力，反应产物稳定，显著减少铁水中的硫和氧；

2）在铁中的溶解度低，在凝固期间有显著偏析倾向；

3）与碳有一定亲和力，但在石墨晶格中溶解度低；

4）石墨析出时，能增强石墨晶体和液相界面间铁水过冷（热过冷）。

表 2 几类促进石墨球化的元素比较

族 别	元 素	沸点/℃	氧化物熔点/℃	含 S、O 的铁碳硅合金		不含 S 的铁碳硅合金	
				缓冷	速冷	缓冷	速冷
I	Li	1370	>1430	—	—	+	+
	Na	883	920	—	—	—	+
	K	762	—		—	—	+
Ⅱ	Mg	1120	2640	+	+	+	+
	Ca	1440	2500	+	+	+	+
	Sr	1385	2430	(—)	(—)	(+)	+
	Ba	1537	1923	(—)	(—)	(+)	+
Ⅱa	Zn	907		—	—	—	+
	Cd	765		—	—	—	+
Ⅲa	Al	2057	2050	—	—	?	+
Ⅲb	Y	2500	2410	+	+	+	+
	La	—	2315	(+)	(+)	+	+
	Ce	2800	2600	+	+	+	+
	Th	4500	3050	?	?	+	+

镁是工业上广泛应用的球化元素。镁原子半径为 1.60×10^{-10}m，大于铁原子半径（1.27×10^{-10}m），几乎不能固溶于铁。但在铁水中有一定溶解度，此溶解度正比于铁水表面的镁蒸气分压。当压力一定时，镁的饱和溶解量随反应温度的降低而增加。凝固过程中，溶入铁水中的镁有偏析于石墨相的倾向。

采用辐射图像自动分析仪和电子探针对萃取自球墨铸铁的球状石墨中各种元素分布情况的探查和分析结果表明：球化元素铈和镁富集于石墨晶格中。镁在球体断面上均匀分布。离子探针对球状和片状石墨的线扫描结果示于图 18[12]。铈的自辐射分析结果显示：铈球墨铸铁中石墨球体中心铈浓度显著提高，可能与铈的化合物存在有关。球体和金属界面附近没有发现球化元素浓度提高。另外，球状石墨的含铁量约为片状石墨的10倍。球状石墨的铁磁性远高于片状石墨。此外，硅、锰、钛等元素也不同程度地存在于球状石墨中。

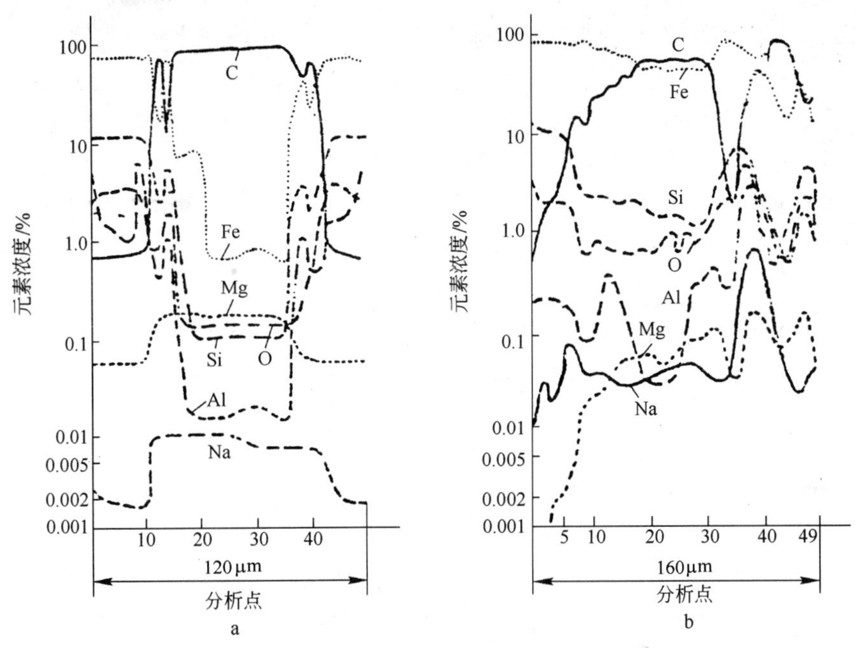

图18 石墨中元素分布

a—球状石墨；b—片状石墨

当镁在铁水中残留量超过0.035%以上时，即可使石墨球化。但当镁超过0.07%时，一部分镁偏析于晶界，晶界碳化物增多。镁与一些干扰元素的反应能力比稀土元素弱，形成的化合物也不稳定。因此，单纯以镁为球化剂（包括镁与硅铁组成的合金）时，应限制干扰元素含量。

轻稀土元素中的铈和重稀土元素中的钇对石墨球化有显著作用。这些元素比镁有更强的脱氧脱硫能力，生成R_2O_3、R_xS_y、RS型化合物。这些化合物熔点高、稳定性良好。此外，稀土元素与铁水中的干扰元素也能形成稳定的化合物。因此，含有稀土元素的球化剂比镁球化剂抗干扰能力强。轻稀土元素处理低硫过共晶铁水的球化效果很稳定。铁水含铈0.04%，石墨即可球化。如果残留量较高，螺位错旋出口的自由原子吸附密度增大，堵塞了部分生长台阶，可能使石墨形态畸变，与球化元素含量不足产生相似的结果。如果含量过高，可能在生长台阶上形成牢固的覆盖层，使石墨生长受到抑制，过冷量急剧增大，以致产生渗碳体[3]。稀土元素又是强烈稳定碳化物元素，含量超过一定量时，可提高铸铁白口化倾向。

对球状石墨产生干扰作用的元素主要是硫和氧。硫和氧是表面活性元素，容易吸附在石墨晶体生长台阶表面。此外，磷、铋、铅、锑、碲、锡、砷、硒、钛等元素也有干扰作用。这些游离存在的干扰元素原子吸附在石墨生长的螺位错口上堵塞石墨 c 向（［0001］晶向）生长台阶，破坏球状石墨正常生长规律，产生干扰作用。干扰元素的共同属性有：

1）凝固分配系数很低，高度集中于凝固前沿；

2）大多数干扰元素是高度表面活性的，能降低 Fe-C、Fe-Ni 合金熔液表面张力，并易于吸附在晶体生长台阶上；

3）多数干扰元素在铁水中与球化元素有较强亲和力，影响球化元素促进球化的有效性。

钛、砷、锡、锑在铁水中分配系数很低，高度偏析于固-液界面前沿，促使石墨沿奥氏体边界析出，促进片状石墨生长。铅与铋既与镁化合，也偏析于固-液界面，也有较强的干扰作用。有些干扰元素的作用相互影响[2]。

表 3 列出生产条件下几种干扰元素的允许含量。低于这个含量时，球化元素可以抑制其干扰球化的作用。

表 3 几种干扰元素的允许含量

元 素	镁处理时允许含量/%	镁铈复合处理时允许含量/%	元 素	镁处理时允许含量/%	镁铈复合处理时允许含量/%
Bi	0.003	0.006	Sn	0.13	—
Pb	0.009	0.014	As	0.08	—
Sb	0.026	0.015	Se	0.05	—
Te	0.05	—	Ti	0.04	0.015

铈、镧及一些稀土族元素能有效消除干扰元素的有害作用，球化作用稳定而且保持时间较长，是优质球化元素。但是我国工厂常用的混合稀土合金含有较多干扰元素，影响球化效果。特别是钛原子不均匀沉积在球状石墨生长台阶上，导致多晶体中的一些单晶体生长速度高于或低于多晶体正常生长速度。最终将于球体表面局部凸出或凹入，形成不规则外形，以致降低铸件性能。中等厚度（例如 100mm 以下）的球墨铸铁件在适当调整热节冷速前提下，采用不含混合稀土合金的镁合金球化剂来处理铁水较好，这样可以改善石墨球化质量，更重要的是减少战略物资稀土元素资源的消耗量。

（3）晶体界面能对球状石墨生长模式的影响。加入球化元素还能改变铁水在不同石墨晶面上的表面张力与界面张力[12]，张力参数的变化也能反映球化元素在促进球体形成方面的作用。

石墨晶体结构有明显的各向异性，其各晶向的生长速率是不相同的。某一晶向的生长速率与相应晶面和铁水之间的界面能有关，界面能大则生长速率低。如果石墨晶体基面与铁水之间界面能低于棱柱面与铁水之间的界面能，则［0001］晶向的生长速率将高于［$10\bar{1}0$］晶向的生长速率，为形成球状石墨创造了条件。

R. H. McSwin 等人采用照相观察液滴轮廓曲线与托盘的接触角的方法测出球墨铸铁液和灰铸铁液在热解石墨和多晶普通石墨晶面上的表面张力值及铁水-石墨界面张力值[13]。测定结果列于表 4。由此表可以看出，任何一种试样分别在三种托盘上熔成的液滴，其表面张力未显示明显的变化，表明熔液表面张力与石墨形态之间没有相关性。球墨铸铁液滴与石墨棱柱面间界面张力大于与基面间界面张力。而灰铸铁则相反，灰铸铁液滴与石墨棱柱面间界面张力远小于与基面之间界面张力。此实验结果可以说明球墨铸铁的［0001］晶向生长速率应大于［$10\bar{1}0$］晶向生长速率，灰铸铁的［$10\bar{1}0$］晶向生长速率应大于［0001］晶向生长速率。

表4 三种铁液与不同石墨晶面间的表面张力和界面张力

铁 液	晶 面	铁水表面张力 /J·m^{-2}	接触角/(°)	铁水-石墨界面张力/J·m^{-2}
镁球墨铸铁	棱柱面	1.1470	123.0	1.7207
	多晶面	1.1670	116.7	1.6208
	基 面	1.1279	115.0	1.4597
加铈低硫铸铁	棱柱面	1.3113	111.6	1.5787
	多晶面	1.4631	108.5	1.5037
	基 面	1.3349	104.7	1.3228
灰铸铁	棱柱面	1.1528	77.4	0.8455
	多晶面	1.0171	85.0	0.9509
	基 面	1.0567	105.7	1.2698

上述实验中还采用俄歇能谱仪探查了棱柱面平行于托盘表面的石墨表层，发现棱柱面内有硫原子的吸附，而基面平行于托盘表面的石墨表层没有硫原子的吸附。硫原子的这种选择吸附与界面张力出现差异有关。

前苏联的研究人员也做过类似实验。内容扩大到干扰元素铋、锑、铅等元素对界面张力和石墨析出形状的影响，实验结果与 McSwin 等人的实验结果有相似的规律性。研究者提出，铁水对石墨基面和棱柱面的界面张力大于 1.150 ~ 1.200J/m^{2}是球状石墨生成的必要条件。

3.4 蠕虫状石墨生长

图19显示蠕墨铸铁深腐蚀试样中单株蠕虫石墨形貌。进一步探查得知：晶体的（0001）基面与生长方向垂直。石墨前端呈球冠状部分，球冠状部分的结构与球状石墨类似。经热氧腐蚀后可以看到相同晶面构成的年轮状形貌特征，基面与石墨球面处于相切位向。石墨晶体表面上有时能清楚显示其生长螺线。

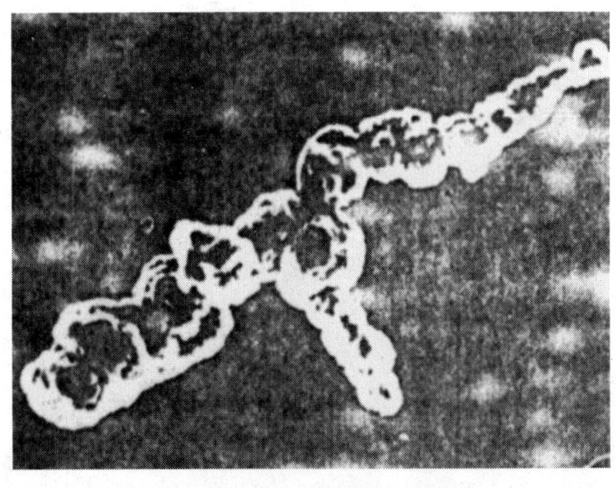

图19 单株蠕虫石墨形貌

观察说明：蠕虫石墨的优势生长方向是［0001］，螺旋状晶体盘旋生长使石墨的长度增加。但是由于晶体局部生长速度的变化，特别是当生长速率提高时，会破坏晶体生长的稳定性，导致新生长的晶体偏离已有的螺旋生长模式而改变生长方向。这种变化实际也是［0001］晶向优势生长过程中的一种分枝方式。

蠕虫状石墨生长过程中不断出现［0001］晶向优势生长改变为［$10\bar{1}0$］晶向优势生长，或［$10\bar{1}0$］晶向优势生长改变为［0001］晶向优势生长。频繁的取向变化还与铁水中球化元素和干扰元素的相对含量以及初生奥氏体存在状态和共晶奥氏体生长状态有关。如果铁水中球化元素充足，能够抑制干扰元素的作用，石墨始终沿［0001］晶向优势生长。但球化元素对干扰元素的相对含量较低时，干扰元素大部分富集于凝固界面前沿，促使石墨沿［$10\bar{1}0$］晶向优势生长。蠕墨铸铁中两类元素有效含量处于中间状态。石墨生长初期，球化元素作用占主导地位。但当其含量消耗到难以保持在生长界面上均匀分布，并不能满足［0001］晶向生长所需的程度时，生长模式即发生变化[13]。

当石墨生长速率较低时，铁水中的碳原子能够向凝固界面充分扩散，石墨生长前沿与铁水接触，得以充分生长。足够的球化元素将使球状石墨生成。生长速度较高时，石墨界面得不到充足碳原子，奥氏体将在石墨晶体周围以超过石墨的生长速度快速生长，并将堵塞石墨的生长前端，阻止其按原来结晶方位生长。对于［$10\bar{1}0$］晶向生长的石墨，奥氏体的阻挡迫使石墨晶体内的亚晶体薄片发生弯曲或产生分枝。无法形成分枝时，晶体前端可能形成圆钝形貌。

奥氏体也会迫使沿［0001］晶向生长中的石墨改变生长方向。如果石墨晶体前端已经有多晶体生长出现时，也会被迫停止生长，而使石墨晶体末端呈现球冠状或近似球冠状形貌。由此可见，奥氏体枝晶的存在，也是影响蠕虫状石墨分枝和最终形貌的重要因素。

图 20 示意地表明片状石墨、蠕虫状石墨、球状石墨不同的生长方式。此图示意表明，蠕虫状石墨兼具其他两种石墨生长方式的特点。

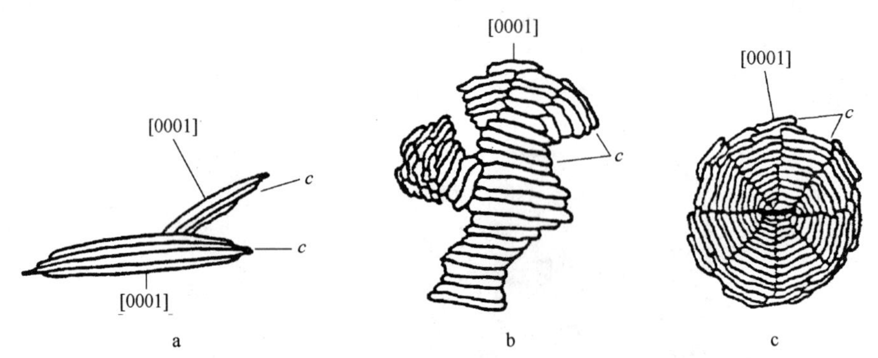

图 20 三种石墨的不同生长方式

a—片状石墨；b—蠕虫状石墨；c—球状石墨

3.5 非凝固期生成的石墨

“非凝固期生成的石墨”是指那些并非在凝固过程中由铁水中析出的石墨。可锻铸铁的团状石墨就是非凝固期生成的石墨典型例子。在扫描电镜下研究可锻铸铁中团状石墨三维形貌及其结构，发现这种石墨中包含着许多呈辐射状生长的石墨单晶体。晶体具有六方晶格，晶格 c 轴处于由心部向外辐射方向，球体表面的晶面为（0001）面，类似球状石墨结构。但是单晶体处于松散的聚集状态。团状石墨表面似乎是在不稳定生长过程中形成，一部分晶体曾沿团状石墨表面移动。即使比较完整的团状石墨，表面也遍布高度不同、形状各异的刺状生长物，内部则存在基体金属，充填不完整的石墨单晶体之间的空隙。这些金属是在石墨形成过程中由未能扩散出去的铁、硅原子所构成。

铸态可锻铸铁中的渗碳体是热力学亚稳定相，其稳定性随温度提高而下降。渗碳体分解是由亚稳定相转变为稳定相的初始阶段。图21表明了渗碳体转变为稳定相（石墨）的热力学条件。温度为T_1时，成分为$w(C)$的白口铸坯中，渗碳体与奥氏体界面成分为$w(C_a)$，碳在界面的化学位为$\mu^{C}_{\gamma-Fe_3C}$，而石墨与奥氏体界面成分为$w(C_b)$，碳在此界面的化学位为$\mu^{C}_{\gamma-G}$。碳在两个界面的化学位差驱动下，从渗碳体-奥氏体界面析出。析出的碳原子使奥氏体处于过饱和状态，而石墨结晶核心附近奥氏体碳浓度较低，如此便产生了浓度差，碳原子将在奥氏体内沿化学位降低的方向由渗碳体-奥氏体界面扩散到石墨-奥氏体界面上的石墨形核位置，团絮状石墨得以生长。

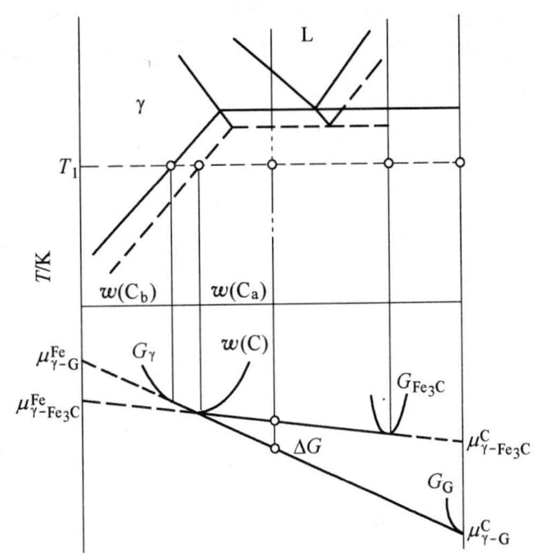

图21 渗碳体分解的热力学条件

渗碳体分解速率随分解时间而变化的规律可由下列动力学方程式表达：

$$y = 1 - \exp\left(-\frac{t}{k}\right)^n \tag{11}$$

$$\frac{dy}{dx} = \frac{n}{k^n}(1-y)t^{n-1} \tag{12}$$

式中 y——t时间的分解百分数；

k——速度常数，为温度函数，与合金性质有关；

n——取决于形核条件和析出物形状的常数，对渗碳体分解为石墨＋奥氏体而言，取$n=4.0$。

由式12可知，速度常数对渗碳体分解速度有重要影响。k值的高低实质上是反映渗碳体分解后原子扩散能力的大小，它是随温度而按指数规律变化的：

$$\frac{1}{k} = K_T = K_C\exp\left(-\frac{Q_C}{RT}\right) \tag{13}$$

式中，Q_C为碳原子扩散活化能，其值约为11.2kJ/mol，小于渗碳体在奥氏体中溶解活化能（31.2kJ/mol）；R为气体常数；T为绝对温度；K_C是与渗碳体稳定性有关并受温度影响的系数。渗碳体稳定性与化学成分和转变条件密切相关。由式13可知，温度升高，活化能减小，则渗碳体稳定性降低，渗碳体转变速率提高。

团絮状石墨在固相中形核与石墨在液相中形核机制不同。固相形核位置是晶界、显微孔洞、微裂口、非金属夹杂物周围等原子失序或错配度高的高能区域。渗碳体与奥氏体界面原子呈失序状态，有很多空位。这些空位具有接受碳原子的良好能量条件。显微孔洞、组织中的微裂口以及铸件预淬火在马氏体断面或周边产生的显微裂纹都是适宜接纳碳原子的位置。如果碳原子扩散到这些孔隙内表面，形核时不会因铁原子自扩散速率低而导致形核困难或滞后。

可锻铸铁中也存在一些絮状石墨。絮状石墨的形态更为松散。没有沿一个核心呈辐射状生长的痕迹，晶体位向似乎是随机变化的，表面十分粗糙。可以看出，由于奥氏体内可为铁原子提供扩散机会的晶体缺陷分布不均匀，铁、硅原子在不同方向上的扩散速率很不相同，没有给石墨生长提供均匀有效的空间。未能及时充分扩散的微区，成为石墨生长的障碍，从而导致石墨生长方向和位向的随机性，形成絮状石墨。也存在着一种可能性，即金属中存在着一些干扰石墨正常生长的微量元素。这些异类原子吸附在石墨生长台阶上，使石墨生长模式变化。即使存在这种机制，也难以完全说明石墨生长方向频繁变化的原因。

可锻铸铁中金属夹杂物附近也常常出现石墨形核位置。热力学计算可以说明，即使这些夹杂物中有些可以成为石墨形核基质，但是在退火温度下还不能使石墨在其上形成石墨核心。这是因为铁原子自扩散速率低，产生很大的制约作用。在其他位置形成石墨核心之后，铁原子仍不能充分扩散。杂质附近形核的主要原因在于它们的线膨胀系数远小于铁的线膨胀系数，在退火加热过程中，杂质与其周围金属发生显微尺度分离，并在奥氏体中产生位错或空位聚集，成为接纳碳原子的合适位置。生产实践表明，在石墨化退火前先进行低温预处理（300～500℃保温4～5h；或750℃保温1～2h）或预先冷变形能使位错和空位数量增加，有助于缩短石墨化过程并增加石墨数目。目前已有许多工厂将低温预处理纳入正常生产的工艺规程。此外，适当提高石墨化退火温度、降低原子扩散激活能也能起到相似作用。

对石墨化开始阶段石墨分布状态的检测观察证实，石墨初始生长位置均在奥氏体与渗碳体的相界上或奥氏体晶粒内。尚未溶解的渗碳体内没有发现即使是微小的石墨。产生这种现象的原因，一是渗碳体不能提供接纳碳原子的空位或空位群；另外，石墨热容远大于渗碳体热容，如果石墨在渗碳体内形核和生长，必然遇到很大的阻力，这种阻力限制了石墨在渗碳体内的形成。

由以上所述，可以判断石墨在固相内形核，首先是碳原子在退火温度下直接进入晶体结构中的空穴及空穴群。这些位置有足够的能量保持碳原子的就位和聚集。但是这些空位群并不能使所接纳的碳原子都成为石墨核心，只有那些在空间位置上接近石墨结构而且有足够聚合能量的碳原子群才可能发展成为石墨核心。

石墨生长有赖于大量碳原子扩散到有效核心位置。由于原子沿奥氏体晶界扩散的扩散激活能低于晶内扩散，所以相当多的碳原子是沿晶界移动的。碳原子总扩散量在相同时间内是大于渗碳体分解产生的碳原子质量，因而碳原子扩散速率不是石墨生长的控制因素。

石墨生长的制约因素是铁原子和硅原子的自扩散。由图21可以看出，铁在石墨-奥氏体界面的化学位高于渗碳体-奥氏体界面的化学位，铁原子趋于向碳原子扩散的相反方向迁移（降低化学位），即进行自扩散。硅原子也以相同方向扩散。碳原子在奥氏体界面扩散的活化能约为11.2kJ/mol。铁原子和硅原子在石墨-奥氏体界面上自扩散的活化能分别为29.6kJ/mol和22.4kJ/mol。这表明，在相同温度下，铁原子和硅原子的自扩散速率低于碳原子的扩散速率。这种原子移位滞后现象必然导致石墨生长空间不足，碳原子堆聚，减缓石墨形成。

如果在扩散方向上存在较多空位或有位错运动，会促进铁碳原子的扩散运动。这些晶体缺陷可能存在于相界上、亚晶界、孔穴表面以及渗碳体向奥氏体转化过程中因体积收缩而产生晶体缺陷部位。位错攀移和滑移也能为原子扩散提供空穴流。

4 初生奥氏体形核和生长

亚共晶成分铁水过冷到稍低于液相线温度，初生奥氏体枝晶开始析出。由于铸件冷却速度远超过平衡冷却速度，共晶成分和过共晶成分的铸铁中也可能出现初生奥氏体。

铁水中的氧化物、氮化物微粒最可能成为奥氏体形核基质。最先达到最高过冷度的部位（例如与型壁接触部位）是最早形核部位。

晶体增殖学说认为奥氏体最早在型壁上形核。枝晶初步生长时，其根部富集着由固相排出的溶质很难在热对流作用下向周围熔液扩散，因而在初生晶体根部富集程度不断增加，导致此处熔点下降，形成如图 22 所示根部缩颈。熔液中的热对流或外力搅动作用可使缩颈断开，形成微细晶粒并飘浮到熔体内部。一部分进入温度较高的区域后被熔化；未被熔化的晶粒成为奥氏体枝晶的结晶核心。即使在杂质很少的高纯铁碳硅合金中也能发现此种形核方式。

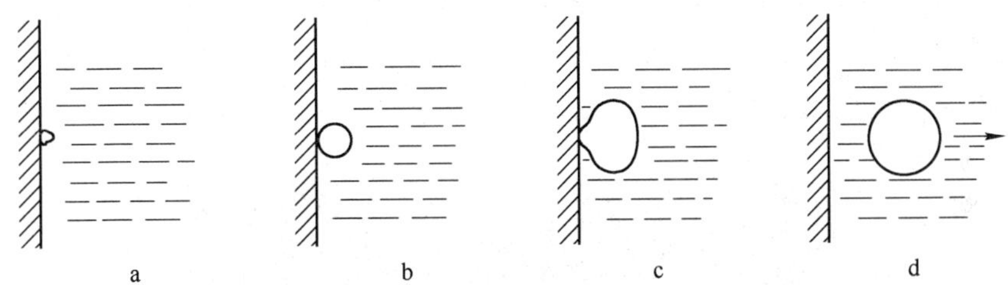

图 22　型壁上新生晶体因根部缩颈而飘入液相（a ~ d 表示过程）

初生奥氏体以内生生长方式形成，其析出时的凝固界面是粗糙界面❶。

奥氏体生长遵循固溶相生长的一般规律，即由晶体扩展表面能最小的原子密排面生长。奥氏体晶体原子密排面为（111）面，因此即由此面生长，开始形成八面体形初生晶体。八面体的断面为（001）面，其中轴线方向［001］是其主生长方向。进一步生长则是八面体初晶向枝晶形态转化。图 23 示意表明这一转化过程。

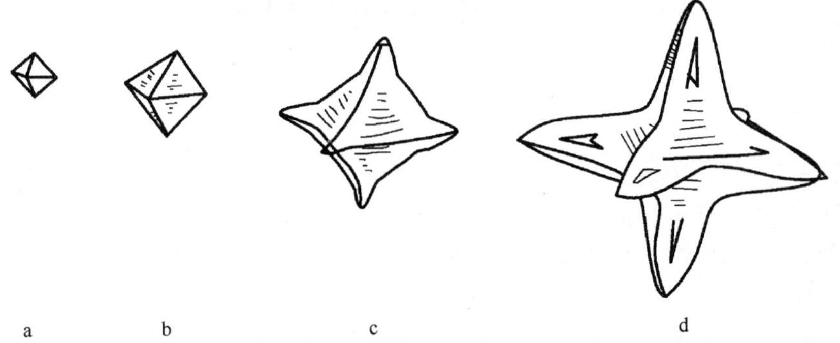

图 23　奥氏体枝晶生长（a ~ d 表示过程）

❶ 凝固界面是指生长着的晶体与其生长前沿的液相所形成的界面。根据界面是否存在过渡层而分为粗糙凝固界面和光滑凝固界面。粗糙凝固界面的固相生长前沿存在厚度为若干原子层过渡区；区域内原子占据大多数晶格节点，易于从不同方向上把晶体生长所需的原子添加到界面上。生长所需过冷度较小。粗糙凝固界面在结晶学上也被称为非小晶面凝固界面。光滑凝固界面前沿不存在过渡区域，又称小晶面凝固界面。晶体生长需要较大过冷度。凝固界面结构影响固相的生长方式、显微组织、内部缺陷数量、分布状态以及生长前沿液相的温度和成分。

奥氏体枝晶的形成与一些元素在八面体表面偏析有关。富集于液固界面前沿的溶质使液相结晶温度下降，延缓晶体生长。而八面体中轴线方向上的锥顶部分由于结晶潜热产生的热对流使溶质易于扩散到液相，此部分结晶温度显著高于其他部分，导致锥顶部分快速生长，形成杆状晶体。这种杆状晶体，被称为枝晶干或一次枝晶[14]。

枝晶干表面上也存在（111）原子密排面。如果在液固界面上溶质富集导致成分过冷，在原子密排面堆集的部位将优先生长。首先是出现一些突起，突起前端生长而伸入熔液，并使一些能导致熔点下降的溶质排入液相。相邻的突起生长物之间将有更多的溶质元素出现，熔点随之继续下降。

二次枝晶上还可能产生三次枝晶，其生长过程与二次枝晶相似。三次枝晶一般出现在奥氏体凝固温度范围较宽而且晶体有足够时间充分发育的情况下。近共晶成分铁水在共晶转变前析出的初生奥氏体中，很少见到二次以上的枝晶。

图 24 为取自球墨铸铁件缩孔内表面的初生奥氏体枝晶[13]，清楚显示出生长过程尚未完全结束时已形成的一次枝晶和二次枝晶，发育完全的枝晶臂在生长过程中会互相碰撞，并在熔液中熔合而形成类似框架。这种框架结构可使灰铸铁强度提高。

图 24 初生奥氏体枝晶

突起生长物根部的生长将远滞后于前端，最终形成鱼骨状晶体，即是二次枝晶。

初生奥氏体形核和生长受到熔体局部过冷程度、温度和元素浓度分布不均匀性的影响，也受到一些可作为形核基质结构和特性的影响，导致奥氏体晶粒生长速度、枝晶发育特点有一定程度的随机性，晶粒尺寸大小不一，间距不等，形状各异。这种状况会影响到随后形成的共晶团及铸铁性能。

铸铁凝固过程中，各元素在析出的奥氏体和液相中呈现不均匀分布。通常以分配系数表示元素的分布状况。分配系数表示元素在奥氏体中的平均含量与该元素在铸铁中平均含量的比值。

硅的分配系数大于1，奥氏体中硅的质量分数高于铸铁中硅的平均质量分数。而促进碳化物形成元素锰则恰与此相反，微区成分分析结果表明，碳化物形成元素在凝固过程中较多地进入液相，分配系数小于1。例如锰凝固时大部分存留在熔体中，因此最后凝固的液相中锰的质量分数高于铸铁中锰的平均质量分数。磷更显著地偏析于奥氏体枝晶间的液相中，在铸铁凝固前残余熔液的磷浓度可能成百倍增加，在晶界产生磷共晶。硫在奥氏体中溶解度很小，大部分存在于铸铁熔液中。如果熔液中有足够的锰，则硫与锰化合形成硫化锰以夹杂物形式存在。

除了常存元素外，各种合金元素也都有各自的分配系数。分配系数在很大程度上影响铸铁组织。例如，钛的分配系数很小（小于0.1），在凝固界面前沿富集程度较高，不但促进枝晶发育，而且能促进液相成分过冷区内出现内生方式的枝晶生长。枝晶充分发育，可导致D型石墨生成。因此，为了获得D型石墨组织，需要在铸铁内加入一些钛。

元素偏析也发生在奥氏体枝晶内部，说明奥氏体枝晶内化学成分并不是完全均匀的。这是因为奥氏体枝晶是在一个温度范围内逐渐成长，在不同的温度下，各种元素都有与温度相对应的固溶度。因此，奥氏体枝晶心部元素浓度和边缘元素浓度通常都会出现差别(晶内偏析)。通常以枝晶内偏析系数K_i表示元素偏析程度。K_i为奥氏体枝晶心部某元素质量分数与奥氏体枝晶边缘该元素质量分数的比值。

铸铁凝固过程中，溶入奥氏体中的碳量随温度下降而加大。因此，就单个奥氏体枝晶而言，晶体心部含碳量最低，由内向外，含碳量逐渐增加。

硅以及一些石墨化元素，如镍、铜、铝富集于枝晶心部，$K_i>1$。反石墨化元素，如锰、钼、铬、钒、钨则在枝晶表层含量高于心部，$K_i<1$。

奥氏体枝晶内部的元素偏析可以用于使铸铁产生特定的金相组织。例如，利用碳、硅、锰在晶内分布的不均匀性，可以通过热处理产生破碎铁素体基体。

奥氏体枝晶的体积分数和尺寸形态对铸铁的共晶转变和凝固组织的影响可以导致材料性能的变化。影响奥氏体枝晶体积分数的主要因素是奥氏体枝晶生长的温度间隔，即由奥氏体析出开始到析出结束之间的温度范围（析出结束温度不能确定为共晶转变开始温度，因为共晶转变过程中，奥氏体枝晶可以继续生长）。

碳当量是影响奥氏体枝晶体积分数的重要因素。碳当量降低使奥氏体枝晶生长温度间隔增大，枝晶的体积分数随之增加。碳当量相同情况下，硅与碳的质量分数比(w(Si)/w(C))增大，则奥氏体枝晶体积分数相应增加。出现这种现象的原因可能是存留于液相中的硅原子富集在凝固前沿，催生了外生生长，相对地提高了枝晶的生长速度，而使枝晶体积分数增大。

添加合金元素能够改变奥氏体枝晶生长温度间隔和尺寸形态。钼和钒比较显著增加共晶转变过冷度，从而使晶体生长温度间隔扩大。铝和镍则起相反作用，减小共晶转变过冷度，使枝晶生长温度间隔变窄。镍有抑制奥氏体分枝的作用，促进厚实奥氏体生成。铝则有助于生成细小、散乱分布的枝晶。钛和钒都是强有力促使奥氏体体积分数增加的元素，少量钛即能使枝晶体积分数增加。钒和钛同时加入铸铁，更使枝晶在共晶转变的过程中体积分数显著增加。

奥氏体枝晶生长过程中，改变冷却速度会导致枝晶体积分数和形貌变化。提高冷却速度，枝晶停止析出的温度随共晶转变过冷度的增加而下降，扩大了枝晶生长的温度范围，导致枝晶析出量增加，晶体生长加快，生成的枝晶细化，分枝较多，枝晶臂间距相应缩小。生长速率达到一定程度后，奥氏体枝晶可能互相撞击、交会，进而形成骨架状结构。具有这种结构的铸铁力学性能增强。

下面一些因素也影响初生奥氏体的形态和分布：

(1) 碳当量较低、硫量低、铁水过热度高、浇注温度高、孕育处理质量差、铸件冷却速率高或方向性冷却使奥氏体枝晶呈现方向性分布。

(2) 碳当量较高、硫量高、铁水过热度和浇注温度低、铸铁缓慢冷却，使奥氏体枝晶细小，无方向性排列。

(3) 实行孕育处理使初生枝晶干间距减小。所用孕育剂的效果按下列顺序依次增加：硅铁，锶硅铁，硅钙；铸件以较快速率冷却同时加入少量锡或钛（0.1%）。

5 铸铁的共晶转变

5.1 非平衡共晶转变的共生区

非平衡共晶转变温度通常低于平衡共晶转变温度，可以在平衡相图的共晶温度以下的区域内，确定两共晶相在稳定状态下以同一速率、同时生长的成分——温度区域，这个区域称为“共生区”[15]。

简单二元共晶合金非平衡转变共生区通常位于两条液相线的延伸线包容范围内。图25中的阴影覆盖范围表示共生区，其中a图为对称型共生区。共生区界限位于平衡共晶成分两侧，在此区域内，由A组元形成的A相和由B组元形成的B相都已分别处于过饱和状态。共生区的$w(C_0)$线上A相和B相具有相同的过饱和浓度。平衡共晶成分的液相过冷直接进入共生区，开始两相协同生长。协同生长有以下特点：

(1) 在生长过程中，一个相的析出可以成为第二相形核基质或者诱发第二相形核、生长。

(2) 协同生长的两个相有近似的结晶速率，此速率高于单个相的结晶速率。

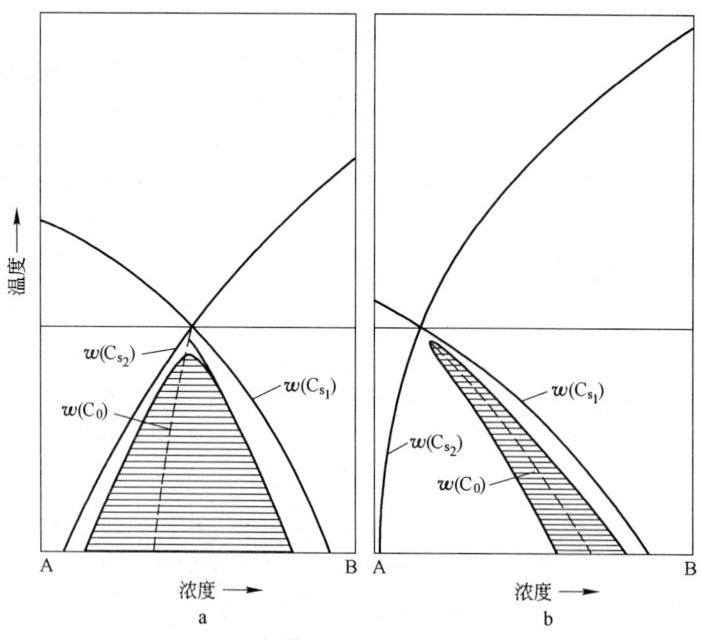

图25 合金非平衡转变的共生区

a—对称型；b—非对称型

(3) 由于各相的生长机制不同，与生长速率相应的过冷度也不完全相同。因此，协同生长的凝固界面可能是等温界面，也可能是非等温界面；

(4) 凝固界面前沿的元素扩散性质和结晶潜热的传输是控制协同生长速率的主要因素，并影响共晶组织的生长温度范围。

(5) 共生区内的协同生长是非等温相变过程，产生层状或棒状共晶组织。

如果组元 A 和组元 B 熔点相差悬殊，或凝固界面结构不同（例如粗糙凝固界面与光滑凝固界面），两种晶体生长所需过冷度不同，生长速度也不相同，因此共生区的位置将会偏向一侧，如图 25b 所示，共生区偏向右侧。这种类型的共生区属于非对称共生区。当两组元熔点相差较大时，非对称共生区总是偏向熔点较高的一侧（图 25b 偏于 B 组元一侧）。

共生区的这种位置状态表明，共晶组织的生成不但偏离平衡共晶温度，而且也偏离平衡共晶成分。由图 25b 可看出，具有平衡共晶成分的液相过冷到平衡共晶温度以下时，首先析出的不是共晶组织，而是在共生区以外形核的熔点较低的 A 相，并导致液相中 B 组元浓度提高，一直达到过饱和程度。B 相在共生区范围内形核，并开始以与 A 相相同的速率协同生长，形成共晶组织。合金凝固组织中将含有 A 相和（A + B）共晶。由此可见，具有平衡共晶成分的合金在对称共生区和非对称共生区形成的组织，在相组成和相形态上不完全相同。这不仅是由于存在着共晶转变以前析出的相，而且也由于这个相的存在可能使共晶组织的尺寸、形态和分布状态发生变化。

由于 A 组元作为初生晶体在（A + B）共晶体形成之前结晶，在铸态组织中共晶体的体积分数减少。如果冷速提高或其他原因增加共晶转变过冷量，则共晶相和初生相比值的变化将会更加显著。

通常，高熔点组元首先形核。这个组元的生长改变了熔液的成分，使之不能进入非对称共晶区。只当低熔点组元（A 组元）形核和生长后熔液成分才可能趋向共晶区成分。但是在共晶区外，两个组元同时开始以不同速度同时生长，产生不规则显微组织，包括高熔点晶体和不规则共晶组织。

共晶组织的形态与其组成相的形核性质、液相过冷程度、凝固前沿温度梯度及晶体生长速率、液相成分及杂质元素含量等因素有关。一些影响凝固界面前沿原子迁移动力学和形核条件的因素都能导致共晶生长模式和共晶体形态的变化。这些因素在铸铁凝固过程中广泛存在，是铸铁共晶组织呈现多样性的主要原因。

5.2 共晶组织基本类型

通常按照共晶形成过程特点和共晶组织的形态，可将共晶组织分为三类，即正常共晶，非正常共晶，离异共晶。

正常共晶产生于对称共生区。产生正常共晶的基本条件是：

(1) 协同生长的组成相都具有粗糙凝固界面。

(2) 相间有合适的结晶方位关系，其中某一相生长能促使协同生长相形核和生长；如果共晶组织为层状，则层片生长方向基本上垂直于凝固界面。

(3) 协同生长各相所需过冷度基本相同。因此凝固界面基本是等温界面。正常共晶中各相规则地交叠排列，一般为层状组织。层间距 λ（cm）受界面生长速度 R（cm/s）的控制。许多正常共晶的层间距与生长速度符合 $\lambda = KR^{-1/2}$ 关系。例如，铁碳合金在一定生长速度下形成的层状渗碳体共晶组织基本上符合 $\lambda - R$ 关系。

非正常共晶不是层状组织。共晶组织中有不规则排列的片状、棒状或其他不规则形状的析出相。灰铸铁中片状石墨与奥氏体形成的共晶属于非正常共晶。

离异共晶最显著的特点是共晶各个组成相的结晶在空间和时间上都是分开的，晶体完全在共生区以外生长。因此，不能以协同生长概念来说明离异共晶转变过程。

离异共晶转变产生于以下情况：

（1）共晶组成相之间的成分差别很大，以及形核条件和晶体生长方式有差异，其中一个相在其他相开始生长之前已经大量析出。实践表明，成分偏差越大，越可能产生离异生长，而且共晶转变的过冷量越大。

（2）形核困难可能引起离异共晶生长。具体来说，形成共晶的多个相中，首先析出的晶体不能成为后析出相的形核基质，或者说不能启动或诱发形核困难的相结晶。

（3）领先相生长至一定程度后，液相中溶质的扩散速度很低，以致各相之间浓度不能达到平衡状态。领先相可能被随后生成的第二相包围，形成包莱壳体。但在壳体凝固期间，领先相也能通过第二相在特殊状态下生长。

球墨铸铁的球状石墨作为领先相首先从液相析出，继而被奥氏体包围，并在包莱壳体内继续生长。球墨铸铁共晶转变属于离异共晶转变范畴。

5.3 铁碳合金共晶的非平衡凝固

在讨论铸铁共晶凝固过程之前，了解铁碳合金在非平衡条件下进行共晶凝固过程是十分必要的。这个过程基本上可以反映片状石墨及球状石墨铸铁的共晶组织的形成过程。

铁碳合金中石墨和奥氏体两个相的碳浓度相差很大，而且形核性质和生长条件不同，因此石墨-奥氏体的共生区是非对称共生区。共生区偏向过共晶一侧，其界限与冶金过程和结晶动力学一些因素有关。一般可以根据铁碳二元合金共生区模型（图 26）示意说明灰铸铁凝固过程[16]。

共晶成分铁碳合金过冷到平衡成分的某一温度（图 26a 中的①点），奥氏体首先单独形核并生长成为枝晶形态。铁水的碳浓度随奥氏体枝晶量的增加而向共生区移动（图 26a 中的①点至②点）。熔液中碳浓度达到过共晶成分的共生区内，才开始共晶转变。石墨与奥氏体协同生长，形成共晶团。

在非平衡条件下凝固的共晶成分铁碳合金并不具有单一共晶组织，而是由初生奥氏体和石墨-奥氏体共晶团共同构成。初生奥氏体析出量、尺寸和形态对随后共晶团的形成以及共晶石墨形态、尺寸和分布都有显著影响，因此也是决定合金性能的重要因素。

亚共晶合金中奥氏体枝晶在共晶温度以上的①点形核。随着温度下降和碳含量低的初生枝晶生长，熔液成分达到②，由于高度过冷，导致石墨开始形核，共晶生长便在共生区内进行。

过共晶合金中的石墨在①点形核后初生石墨开始生成，熔液温度沿液相线朝向②点下降，成分也因石墨析出而有所变化，奥氏体在共生区以外开始形核、生长，并导致熔液进

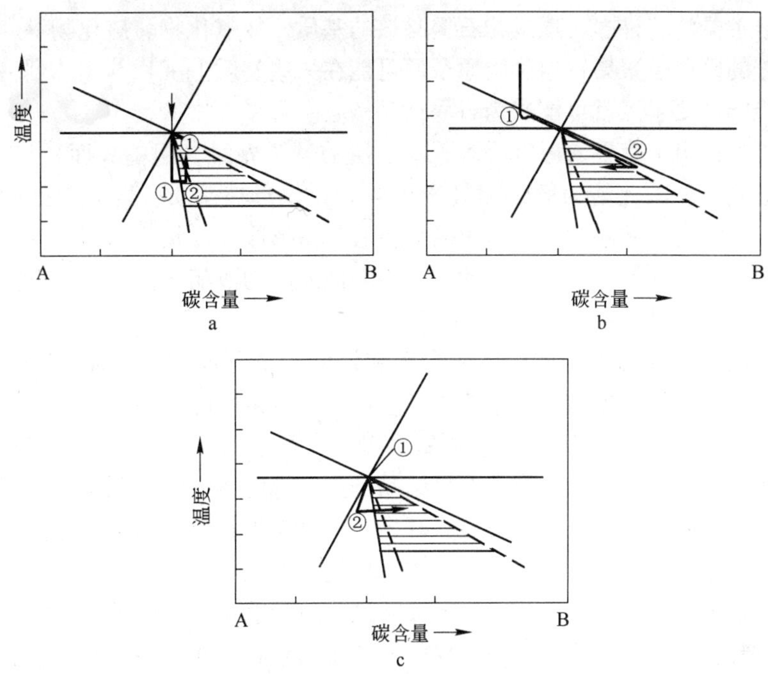

图 26 铁碳二元合金共生区模型

a—共晶合金；b—亚共晶合金；c—过共晶合金

入共生区，奥氏体与石墨共同生长成为可能。

由此可见，共晶、亚共晶、过共晶铁碳合金的凝固组织中都会出现初生奥氏体组织。初生奥氏体组织的存在以及奥氏体的生长温度范围可能与共晶转变温度范围部分重合，都将会对共晶组织的生长过程以及合金显微组织有一定影响。

5.4 铸铁共晶团的形成

铸铁凝固过程中，在共晶温度产生的由奥氏体和石墨组成的近似球团形的共晶组织，称为共晶团。图 27 显示经过浸蚀的灰铸铁共晶团。其边界上存在磷共晶组织，它的尺寸、内部组织形态对于铸铁的性能有非常明显的影响。对于研究、生产、应用铸铁件的人来说，了解共晶团的形成以及它在铸铁中的作用是很必要的。

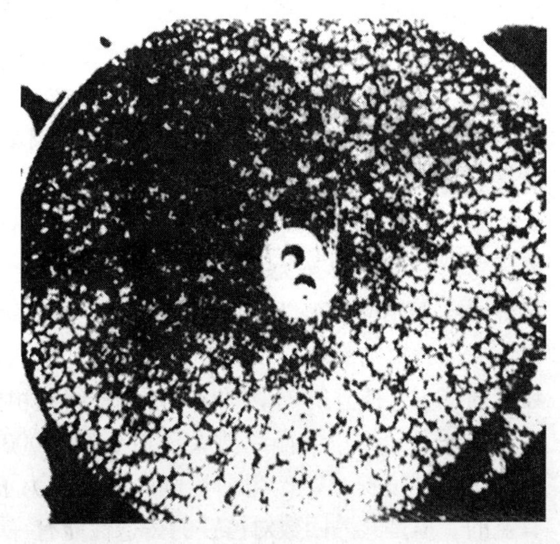

图 27 灰铸铁共晶团

首先需要讨论的是铸铁共晶团如何形成。曾有很长时间，人们认为共晶团生成的领先相是先共晶奥氏体，析出奥氏体使其周围熔液碳浓度增高，从而引起石墨在其表面形核生长。但是经过许多研究实验证实，石墨是铸铁共晶团生长的起点。通常在铸铁熔液中悬浮着许多可以成为石墨晶核的基质，如氧化物、硫化物等，一旦这些基质附近有足够的碳原子聚集，这些碳原子便可能在一些基质上沉积，当达到一定尺寸并满足热力学的稳定性要求后就可能成为石墨结晶核心。

石墨的生长前沿上存在着厚度为若干原子层的过渡界面（粗糙界面），易于接纳由各个方向添加的原子。因此能为第二相（奥氏体）提供形核基质。熔液中已有的初生相附近，特别是在生长着的枝晶之间，石墨结晶核心最易形成并成长为石墨晶体，这是因为枝晶生长会把碳原子不断地排散在周围的液相中，使周围的液相碳浓度不断升高，为石墨形核和生长提供物质基础。

组成铸铁共晶团的石墨和奥氏体所含碳和铁的质量分数相差悬殊。因此共晶团的生长，必须依靠熔液中的铁碳原子在熔液中发生位移才有条件使新相在化学成分近似的熔液中形成，前面已经谈到在石墨-奥氏体共晶组织中，石墨先于奥氏体析出，而且在共晶组织的生长空间中一直处于领先地位。石墨结晶是在周围熔液中的碳原子向石墨结晶核心区域聚集条件下启动，因而一旦石墨形核并开始生长时刻，石墨周围的熔液必将成为贫碳区域，这个区域为含碳量远低于石墨的奥氏体析出创造了条件。

有了这种浓度条件，并不等于必然形成共晶体。更重要的是两个成分相差悬殊、晶体构造各异的共晶组成相能在两者之间的界面上紧密而牢固地联系在一起。我们知道，石墨的密排六方晶格基面（0001）上，原子间距为0.246nm，奥氏体的面心立方晶格中，密排晶面（111）上的铁原子间距为0.252nm，两者的差别远低于能形成良好匹配的原子间距差异。当石墨周围熔液中浓度达到形成奥氏体晶体的要求时，奥氏体（111）面上的铁原子就有条件以石墨晶体的（0001）面为形核基质而进行形核和生长，两相在界面上以晶格匹配为基础互相联结起来。

在与石墨晶体接触的一面，排出的原子以扩散方式排到石墨晶体，使晶体加厚。另外，则有碳原子在奥氏体晶体表面沉积，而大部分则通过液相扩散到凝固界面前沿附近，供给在界面前连续向前延伸的石墨晶体以所需的原子。如此则以石墨为领先相，石墨与奥氏体互为依赖地向熔液内协同生长。

在共晶体生长过程中，领先进入液相的石墨晶体的生长方向并不是固定的。它总会因为凝固前沿出现的成分过冷、温度梯度和热流方向的变化等原因而使生长着的晶体上一些凸起部位变得不稳定，导致产生石墨分枝。熔液中的初生奥氏体也会对生长着的石墨晶体产生阻挡作用。当石墨晶体生长到与奥氏体枝晶接触时，将会发生弯曲、分叉，改变晶体前进的方向。

由于石墨晶体在生长过程中发生分枝、弯曲、分叉，导致最终形成的灰铸铁共晶团中出现弯弯曲曲、形态无规则的片状石墨。分枝的石墨之间都充满与之共生的共晶奥氏体。这种以石墨结晶核心为生长起点而产生的共晶晶粒就是灰口铸铁的共晶团。每个共晶团只包含一个石墨结晶核心。随着温度下降，共晶体不断生长，共晶领域不断扩大，熔液体积分数逐渐减少。孤立的单个团状共晶团最终互相接触，使共晶团充满铸铁的整个凝固组织。

一般灰铸铁中共晶团数大致在100~1000个/cm^2之间。共晶团数增加，灰铸铁抗拉强度和抗弯强度提高，产生白口倾向降低。为了改善铸铁的力学性能，适当增加共晶团数是有益的。但是共晶团数对铸铁的铸造性能有一些影响。例如，共晶团数增加会使铸件缩孔体积和缩松倾向增加。缩松难以完全充分补缩，可能导致铸件在压力下发生泄漏。共晶团个数越多，可能产生的泄漏通道也越多。因此有防渗漏要求的铸铁件，不宜过度增加共晶团数。

铸造厂常需根据铸件的技术要求而控制共晶团数。影响共晶团数的基本因素是铁水中的结晶核心数目、共晶团生长速度以及初生奥氏体的体积分数。而这几方面的因素又受到炉料种类、铁水化学成分、孕育处理工艺及所用的孕育剂品种、铸件冷却速度、铁水过热温度、高温保温时间等工艺条件的影响。可以这样说：凡是能够增加石墨晶核数目、加快共晶生长速率一般都能提高共晶团数目。例如，在较深过冷下结晶，合理地进行孕育处理，采用接近共晶碳当量、避免铁水过热温度过高和高温保持时间过长都是提高共晶团数的有效工艺措施。

按照我国国家标准中灰铸铁金相标准（GB7216—87），确定共晶团数及其数量等级应在10倍或40倍金相现场中拍摄 ϕ70mm 金相照片。在照片中数出其中的共晶团个数然后按照 GB7216—87 中所列共晶团数量分级表所列数据确认所检试样的单位面积中实际共晶团数量（个/cm^2）及其所属级别。国家标准中将共晶团数量分为 8 级，数量范围由大于1040个（1级）至小于130个（8级）。4级共晶团数约为520个/cm^{2}❶。图28 显示 1cm^2 中含有130个共晶团的灰铸铁金相。

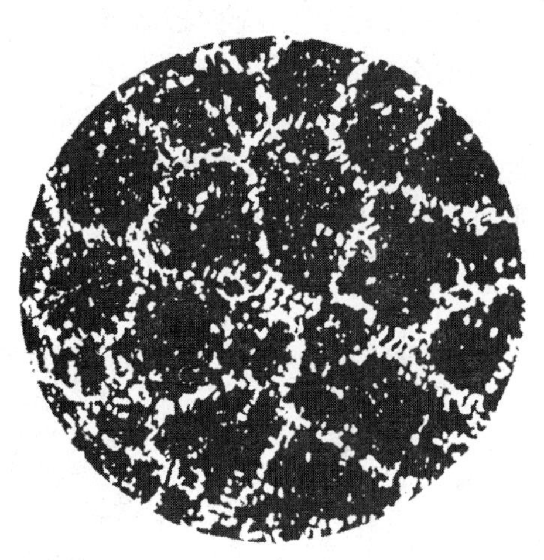

图28 130个/cm^2 灰铸铁共晶团

5.5 片状石墨共晶团的生长速度

片状石墨共晶团生长的一个主要特点是石墨与奥氏体以相同的生长速度在同一液-固界面上协同生长，两相生长速度都与界面过冷度密切相关。界面过冷包含动力学过冷、成分过冷以及界面稳定性发生变化引起的过冷。这些过冷都主要取决于熔液冷速和溶质浓度、偏析性质。冷速高、含有易于产生成分过冷的元素以及界面为非平面界面（胞状、枝晶状界面）会提高熔液过冷度。

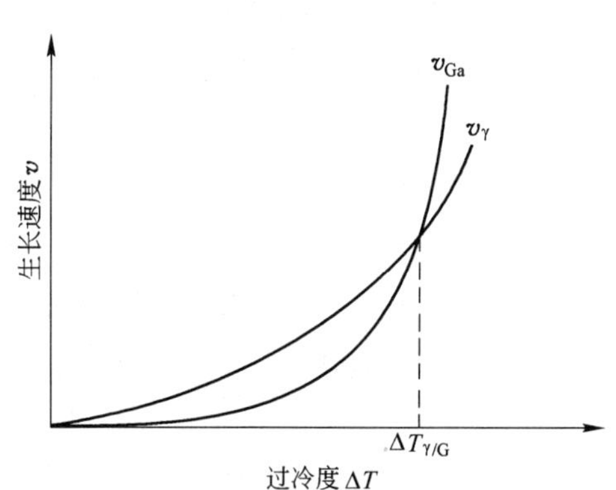

图29 奥氏体生长速度（v_γ）、石墨在旋转孪晶台阶上的生长速度（v_{Ga}）与过冷度的关系

图29[16]示意表明奥氏体生长速度（v_γ）、石墨晶体在旋转孪晶台阶上的生长速度（v_{Ga}，相当于片状石墨长度方向生长速度）与晶体生长过冷度的关系。v_{Ga}受到界面反应控制，它与石墨生长过冷度（ΔT_{Ga}）有以下关系：

$$v_{Ga} = A_1 \exp(-B/\Delta T_{Ga}) \tag{14}$$

---

❶ 灰铸铁共晶团数具体检测方法是：采用以下配比的浸蚀剂浸蚀试样：（1）氯化铜1g，氯化镁4g，盐酸2mL，酒精100mL或（2）硫酸铜4g，盐酸20mL，水20mL。冷浸蚀后即可显示共晶团，如图27所示。分布于共晶团边界的白色物质为网状磷共晶。

碳原子在熔液内的扩散速度控制着奥氏体生长速度（v_γ），v_γ与奥氏体过冷度（ΔT）具有抛物线型关系。

图 29 中 v_{Ga}曲线和 γ 曲线交点所对应的生长速度是共晶生长速度；所对应的过冷度（$\Delta T_{\gamma/G}$）是石墨和奥氏体协同生长的过冷度。

5.6 共晶石墨的生长

图 30 显示生长着的石墨-奥氏体共晶凝固界面[8]。可以看到，石墨相领先进入液相，片体前端与液相直接接触。液相中的碳原子通过体积扩散，使石墨晶体不断地补充，始终保持领先。其两侧熔液在碳浓度降低情况下也随之结晶，并沿石墨生长方向生长。因此，奥氏体的液-固界面呈锯齿状。这是共晶组织在缓慢生长条件下经常出现的微观界面形貌。随着生长条件的变化，界面形貌也将发生变化。

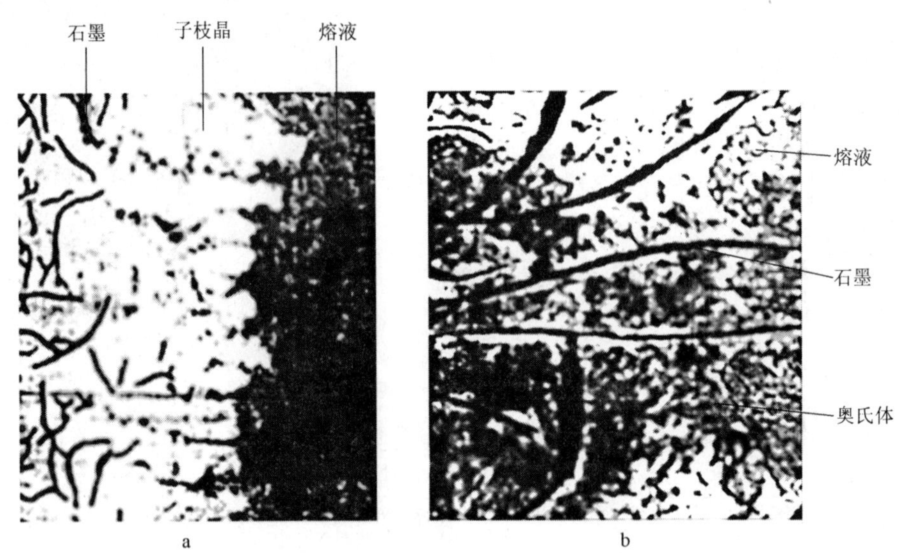

图 30 石墨-奥氏体共晶凝固界面

a—亚共晶合金；b—过共晶合金

虽然两相生长前端的温度差别不大，但是所产生的温度梯度却非常陡峭。石墨与奥氏体生长前端的温度差别仅为 0.1℃，石墨领先奥氏体约为 10μm，相界温度梯度约为 100℃/cm。这有助于石墨相保持稳定的领先地位，而且是形成非正常共晶的必要条件。

前已述及，稳定系共晶转变过程中，由于石墨晶体在凝固界面前进方向的生长速度高于共晶奥氏体的生长速度而成为领先相，超前于共晶奥氏体而在凝固界面前首先进入液相，在稳定系共晶转变的温度范围内不断生长。如果熔液过冷度较小，不出现离异共晶生长，石墨将在较高的温度下以非正常共晶模式在液相中分枝、生长。在此过程中可能遇到液相中已存在的奥氏体枝晶和由于成分过冷而在界面前产生的新生枝晶，此时生长着的石墨晶体前进方向会发生变化。自身发生弯曲，最终可能变成螺旋状、钩状、U 形（二维观察），甚至出现环形石墨。这些都属于 A 型石墨。如果铸铁碳当量很低，奥氏体体积分数很高，石墨尺寸比较细小，分布也比较均匀，偶尔可能产生树枝状的、有方位的、短粗的、具有不与其他石墨片相联系的单独结晶核心的石墨晶体。

B型石墨形核于石墨共晶转变温度范围的中间温度。石墨晶体以稍高于A型石墨的速度领先奥氏体伸入已有一定过冷度的液相中。由于冷速较快，最初形成的石墨片比较细小，分枝比较频繁。如果这种细小石墨组成共晶团中奥氏体体积分数较大（碳当量较低的铁水共晶凝固时容易发生这种情况），共晶转变散发的热量足以使共晶团周围的熔体升温到共晶转变温度范围内的较高温度，例如1140～1149℃。在这个温度下，石墨晶体的生长速率将降低，生成尺寸较大的正常A型石墨。

石墨共晶团不断向四周扩展，形成心部为细小石墨片，周围呈辐射状向外生长的菊花状形态。如果共晶团生长到一定尺寸后，冷却加快，则可能在共晶团边界区域又出现细小石墨构成的小尺寸共晶团。形成大、小尺寸共晶混合存在的铸铁组织。这种情况在厚度不均的铸件上可以见到。具体来说，就是A、B、D型石墨共存的组织。

是不是在上述凝固条件下所形成的共晶团都具有细小心部石墨？回答是否定的。主要原因是初始形成的细小石墨可能在随后凝固过程中重新溶入奥氏体。如果心部细小石墨共晶形成时产生热量能够保持比较长的时间，就可能发生石墨重溶。铸铁凝固过程中奥氏体析出阶段和共晶转变阶段，碳在奥氏体中的溶解度随温度下降而提高。如果在此阶段，温度变化速率较低，石墨很有可能溶入奥氏体。因此，没有心部细小石墨的B型石墨共晶团是可能存在的。

如果熔液的冷却速率很高，凝固过冷度很大，共晶转变首先以离异共晶模式进行。奥氏体充分发育并在整个凝固体积内占有很大体积分数。此时由于奥氏体结晶而排出的碳使残留熔液中的碳过饱和。在共晶转变的较低温度下，产生大量晶核，并开始了石墨晶体与过冷奥氏体相伴随生长。此时石墨不再是领先相，而是以正常共晶模式与奥氏体协同生长。在奥氏体枝晶狭小的液相中形成细片状或点状共晶石墨。这种共晶生长过程中，由于两个共晶相中的原子容易发生相互错位，又由于液相中混入杂质，以及晶格空位的存在，导致大量晶体缺陷使石墨晶体发生频繁分枝、扭曲。熔液过冷度越大，分枝程度越高，石墨晶体生长速度越快。

这种出现在枝晶间的、细小而分枝频繁的过冷石墨就是D型石墨（图31）。

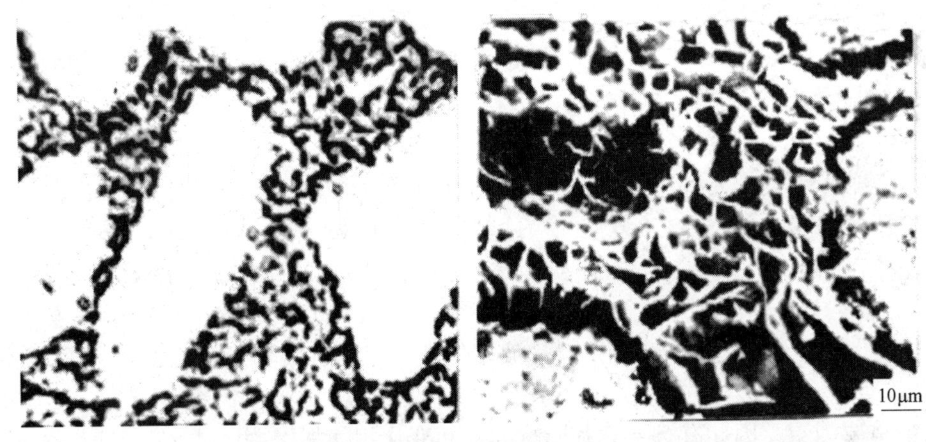

图31 D型石墨

D型石墨共晶区的室温组织是D型石墨+铁素体。这是因为在较低温度下以较快速率进行的转变中，碳原子难于进行充分扩散，奥氏体将转变为含有饱和碳量的铁素体。

由共晶组织形成过程来看，亚共晶、共晶和过共晶的都能够形成D型石墨，只是由于含碳量不同，D型石墨的体积分数不同而已。

与A型石墨共晶团相比，D型石墨共晶团尺寸较小。但是在一个共晶团内的石墨也是共同源于一个结晶核心生长起来的。但是在D型石墨分布区内，也发现了一些孤立存在的点状或细片状石墨。

碳当量较低或含有促进奥氏体枝晶生长的合金元素的灰铸铁在铁水过冷程度稍小于D型石墨情况下，石墨在共晶转变温度范围内的偏下限温度形核和生长，形成E型石墨（图32）。此时奥氏体发育程度已经相当充分，大体上按热流方向排列。E型石墨以接近A型石墨生长方式生长，但生长速度比A型石墨快。所形成的石墨片体外形较细小而弯曲，分枝较多。

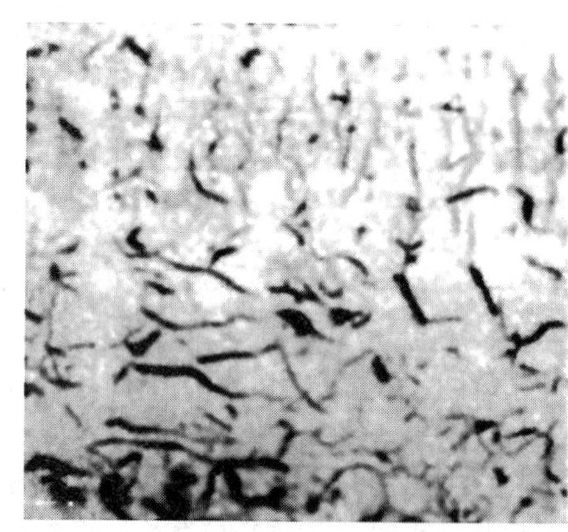
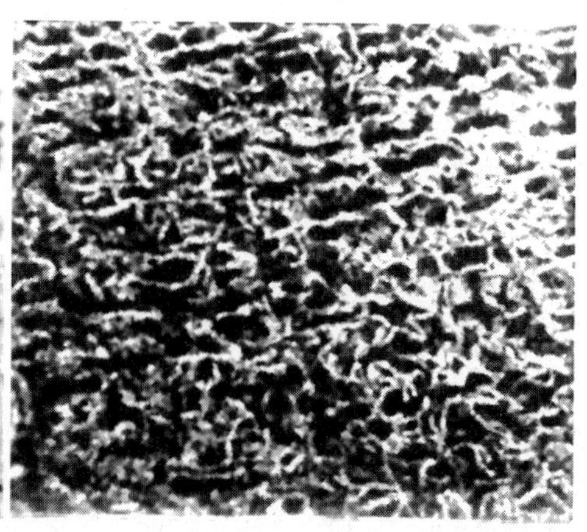

图32 E型石墨

图33 F型石墨

F型石墨（图33）也称星状石墨，其特征是星状（蜘蛛状）石墨和均匀分布的细小片状石墨共同存在。这种类型石墨的产生，首先是在高冷速下形成蜘蛛状初生石墨，并以此为基础，在稳定系共晶温度范围构成奥氏体-细片石墨共晶团。

5.7 片状石墨共晶生长界面形貌

非平衡条件下冷却形成的非等温凝固界面对冷却条件和液相成分是敏感的。界面移动速度（晶体生长速度）的变化能使界面形貌发生变化，并导致共晶相析出方式和析出相形貌发生变化。液相化学成分也有类似影响。由于界面形貌是决定共晶组织形态（包括铸铁的石墨尺寸、形态、分布）的重要因素，因此有必要对其影响因素和变化规律加以探讨。

研究凝固界面变化规律一般采用单向凝固技术。单向凝固装置可以控制生长速度（v）、界面前沿温度梯度（G_L）、化学成分三个参数独立变化。试样液淬后可将某一瞬间的组织形态保留下来，这样就可以分别研究各参数对共晶生长的影响。试验结果可以获得较好的重现性。图34显示单独改变生长速度（温度和化学成分固定）使$w(P)=0.047\%$

铁碳合金界面形貌的变化[17]。生长速度较低（$v=1.8$mm/h）时，由于液相中碳原子有机会沿界面进行体积扩散，石墨领先于奥氏体生长，奥氏体紧随石墨析出。石墨片之间的奥氏体生长相对滞后，形成凹槽，界面成为峰谷相间的锯齿状（图34a）。如果谷底碳浓度随奥氏体析出而增加，可能在两个已形成的石墨片体之间析出新的细小石墨晶体，反过来又提高了奥氏体生长速度，这样共晶生长界面能保持相对稳定。锯齿形生长界面产生的共晶石墨为A型石墨。石墨基本上沿热流方向生长，分枝少，分布较均匀。

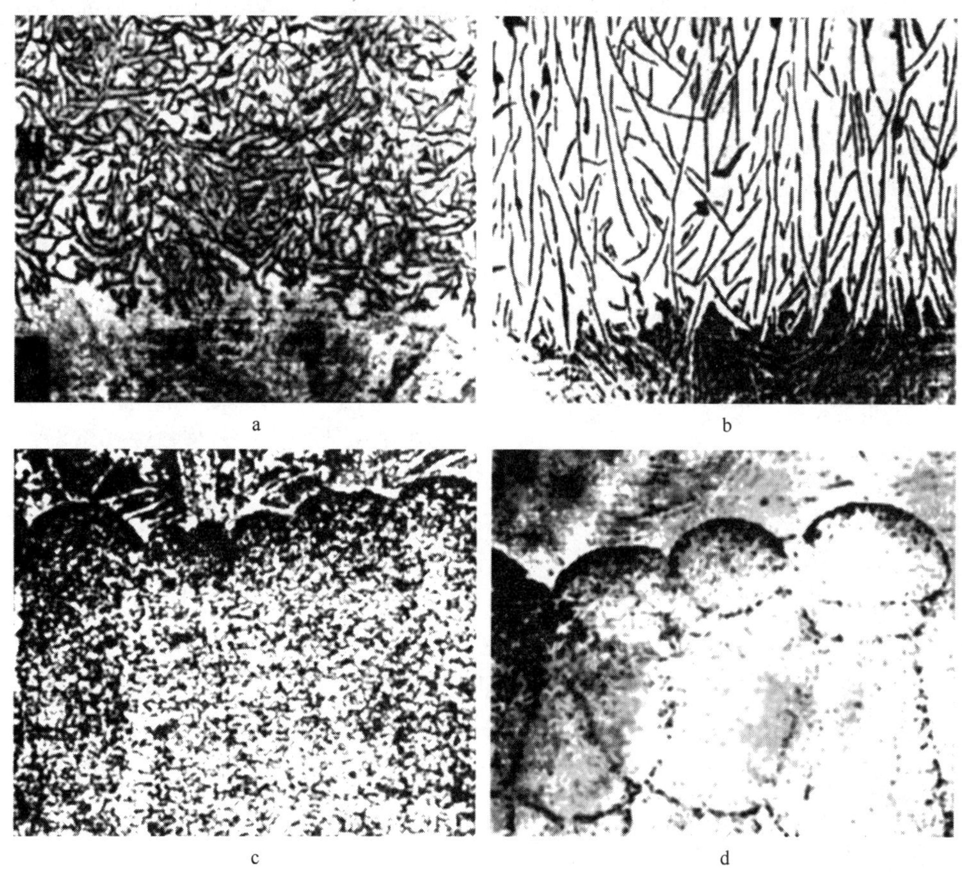

图34　生长速度（温度和化学成分固定）对铁碳合金（0.047%P）界面形貌的影响

a—0.003%P，$v=1.8$mm/h；b—0.047%P，$v=7.2$mm/h；
c—0.047%P，$v=36$mm/h；d—0.047%P，$v=72$mm/h

如果生长速度适当提高，晶体生长产生的内部缺陷增多，并受到界面过冷度的限制以及共晶奥氏体的干扰，石墨出现频繁分枝。虽然石墨仍为A型，但显著细化，生长方向偏离热流方向。细小A型石墨释放的结晶潜热使周围液相温度提高，过冷减小，石墨生长减缓，又出现正常A型石墨。这样就使共晶团的石墨细小，外部石墨粗大，形成B型石墨共晶团。此种情况下，生长界面仍为锯齿状（图34b）。进一步提高生长速度，宏观界面上出现圆丘状（胞状）突起，并有初生奥氏体枝晶在界面前沿形成。这是因为过冷度进一步提高后，共晶组织的成分移向高碳方面，界面前沿熔液的碳浓度下降，从而促使奥氏体枝晶生长。因此这种胞状界面将在奥氏体枝晶之间生长，最终形成D型石墨-奥氏体共晶（图34c）。

图34d显示，生长速度更加提高时界面形貌产生的显著变化：胞状凸起更加突出；界

面附近出现胞状晶粒叠集。这是共晶生长由单纯外生生长（固相完全通过界面向前推移而长大）改变为外生生长与内生生长（晶体在凝固界面前的熔液中独立形核、生长）同时进行的结果。界面高速生长时溶质不能及时扩散，形成溶质富集并导致成分过冷。内生生长发生在成分过冷区。首先是石墨在熔液内奥氏体枝晶附近形核，然后开始共晶生长，形成以细片状石墨共晶为主体的细晶粒。

当内生共晶晶粒与前进中的胞状生长界面相遇时便陷入界面，但并未完全融为一体，会显示出一些结合痕迹。由于内生晶粒生长时受到奥氏体枝晶的干扰以及外生界面的扰动，界面上陷入的内生晶粒尺寸和形状也有明显差异。

内生晶粒与外生界面结合形成的液-固界面具有胞状枝晶形貌，常称为枝晶型界面。枝晶型界面产生的组织由初生奥氏体枝晶、石墨共晶以及可能出现的晶间组织组成。内生晶体内是细小片状石墨共晶，外生晶体则为D型石墨共晶。两种共晶团在晶体结合面上可以区分出来。

综上所述，在化学成分和温度梯度不变情况下，提高生长速度将发生的变化依次是：界面扰动增加→界面形貌由锯齿状转变为胞状→再由胞状转变为枝晶状；石墨分枝频繁程度增加；石墨生长方向随界面形貌的改变而改变；尺寸逐渐变短变细，层片间距减小；分布趋于紊乱；石墨形态由A型变为B型，再变为D型；胞状生长界面前的液相中有内生共晶组织析出。

图35 $w(P)=0.105\%$液态铁碳合金生长速度$v=72mm/h$时的界面形貌

铁碳合金中常存元素及合金元素的性质及其含量也影响界面形貌和凝固组织。当熔液中含有分配系数小、能提高界面过冷度的元素时，界面前析出的内生晶粒数量增加，尺寸减小，界面趋于混乱。例如，上述试样磷含量由0.047%提高到0.105%，生长速度不变（$v=72mm/h$），凝固界面形貌由图34d改变为图35所示。说明磷含量增加，界面上内生晶粒显著增加。一些内生晶粒之间没有完全结合，并且充满富含低熔点的高磷熔液。间隙内出现晶间碳化物。

灰铸铁中的硫有增厚共晶石墨的作用，这是因为较厚共晶石墨生长的锯齿状界面是比较稳定的，石墨片厚度增加将使共晶层片间距加大。含硫较高时，导致锯齿界面改变为胞状界面以及胞状界面改变为枝晶界面的临界生长速度有所降低。

由于灰铸铁中各元素以各种机制影响界面稳定性，在非单向凝固过程中，很少出现锯齿形生长界面。与纯铁碳合金相比，灰铸铁在很低的生长速度下即产生胞状界面。而且，灰铸铁的内生共晶晶粒数量远多于纯铁碳合金或纯铁碳硅三元合金。

5.8 球墨铸铁共晶凝固

无论铁水是亚共晶成分、共晶成分，或是过共晶成分，球墨铸铁发生共晶转变之前已经有球状石墨直接从铁水中析出，即球状石墨是由液相直接析出。有人试验将铁水浇入旋转方向反复变换的离心铸型并保持到完全凝固，在凝固后的试样中，发现一些已经生长到一定尺寸的石墨球互相联结，在联结处内部含铁量不超过正常水平，说明铁没把相联石墨球分开。如果石墨球在固相内生长，当然不会发生这种情况。另外，在过共晶及亚共晶镁球墨铸铁液淬试样中可以看到大量直径约 1μm 的细小石墨球。此类实验可以说明，由于加入了球化元素，球墨铸铁共晶反应过冷度显著提高。组成共晶的石墨和奥氏体含量差别悬殊，形核和生长方式也不同，导致两相都在共生区以外开始结晶，在空间和时间上都是分开的。也就是说，球墨铸铁的共晶结晶是按照离异共晶转变方式进行的[8]。球状石墨首先由液相析出后，其周围熔液成为贫碳区，在此区域中碳浓度是变化的，形成碳浓度由球体表面向外逐渐上升的浓度梯度。这个浓度梯度与熔液的过冷度有关。冷速低、过冷减少，碳有较充足时间扩散，铁水向石墨供碳范围比较大。过冷度增高时，碳浓度梯度较陡峭。熔液过冷度为 10℃时，球状石墨 90% 的碳来自石墨约 $26R$（R 为石墨球半径）的范围。而过冷度达到 100℃时，90% 碳来自约 $8R$ 范围。而球状石墨周围贫碳区熔液过冷度高于石墨熔液界面处的过冷度，奥氏体将首先在这些区域形核。这表明，过冷度较高的熔液内，共晶奥氏体的形核位置较接近已达到一定尺寸的球状石墨边缘。

前已述及，石墨相具有引领或诱发奥氏体相形核的能力，并且奥氏体将依托石墨快速生长。铁水中的石墨球，在热对流的作用下，将与单独生长着的奥氏体枝晶接触。两相一旦接触，奥氏体便沿球体表面快速生长。

奥氏体在石墨表面的生长速度与石墨的［0001］晶向生长速度都与熔液过冷度有关。过冷度增加，两者生长速度都要提高。可见在球墨铸铁熔液的共晶过冷度条件下，石墨表面上奥氏体的生长速度大于球状石墨的生长速度。因此，一旦奥氏体在石墨表面生长，它将会包覆石墨球体，形成球体的包覆层。

还有另一种方式使石墨球陷入奥氏体枝晶的包围之中。在凝固体积分数小于 30% 左右以前熔液中存在着热对流。随着枝晶生长时向液－固界面前沿排碳，液相中尺寸较小的石墨球可能在对流停止时，固定在枝晶表面一些地方。由于石墨热导率高，枝晶与石墨的界面上出现凹槽，如图 36 所示。枝晶将围绕球体生长，并排出更多的碳，使凹槽中碳浓度提高，凹槽深度因液相局部熔点变化而增加，最终使石墨球体陷入枝晶的包围之中。

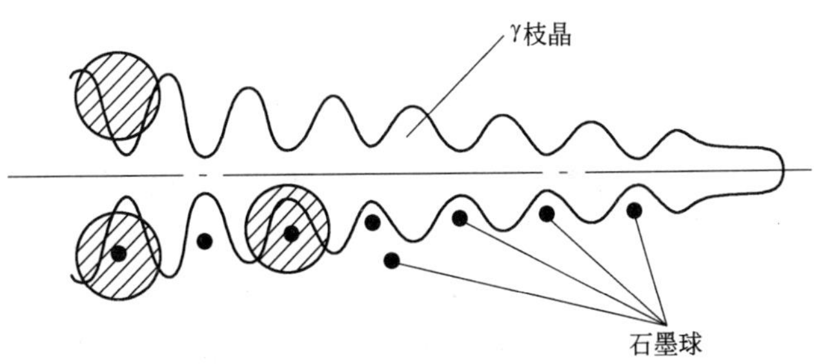

图 36　石墨球体陷入枝晶的包围之中

无论奥氏体以哪种方式包围石墨球体后，两相将以离异共晶方式各自继续生长。枝晶体积向外扩张，石墨接纳奥氏体排出的碳原子，并在固相包围之中继续增大。枝晶生长受碳原子扩散速率控制，石墨生长则受到铁原子自扩散控制。奥氏体在液相中是沿择优方向单独生长的，有二次枝晶产生。但是包覆球状石墨后，由于受到碳原子各向同性扩散的限制，择优方向生长被各向均匀生长所取代，不再产生二次枝晶及多次枝晶。只是表面出现

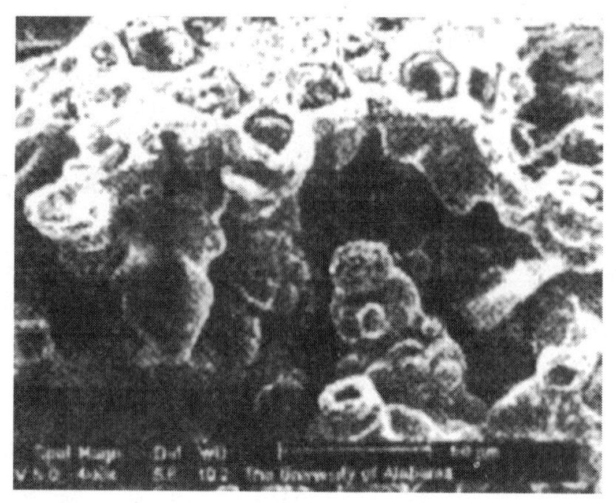

图 37 奥氏体内的球状石墨

一些圆钝的凸起，形成菜花状形貌。在过共晶球墨铸铁的显微缩孔中，可以清楚地看到奥氏体包覆球状石墨后，结晶中断所遗留下来的共晶晶粒，显示菜花状形貌，如图 37 所示。

在球墨铸铁的铸态组织中，人们看到每个球状石墨周围总是被铁素体晕圈所包围。容易被人误解为每个奥氏体-石墨共晶团只包含一个石墨球，亦即离异共晶转变产物出现在各个球状石墨单体上。但是经过对球墨铸铁凝固过程的研究，证实在一个奥氏体-球状石墨的共晶团中，包含着不止一个石墨球，而是多少不等的一些石墨球[14]。这种情况在彩色金相检验中也得到证实。在特定试剂浸蚀下，铸铁中硅浓度在不同部位显示不相同的色彩。在铸铁凝固过程硅在奥氏体心部的浓度高于晶粒边缘浓度。在经过浸蚀的试样中，观察相应于硅浓度最低的颜色区的分布状况，可以鉴别出晶界位置及走向。

图 38 显示球墨铸铁铸态组织中奥氏体－球状石墨共晶晶粒。每个晶粒内包含尺寸大小不一的多个石墨球。尺寸较大的石墨球最早被奥氏体包围，都位于晶粒内部。尺寸较小的石墨球是在奥氏体已生长到一定程度的较低温度下析出并陷入奥氏体中，因而大部分位于晶粒边缘处。共晶晶粒并没有特定形状，晶粒外廓形状与陷入其中的石墨球尺寸、数量有关。

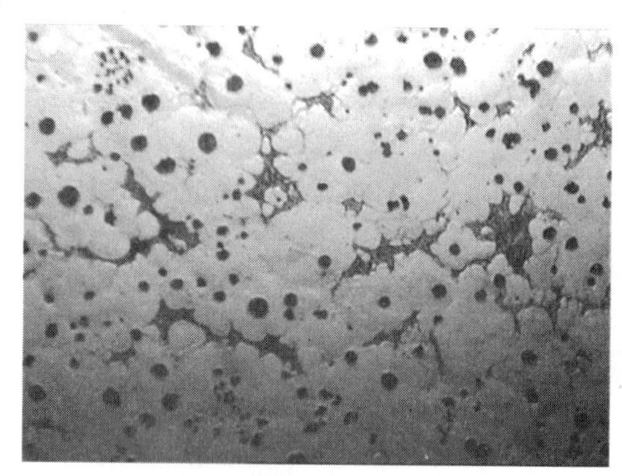

图 38 球状石墨-奥氏体共晶晶粒

石墨球被奥氏体包围后仍会继续生长。这是因为奥氏体－铁水界面的碳浓度大于奥氏体石墨球界面碳浓度，使奥氏体包覆层内产生了由外向内的碳浓度梯度，导致奥氏体-铁水界面的碳原子通过包覆层向奥氏体-石墨界面扩散。而铁的浓度梯度与碳的浓度梯度相反，铁原子将以相反方向进行自行扩散。到达奥氏体－石墨界面的碳原子在石墨表面沉积，使石墨球尺寸增大，但是，碳在固相中的扩散速率远小于在液相中的扩散速率，因此石墨球在奥氏体内的尺寸增加量并不十分显著。共晶奥氏体生长时在界面上排出的碳，有相当部分进入界面前的铁水中，碳原子便在有效形核基质上建立石墨结晶核心，并生长成为尺寸比较小的球状石墨，这些小石墨球，也将被生长着的奥氏体包覆。共晶转变产物是奥氏体包覆着一些或大或小石墨球的共晶晶粒[14]。

球墨铸铁共晶晶粒的固态相变是围绕着单个石墨球进行的。固态相变开始于奥氏体中碳的脱溶，并发生 $\gamma\rightarrow\alpha$ 相变。$\gamma\rightarrow\alpha$ 相变的前提是 α 铁素体形核和有合适的位置接纳脱溶出来的碳原子。铁素体晶核开始出现于球状石墨-奥氏体界面上，在多处形核和生长。在这些部位形核的原因是石墨界面上有许多晶体缺陷，具有较高能量；而且原子扩散距离短，邻近石墨的脱溶原子易于到达。因此，固态相变开始时，首先在石墨球周围出现铁素体包覆层。石墨表面生成的铁素体由许多等轴铁素体晶粒组成（图 39）。铁素体包覆层的出现为奥氏体中脱溶碳原子提供了向石墨扩散的通道。这是因为铁素体石墨界面上的碳浓度远低于铁素体－奥氏体界面碳浓度，而且碳原子在奥氏体中扩散阻力大于在铁素体中扩散阻力，所以碳原子不断向石墨表面扩散，石墨球尺寸和铁素体包覆层都不断长大。

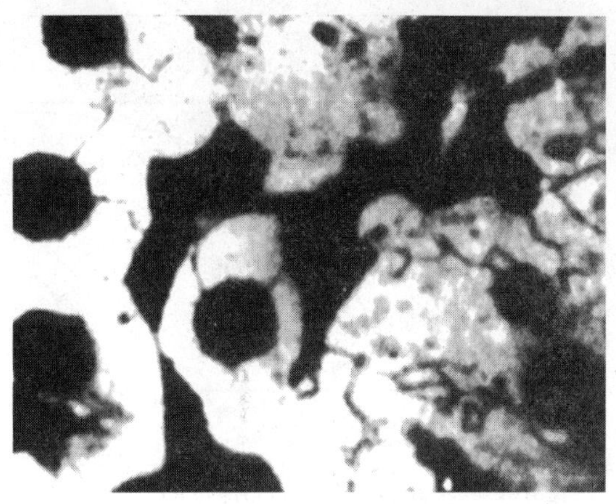

图 39　等轴晶粒构成的铁素体晕轮

5.9　渗碳体共晶转变

5.9.1　渗碳体析出

过共晶成分铁水温度低于液相线时，将有初生高碳相析出。

图 40 为稳定系统（实践）与亚稳定系统 Fe-C-Si 平衡图叠置而形成的示意图。这个图显示形成亚稳共晶的温度范围低于形成稳定系统共晶的温度范围。当铁水温度降温到低于稳定系统共晶转变温度下限时，将要产生由渗碳体与共晶奥氏体组成的渗碳体共晶。

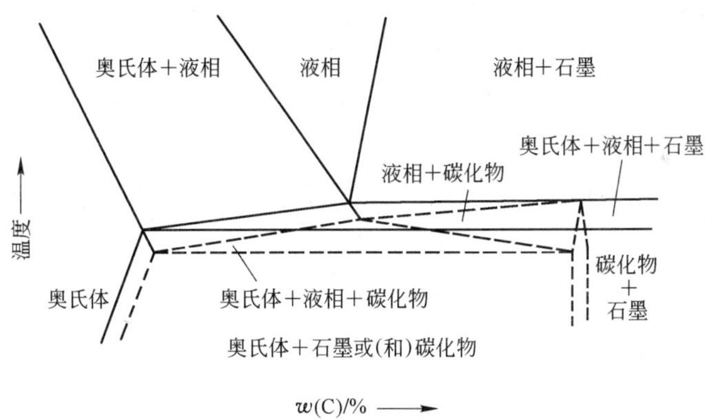

图 40　两种共晶转变温度范围示意图

从结晶条件看，石墨相的碳含量接近 100%，远大于渗碳体碳含量（6. 67%）。比较两种高碳相的结晶过程，形成石墨需要碳原子和铁原子做较大的迁移，而铁碳原子结合形成渗碳体基本上是即位反应，原子移动量（特别是铁原子）微小。铁原子在结晶过程中的扩散速率和自扩散量是碳、铁原子进行点阵重组形成新相的控制性因素。如果铁原子的扩散运动受阻或进行缓慢以致不能为构成石墨晶体提供足够的空位，那么初生石墨就难以生成。因此，提高铁水冷速，有助于抑制石墨结晶，并为渗碳体生成创造条件。

提高铁水冷却速率会增大结晶过冷度。一旦铁水过冷到渗碳体液相线以下的温度，将有初生渗碳体析出。从热力学来讲，形成渗碳体共晶比形成石墨共晶需要较高的相变驱动力，只当铁水过冷到较低的温度时，热力学驱动力才能达到形成渗碳体共晶所需的驱动力。从动力学角度看，形成渗碳体共晶或形成石墨共晶时两种高碳相（渗碳体和石墨）在不同温

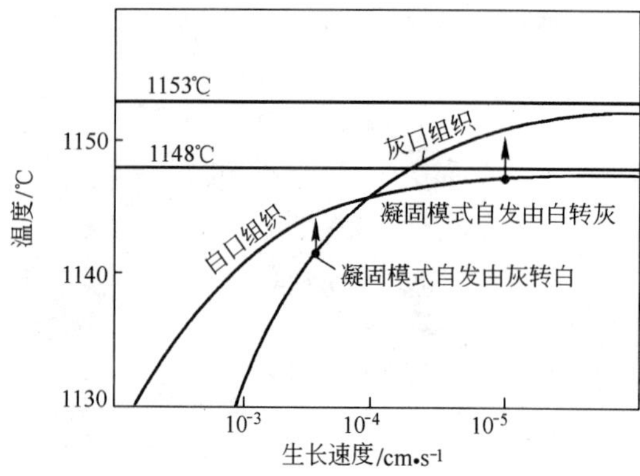

图41 两种高碳相在不同温度下的生长速度

度下的晶体生长速度是不同的。生长速度高的晶体是优先生成的相组分。图41表明，只当生长速度高于两条曲线交点（在交点左方）时，渗碳体才能成为优势生长晶体。这个交点温度略低于渗碳体共晶转变温度。

铁水中碳活度也是决定高碳相类型的重要因素。活度低表明碳原子活动能力差，扩散速率低，石墨晶体也难以形成。相反地，铁水硅含量低或含有碳化物形成元素都会降低铁水中的碳活度，有助于渗碳体结晶。因此铁水化学成分是影响渗碳体共晶形成的重要因素。其影响程度首先取决于元素在渗碳体和奥氏体中的相对溶解度。如果元素在渗碳体中的溶解度大于在奥氏体中的溶解度，该元素将进入渗碳体并提高渗碳体的稳定性，促进渗碳体共晶生成。铬、钒、锰、氧、硫、硒、碲等都属于这类元素。铬、钒、锰置换铁原子，氧、硫、硒、碲、硼置换碳原子，使渗碳体结构更趋稳定，形成倾向更强。不但如此，一些碳化物形成元素还降低铁水碳活度，也有助渗碳体共晶形成。

渗碳体的正交晶格中，a 轴方向和 b 轴方向的生长速度大于 c 轴方向生长速度。晶体沿［010］晶向以层状生长方式二维生长（图42）。生长中的层片厚度约为几个至几十个原子间距。每个晶片内的碳原子以共价键结合。由于片体表面存在许多晶体缺陷，其中螺位错可使生长着的晶体出现许多二维分枝。这些分枝大部分也是沿［010］晶向优势生长并形成新的片层，片层使渗碳体增厚，片层之间以金属键结合。这种生长方式使渗碳体晶体成为许多片体互相链接的结构。由于片层内和片层间键结合强度不同，渗碳体晶体产生各向异性。

5.9.2 渗碳体共晶形核和生长机制

渗碳体共晶由共晶渗碳体和共晶奥氏体组成，也称莱氏体。这两个相都具有粗糙凝固界面。两相之间有以下晶体取向关系：

$$(104)_{Fe_3C}//(101)_{\gamma} \qquad (15)$$

$$[010]_{Fe_3C}//[\bar{3}\ \bar{1}0]_{\gamma} \qquad (16)$$

这种取向关系使两相交迭生长时界面能较小。

奥氏体是渗碳体共晶的领先析出相。在非平衡条件下凝固时，亚共晶成分、共晶成分铁水以及稍过共晶成分铁水在共晶转变前都已经存在一定的初生奥氏体。这些奥氏体表面的晶体缺陷可以容纳一些由周围富碳铁液扩散而来的碳原子，形成渗碳体生长的核心，共晶渗碳体即依附奥氏体开始生长。

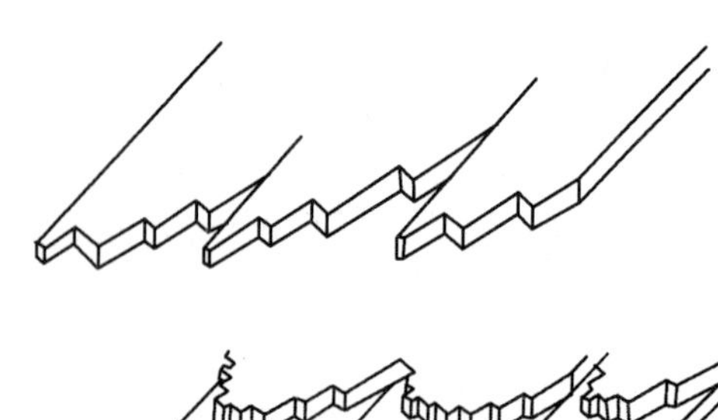

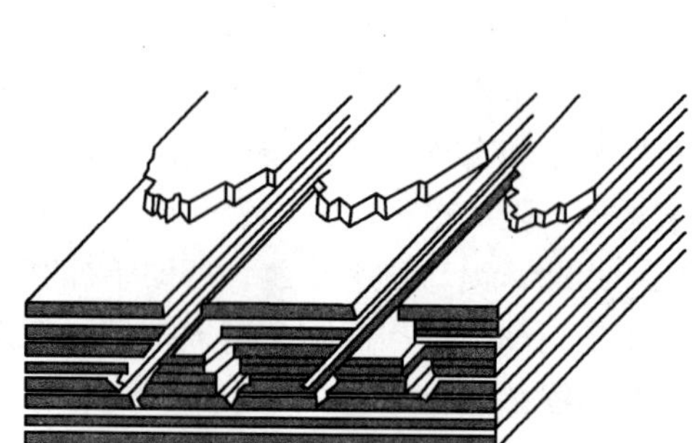

图42 渗碳体层状生长

一旦渗碳体在奥氏体表面析出，它将沿［010］晶向优先生长。其周围液相碳浓度降低，为奥氏体进一步生长提供了机会。

渗碳体与奥氏体生长方式不同。渗碳体逐层生长，二维分枝；奥氏体则沿扩展表面能最小的原子密排面（111）生长，三维分枝。一些渗碳体晶体生长时要穿过奥氏体晶体，这部分渗碳体是不稳定的。

另一种说法是渗碳体直接在初生奥氏体外的熔液中形核，使附近熔液中碳浓度降低，为共晶奥氏体的形成创造了条件。在两相共生长的过程中，渗碳体起领先相的作用，即渗碳体引领奥氏体生长。

渗碳体共晶一般呈现两种形态的显微组织，即莱氏体共晶形态和板条状渗碳体共晶形态。

在形成渗碳体共晶温度下，渗碳体的生长速度远高于奥氏体，因而在共晶组织中占有较大体积分数。渗碳体共晶作为生长中的领先相，一方面以［010］晶向为择优方向与奥氏体协同生长，使渗碳体形成长片状；另一方面，也在横向（c 轴方向）生长，形成包覆型共晶。渗碳体与奥氏体倾向于形成包覆型共晶。形成这种共晶与形成层片状共晶相比较，前者在单位面积上界面能较多，但两相的接触面积却小得多。总的来说，形成棒状非正常共晶所增加的总界面能小于层状共晶。因而，渗碳体共晶多数呈包覆型形态。此情况下共晶奥氏体以圆柱体形状嵌入渗碳体。共晶体断面呈蜂窝状。这是莱氏体共晶特有的非正常共晶形态。

但当过冷度加大，即在更快冷速下进行共晶时，则倾向于形成板条状渗碳体共晶组织（图43）。这种共晶常出现在低碳当量的亚共晶白口铸铁中。共晶转变时，铁液中已有相当数量的先共晶奥氏体存在，共晶奥氏体必然优先依附在原有奥氏体枝晶上生长，导致这种形态的共晶生长。

图43　板条状渗碳体共晶

6　反白口现象

灰铸铁件的局部白口通常产生在铸件表层或尖角等冷速较高的部位。反白口现象与此相反，铸件断面心部为白口组织，表层则为灰口。这种违反常态的组织分布状况称为反白口现象。反白口现象是一种铸件缺陷。

出现反白口现象的铸件表层灰口组织为D型（或E型）石墨共晶。深度小（约1～2mm）的表面灰口层可称为“灰边”，较深的表面灰口层可称为“灰带”。内部白口区域中除了渗碳体共晶外，经常出现渗碳体与石墨共存的麻口组织或呈斑点状分布于白口区的胞状灰斑，灰斑内含有过冷石墨共晶组织。图44显示具有反白口组织的试块断面。

灰铸铁出现反白口现象后，脆性增大，减振能力降低，可切削性恶化。可以采用高温石墨化退火消除这种组织。但是可锻铸铁毛坯中出现了灰口组织则无法用热处理方法改变石墨形态，成为不可修复的废品。

反白口现象一般发生在表层已凝固而心部仍为液态的低碳当量铸铁件断面中。这些铸

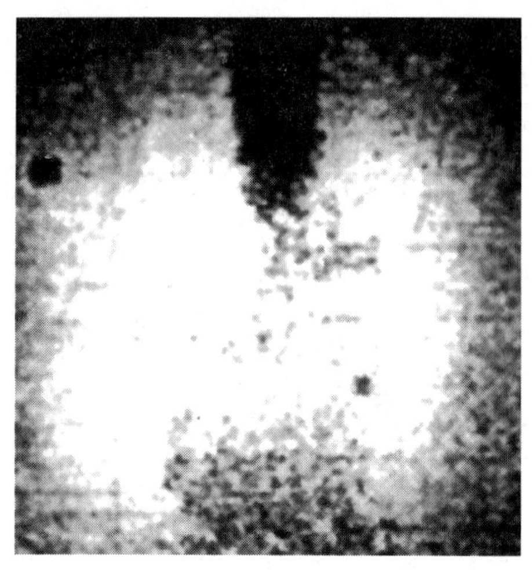

图44 反白口断面

件表层在稍高于亚稳共晶转变温度首先发生共晶转变，产生D型石墨共晶，形成灰口表层。灰口表层内的大量初生奥氏体中的碳溶解度随温度下降而降低，部分碳原子脱溶析出。如果此时心部的金属仍未凝固，并已处于较高过冷状态，析出的碳原子便在奥氏体内或奥氏体与液相界面产生渗碳体晶核。当铁水随即过冷到稍低于亚稳共晶温度时，渗碳体晶核将依托奥氏体快速生长，产生渗碳体共晶，形成外灰内白的组织。$w(\mathrm{C})=2.53\%$、$w(\mathrm{Si})=1.44\%$的铁水过冷到1104℃有石墨形核。进一步快速降温，冷却曲线出现第二个共晶停点，凝固后试样断面上表面为灰带，内部为麻口组织。

过冷度更高时，此试样表面出现D型石墨共晶薄层。由于共晶量很少，冷却曲线上几乎没有显示共晶停点。在低于亚稳共晶温度析出渗碳体共晶，结晶潜热使试样升温，导致渗碳体呈层片状。白口区内有灰色胞状斑点。

灰斑形成的原因还不十分清楚。一个可能的原因是液相内存在的形核基质在高过冷度下形成了少数有效石墨结晶核心。另一种可能是，凝固开始时在型壁附近形成的微晶体飘浮到铸件内部，成为诱发石墨共晶反应的核心物质，导致灰斑形成。

碳当量低，特别是硅含量低的铁水在较高过冷条件下凝固容易出现反白口组织。可锻铸铁和高强度灰铸铁碳当量低，对反白口现象很敏感。特别是含有促进铁水过冷的合金元素或杂质元素时，最容易产生反白口缺陷。

低碳当量灰铸铁与可锻铸铁的反白口组织不完全相同。前者的反白口一般是由表层的灰带和内部的麻口组织构成，灰口与白口之间的过渡区内有时出现紧实石墨。可锻铸铁的反白口断面常常出现较薄的灰边和包含胞状灰斑的内部白口。

总结控制反白口缺陷经验，产生反白口现象的主要冶金因素有：

(1) 配料或熔化过程控制不当，铁水的碳当量过低；

(2) 铁水过热温度高（超过1500℃），而且在炉内长时间保温；

(3) 氧、氮、氢含量高；

(4) 铁水吸硫量多，锰硫比不合适，铁水硫含量高；

(5) 含铬、硼等元素较多的铁水低温浇注厚大铸件；

(6) 球墨铸铁残留镁量或残留稀土量过高；

(7) 低碳当量灰铸铁或球墨铸铁孕育不足或发生了孕育衰退；

(8) 低温铁水浇注热导率高的铸型；

(9) 可锻铸铁中含有过量的碲或铋。

7 铸铁中的氧和氮

7.1 氧在铁水中的行为

铸铁中的氧来源于几个方面：从大气中吸收；炉料带入的溶解氧；锈蚀物带入的

化合氧。这些氧使铁水的溶解氧量通常超过平衡含量而处于过饱和状态。工频炉熔炼的灰铸铁水含氧量为（10～22）×10^{-4}%，冲天炉灰铸铁水含氧量为（30～60）×10^{-4}%。由于铸铁熔液中碳、硅含量远高于在钢水中的含量，能与氧反应，因而无需像炼钢那样进行特定的脱氧工序。氧含量虽然微小，但对铸铁组织的形成却有不可忽视的作用。

氧以两种状态存在于铁水中。一是溶入铁水以溶解状态存在，成为溶解氧；二是形成氧化物，以化合状态存在。溶解氧具有冶金活性，主导氧在铁水中的行为，并对铸铁熔炼过程中的冶金反应产生影响。溶解氧量也因温度和冶金反应的进展而不断变化。长期以来一直有人研究铁碳合金液中氧的行为和变化规律，直到开发出固体电氧浓差电池，此问题才获得比较明确的解答。电氧浓差电池根据埋入铁水中两电极间的电位差与铁水温度和氧分压之间的函数关系，测出瞬间铁水中溶解氧浓度，为了解氧在铁水中的行为提供了准确数据。

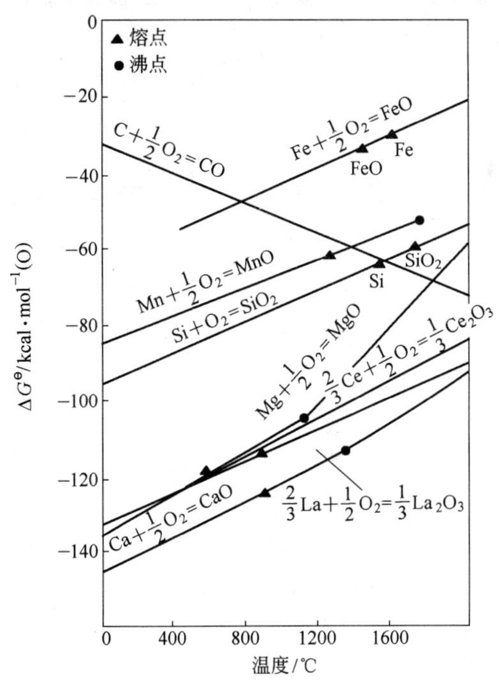

图 45 一些元素氧化物生成自由能与温度的关系（1cal＝4.1868J）

溶入铁水中的氧首先与对其亲和力强的元素化合。从图 45 看，碳、硅、锰对氧的亲和力都大于铁。铁水温度较低时，硅比锰优先氧化；温度较高时，碳优先氧化。硅的氧化反应：

$$Si + 2[O] \xlongequal{\quad} SiO_{2(s)} \tag{17}$$

反应的标准自由能变化为：

$$\Delta G^{\ominus} = -142000 + 55.0T = -4.575T\lg K_{Si} \tag{18}$$

$$\lg K_{Si} = 31038/T - 12.02$$

$$K_{Si} = \frac{1}{a_{Si}a_O^2} = \frac{1}{f_{Si}[\%Si]f_O^2[\%O]^2}$$

$$\lg K_{Si} = -\lg f_{Si} - \lg[\%Si] - 2\lg f_O - 2\lg[\%O]$$

为求［%O］，需有 $\lg f_{Si}$及 $\lg f_O$数据。为此，需知铁水中各元素对硅和氧的相互作用系数（e_{Si}^j和 e_O^j）。如果铸铁碳含量为 3.2%，硅含量为 2.0%，忽略其他元素的影响，则：

$$\lg f_{Si} = e_{Si}^{Si}[\%Si] + e_{Si}^{C}[\%Si] = 0.32\times2.0 + 0.22\times3.2 = 1.344$$

$$\lg f_O = e_O^{Si}[\%Si] + e_O^{C}[\%C] = -0.14\times2.0 - 0.13\times3.2 = -0.696$$

$$\lg[\%O] = -1/2(1.344 + 0.301 - 2\times0.696 + \lg K_{Si}) = 5.88 - 11519/T$$

氧与碳的反应为： $[C]+[O] \xlongequal{\quad} CO$

以上述同样方法求得： $\lg[\%O] = -2.788 - 1158.5/T$ （19）

单纯考虑硅和碳对氧的反应，溶解氧浓度与温度的关系（式 17 与式 18）示于图 46，

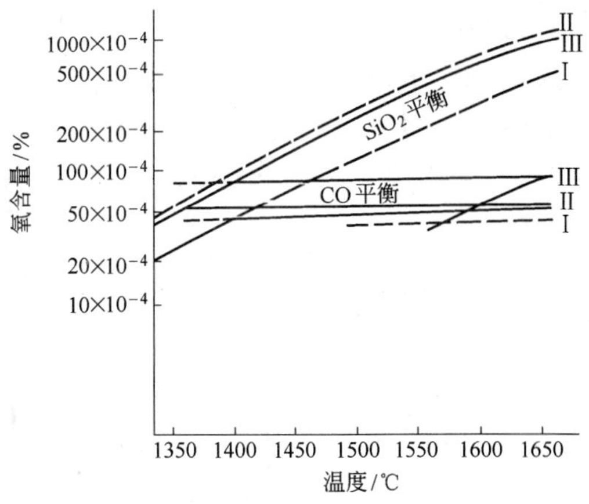

图46 溶解氧浓度与温度的关系

两曲线交点温度为1384℃。低于此温度，SiO_2生成反应优先进行；高于此温度，CO生成反应优先进行。

1384℃是两种反应转换的理论平衡温度。低于这个温度，形成新的氧化物过程很难自发产生，反应缓慢地向平衡方向进行。只有提高温度才能提高反应速率，达到平衡。

在铸铁熔炼过程中，铁水中来自炉料、炉衬的SiO_2粒子与硅氧反应物同时存在。另外，炉料带入的FeO和过饱和氧与铁反应生成的FeO也在SiO_2－CO平衡转换（Si－C平衡反应）过程中发挥作用。因此，下列4个反应式同时涉及氧的冶金反应：

$$(SiO_2) = [SiO_2] \quad (SiO_2 \text{在固、液相间转换}) \tag{20}$$

$$[SiO_2] + 2[Fe] = [Si] + 2[FeO] \quad (SiO_2 \text{在铁水中被还原}) \tag{21}$$

$$[FeO] + [C] = [Fe] + [CO] \quad (FeO \text{被碳还原}) \tag{22}$$

$$[CO] \longrightarrow CO \quad (CO \text{逸出铁水}) \tag{23}$$

$$(SiO_2) + 2[C] = [Si] + 2CO \quad (\text{反应处于平衡状态}) \tag{24}$$

以上反应的标准自由能变化和平衡常数$K_{(Si,C)}$为：

$$\Delta G^{\ominus} = -125748 + 70.77T$$

$$\lg K_{(Si,C)} = -\frac{\Delta G^{\ominus}}{RT} = -\frac{27486}{T} + 15.67$$

CO分压与大气压处于平衡状态，$p_{CO} = 101325\text{Pa}$，

$$K_{(Si,C)} = f_{Si}\ [Si\%]/(f_C^2[C\%]^2)$$

如果已知碳、硅含量和相关的相互作用系数，可以计算出Si－C反应平衡温度，或者在一定温度下反应达到平衡时的碳、硅含量。根据上述计算可以绘成列线图，使用起来很方便。

铁水过热温度对其氧含量和脱碳量的影响见图47[18]。铁水过热温度少于30℃，溶解氧量随温度上升而增加。这是因为铁水吸氧量增加，硅脱氧常数$[\%Si][\%O]^2$也随着温度上升而增大，使铁水中与SiO_2平衡的溶解氧量相对增加。同时也可看出硅含量较高则有较多氧进入SiO_2，溶解氧量降低。过热超过30℃，氧与硅亲和力减弱，SiO_2还原，生成的CO逸出，碳和氧量都趋于下降。

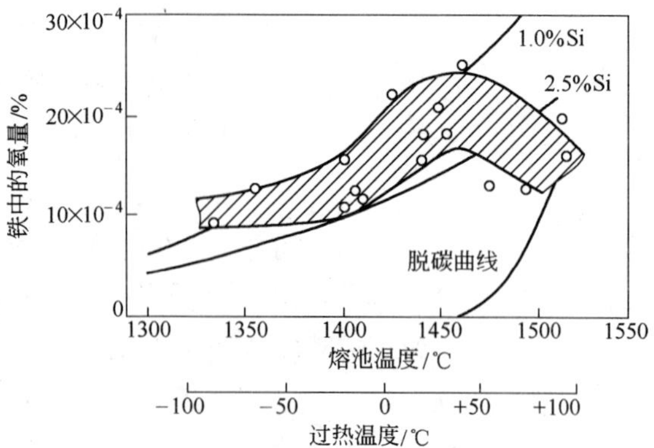

图47 铁水过热温度对其氧含量和脱碳量的影响

生产中铁水浇注温度高于Si-C反应平衡温度能减少SiO_2夹杂物。较低温度下，铁水表面呈现膜状物。在Si-C反应平衡温度以上保温，铁水溶解氧量随保温时间延长而增加，增

加趋势十分近似纯铁；低于此温度下保温，溶解氧量保持稳定。

铁水含有较多与氧亲和力很强的元素（例如铝），无论在高于还是低于Si-C反应平衡温度下保温，铁水溶解氧量都会随保温时间延长而持续减少，最终甚至会使溶解氧降低到只有（2~3）$\times10^{-4}\%$的水平。这样的铁水强烈降低共晶反应温度，极易使铸件出现白口，即使加入孕育剂也很难改变铁水过冷倾向。这种现象常常出现于经过保温炉长时间保温的铁水，可能产生成批不合格的铸件。

降低熔炉内炉气总压力（不是CO分压力）可使Si-C反应平衡温度下降。碱性感应炉熔化的铁水与酸性感应炉铁水比较，开始沸腾（CO逸出）的温度显著降低，降低幅度可能达到120℃左右。说明Si-C平衡反应温度下降，在同样温度下，等于提高了铁水过热温度。由于碱性炉铁水氧的溶解度提高以及脱碳反应在较低温度下即开始进行，溶解氧的最低含量经常在1460℃左右即出现。

高温下炉衬受到侵蚀，侵蚀下来的材料以及造渣材料中的SiO_2对Si-C反应平衡温度都能产生影响。

铁水中的氧含量虽然很少，但是它对铸铁的石墨化、共晶转变温度以及含碳量、夹杂物含量和合金元素的损耗率都有可以察觉的影响。因此，在生产中从各方面控制氧含量对于提高铸铁件质量是很重要的。

7.2 氧对铸铁石墨化的影响

氧对石墨化的影响有两重性。根据诸多试验揭示石墨核心普遍存在SiO_2或球状石墨中存在SiO_2与镁铝、钛的化合物组成的复合物微粒，说明SiO_2可能成为石墨形核基质，进而论证了氧有促进石墨化的作用。另外也发现碳当量较低、共晶过冷度较高的铸铁凝固过程中，氧促进渗碳体形成。这是因为氧在渗碳体中的溶解度大于在奥氏体中的溶解度，氧原子置换渗碳体的部分碳原子，并与铁以共价键结合，使渗碳体趋于稳定。

铸铁孕育剂都有脱氧能力。不含脱氧元素（铝、钙、钡、锆）的硅铁促进石墨化能力很差，孕育处理应使脱氧后残留氧量仍足以提供丰富的形核基质。

在氧化性气氛中熔化$w(C)=3.39\%\sim3.46\%$、$w(Si)=1.38\%\sim1.58\%$的灰铸铁，氧含量可由$11\times10^{-4}\%$提高到$100\times10^{-4}\%$，奥氏体析出温度提高约10℃，共晶转变温度也下降，奥氏体充分发育，导致D型和E型石墨生成。一些试验也提出，氧有促进D型和E型石墨生成的作用。

氧含量对铸铁组织的影响比较显著。亚共晶铸铁含氧量由（3~5）$\times10^{-4}\%$增加到$200\times10^{-4}\%$，铸铁组织按以下顺序逐渐变化：含（3~5）$\times10^{-4}\%$溶解氧时为白口组织（无石墨）→反白口组织→点状石墨→E型共晶石墨→B型石墨→A型石墨（$20\sim40\times10^{-4}\%$，溶解氧）→B型石墨→E型共晶石墨→（反白口组织）→白口组织（（100~200）$\times10^{-4}\%$，溶解氧）。

可见，氧量过低或过高都将导致白口组织和反白口组织生成。随着氧含量变化，石墨形态也会发生变化。

7.3 铁水中的氮

铁水中溶解的氮来源于多个方面。冲天炉化铁时，氮由供风中带入，在熔化带溶入铁水。溶入量随供风中氮浓度（分压）变化而增减。电弧炉的电弧区内，空气在高温下电离，提高了氮的分压，氮以较高扩散速率进入铁水。各种金属炉料中均含有氮，而以钢的含氮量比较突出。转炉钢含氮量一般为0.010%～0.020%，酸性电炉钢含氮量为0.008%～0.010%，碱性电炉钢含氮量为0.006%～0.014%。长期监测炉料中钢加入量对一座热风冲天炉熔炼的低碳铸铁中含氮量的影响，得到的结果列于表5。

表5 炉料中钢加入量对铁水平均氮含量的影响

配料中钢加入量/%	铁水平均氮含量/%	配料中钢加入量/%	铁水平均氮含量/%
25	0.011	100	0.017
80	0.015		

感应炉和电弧炉熔炼铸铁常使用焦炭、石墨等含碳物质作为增碳剂。这些增碳剂氮含量较高，例如，冶金焦 $w(\mathrm{N})=0.75\%\sim1.50\%$，电极石墨 $w(\mathrm{N})=0.1\%$ 左右。以氮气为载体向铁水中喷射脱硫剂可使铁水增氮。例如，高碳低硅铁水以此法脱硫，$w(\mathrm{N})$ 由0.0070%～0.00995%增加到0.0188%～0.0164%。

美国铸造师协会（AFS）曾对5个球墨铸铁厂进行铸件氮含量调查[19]，结果是：电弧炉铁水含氮量高于冲天炉铁水。各厂脱硫前都进行铁水保温，保温过程中含氮量均有降低。球化处理及孕育处理前后的含氮量有所降低，孕育后的铁水含氮量由出炉时的0.0165%减少到0.0076%。喷射脱硫处理后含氮量增加，总的来看，各厂球墨铸铁件的含氮量均比铁水出炉时有所下降，均能保持在0.008%以下。

7.4 氮在铁水中的行为

氮在1600℃纯铁液中的溶解度为0.045%。铁中含有碳和硅则溶解度下降。氮在铁水中的溶解是气态氮分子分解成单原子而溶入铁水的过程。

$$\frac{1}{2}\mathrm{N_2} = [\mathrm{N}] \tag{25}$$

反应平衡常数

$$K = a_{[\mathrm{N}]}/(p_{\mathrm{N_2}})^{1/2} = [\mathrm{N\%}]f_{\mathrm{N}}/(p_{\mathrm{N_2}})^{1/2} \tag{26}$$

式中，$a_{[\mathrm{N}]}$ 为溶解氮活度；f_{N} 为氮活度系数；[N%] 为溶解氮量；$p_{\mathrm{N_2}}$ 为与液相平衡的氮分压。选择氮在纯铁内无限稀溶液作为标准态，$f_{\mathrm{N}}=1$，则：

$$K = [\mathrm{N\%}]/(p_{\mathrm{N_2}})^{1/2} \tag{27}$$

此式表明氮的极限溶解度 [N%] 与氮分压平方根成正比，调节氮分压可改变铁水在熔化过程中的溶氮量。冲天炉富氧送风和喷射天然气（提高CO浓度）都可降低氮分压，减少氮在铁水中的溶解量。

Opravil 等人在0.1MPa气压下测定了不同温度下铁水饱和含碳量和氮在铁水中的溶解度。实验结果表明，提高铁水温度使碳的溶解度提高，含氮量上升。图48[20]显示1300～1700℃碳饱和的Fe-C-Si溶液中含硅量变化引起氮溶解度变化。可以看出含硅量增加显著降低氮的溶解度。这个降低量已经包含了碳溶解度提高的因素。结果含碳量处于非饱和状态而且溶解度不变的话，硅的影响要远大于此。

表面活性元素，特别是氧和硫降低氮的溶解速率。氧和硫含量较低时，氮在铁水中的溶解速率受氮原子扩散速率控制。硫的影响非常显著，增加硫0.05%，氮的溶解速率系数约降低50%。

由于碳和硅显著降低氮在铁水中的溶解度，因此铸铁的氮含量低于钢。氮对铸铁组织有显著影响。有些铸铁件需要加氮改善铸铁的组织和力学性能。

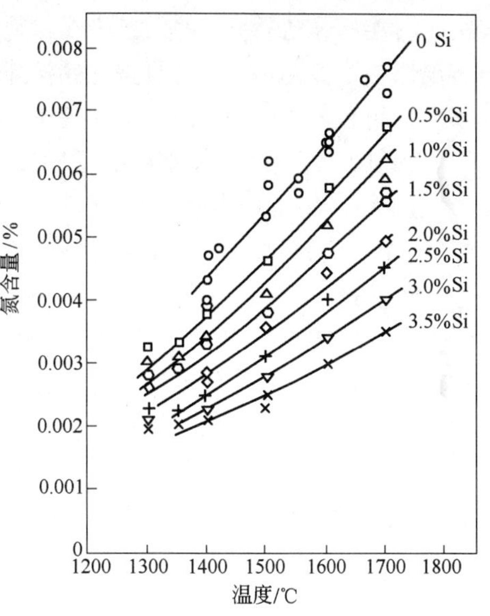

图48　碳饱和的铁硅溶液中氮溶解度随硅含量而变化

8　铸铁孕育处理

铁水凝固以前将少量合金添加物（孕育剂）加入其中，使铁水中已有的或新增的形核基质周围形成碳原子活化微区，高活度碳原子摆脱与铁原子形成化合物倾向，转移到形核基质表面，能增加有效石墨晶核数目，促进石墨顺利生长。这种利用特定的外来物质促进铸铁石墨化的技术手段称为铸铁孕育处理。

优质高强度灰铸铁应该具有细小而均匀分布的A型石墨和细珠光体基体组织。这种组织通常是在碳当量较低的铸铁中出现。但是具有这种成分的铁水共晶过冷度大，容易产生白口。在这种情况下，实行孕育处理能获得很好的效果，既能避免白口，又能获得细密A型石墨，铸铁力学性能显著提高。

同炉铁水浇注的铸铁件，断面厚度不同部位的组织和强度会有明显差别，即铸铁件的组织和性能对断面尺寸有一定敏感性。孕育剂提高石墨形核几率，促进石墨化，有助于消除薄断面白口，而且消除白口的同时并不显著改变厚断面的石墨数量和尺寸。这是因为孕育剂的主要作用在于促进石墨形核，而且当碳当量与硅碳比变化不大时，单位铁水体积内的形核数目也是有一定限度的。因此，孕育剂能够有效地降低铸件组织对断面尺寸的敏感性，使厚度不同的断面组织趋于均匀。对于低碳当量灰铸铁、共晶过冷度大的球墨铸铁及一些合金铸铁，孕育处理是不可缺少的。

以促进石墨化为目的而加入的合金添加物通常是硅铁以及含有某些碱土金属、稀土元素的复合硅铁，通常称之为硅系孕育剂。有些孕育剂中适当加入珠光体稳定化元素，使孕育剂由单纯促进石墨化扩展为石墨化与稳定珠光体的复合功能。采用这种复合孕育剂，不但能在共晶转变阶段发挥作用，也能在固态相变过程中发挥作用，减少基体中的铁素体，稳定和细化珠光体组织，消除二次碳化物，使铸铁的力学性能达到更高水平。

8.1　铸铁孕育理论探讨

铸铁孕育过程实质上是在有较高过冷倾向的铁水中催生石墨的过程。孕育剂加入铁水后，如何影响潜在的石墨形核微区的热力学性质从而有效地导致石墨生成，应是孕育理论的主要部分。因此，探讨孕育理论，应该关注的问题有：

（1）孕育剂如何改变铁水中碳活度并由此产生促进石墨化作用；

（2）孕育处理如何创造石墨在铁水中的形核条件。

讨论石墨在铁水中的形核条件，总要涉及石墨晶核的问题。本文3.1节在探讨球状石墨是否存在特异结晶核心时，已说明目前还没有找到此类晶核。片状石墨也是如此。当前研究石墨形核条件，基本上还是关注晶核载体，即能够接纳碳原子在其上沉积的形核基质。多年来的科研和实践证明，研究形核基质在铁水孕育过程中的作用，是孕育理论的关键所在。

（1）孕育剂改变铁水中碳活度促进石墨化。

图49[21]显示未加入孕育硅铁（图49a）及加入孕育硅铁后（图49b）铁水微区中硅浓度分布。可以看出，未加硅铁前，硅基本上是均匀分布的。加入硅铁颗粒后，在石墨核心附近，产生了许多高硅微区。采用电子探针对液淬试样进行微区扫描及衍射分析，查明硅浓度峰值附近含有纯硅以及硅与铁组成的具有六方晶格的电子化合物 ε 相。随着碳原子和硅原子扩散，ε 相转化为 SiC 晶体。SiC 晶体是不稳定的，在铁水中只能存在很短时间，并按下式分解：

$$SiC + Fe = FeSi + C \tag{28}$$

分解出来的碳原子在富硅微区中有较高活度，可依附于合适形核基质而形成石墨晶核。

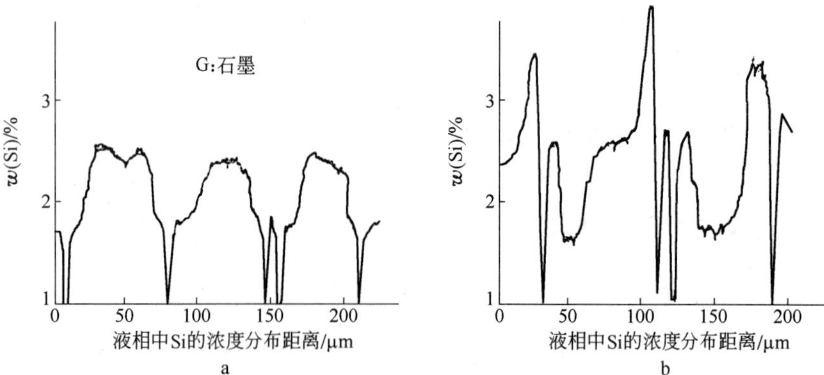

图49 硅在铁水微区内的分布

a—硅铁孕育前；b—硅铁孕育后

硅促进铸铁石墨化的作用，还可以从原子结构上进行探讨。前面曾谈到，碳原子最外电子层（L层）有4个电子，构型为 $2s^2p^2$❶。占据六方晶格基面角点上的碳原子之间靠 $\frac{1}{3}s$ 轨道和 $\frac{2}{3}p$ 轨道重叠而成的 sp^2 杂化轨道形成共价键联结。杂化轨道以外的第4个电子（称为 π 电子）以结合力较弱的 π 键与其他原子结合。原子核对 π 键的束缚力小，π 电子容易挣脱键力束缚而参加化学反应。而铁原子最外层（N层）只有 s 亚层，包含成对电子，即 $4s^2$。次外层（M层）电子构型为 $3s^2p^6d^2$，d 轨道电子未充满，d 和 s 轨道上的电子容易互换。因此铁水中一部分碳原子中的 π 电子易于转到铁原子的 s 亚层轨道，并通过 $s \leftrightarrow d$ 交换而进入铁原子M层中未充满电子的 d 轨道，按下式形成铁碳化合物：

$$mC + Fe = C_mFe \tag{29}$$

❶ 原子核外电子是按离核远近分层分布的。通常用K、L、M、N、O、P、Q或依次用1、2、3、4等数字表示电子所在的层。第1层离核最近，电子能级最低。同一电子层的电子能级也不完全相同，因此一个电子层又划分出一个以上的电子亚层，通常用 s、p、d、f 等字母表示亚层，能级高低顺序是 $1s<2s<2p<3s<3p<4s<3d<4p<5s<4d<\cdots$，电子构型与元素的化学性质密切相关。碳原子电子构型为 $1s^22s^22p^2$ 表示第1层 s 亚层有两个电子，第2层的 s、p 亚层也各有两个电子。

在铁水的富硅微区内，这个反应出现变化，铁碳化合物由石墨晶体取代。这是因为硅原子的核外电子构型为$1s^2 2s^2 p^6 3s^2 p^2$。最外层（M 层）中的p轨道可向铁原子的s轨道输送价电子，并通过$s \leftrightarrow d$轨道的电子交换达到铁原子的d轨道，形成 FeSi（ξ 相），显著减少铁原子与碳原子之间的结合能。同时，硅原子的 M 电子层的p轨道也向碳的π电子区输送电子，强化了 C-C 之间的结合能。其实质是碳在铁水内的富硅微区的活度得到提高，碳原子与铁原子结合形成化合物的倾向下降，形成石墨的倾向增强。这样就从原子结构方面提出了硅铁孕育促进石墨化的原因。上述机理说明，硅铁（或复合硅铁）在铸铁中产生的孕育作用主要并不在于直接向铁水提供形核基础物质，而是通过提高碳在铁水中的活度而促进石墨结晶核心的形成。

（2）成为石墨形核基质的基本条件。

石墨晶体的形成，虽不排除匀质成核的可能性，但是绝大部分石墨内都存在异质核心的事实，说明石墨结晶核心主要是通过形核基质的“胚芽”作用而开始形成（异质形核）。因此，许多研究工作都致力于探查这些晶核基础物质的结构和特性。孕育剂加入铁水后，铁水内部产生一些氧化物、硫化物以及复合生成的盐类物质。

这些呈悬浮状态存在的固体微粒具有自己的晶体结构。其中一些微粒与石墨晶体的某一晶格常数相近（失配度低），有利于与碳原子结合；如果这些固体微粒的物理化学性质能够满足某些热力学条件，它的表面就可能接纳碳原子，成为石墨晶核的基础物质（形核基质）。迄今已发现符合下列条件的化合物成为石墨异质形核基质的几率较高：

1）化合物晶体与石墨晶体有较好晶格适配度；

2）熔点高，热稳定性好，在高温下不易分解；

3）化合物生成热大于 SiO_2 生成热。

表 6 列出铝、钡、钙、铈、镧、硅、锶、锆的氧化物与硫化物生成热、熔点、晶格类型[22]。这些元素的硫化物、碳化物、氧化物、硅酸盐有些已在石墨心部被探查到。此外，铁水中存在的未溶石墨微粒，也被认为是有效的形核基质。

硅铁含有ⅡA 族元素钙、锶、钡以及铝、锆等元素，这些元素与氧的亲和力都高于硅，氧化反应均为放热反应。由表 6 数据可见，铝、锆的氧化物生成热大于 SiO_2生成热，钙、锶、钡氧化物生成热都在 559 ~ 636J/mol 之间，而且这三个元素氧化物具有立方晶格，原子间距有的与石墨六方晶格常数（a）接近，因此也能为石墨提供有效的形核基质。含有这些元素会显著提高硅铁的孕育效果。

硅的氧化物在形核过程中的作用是重要的。常以 SiO_2生成热作为氧化物生成热的对比标准。上述铝和锆元素在铁水中生成氧化物时，可进一步提高石墨形核微区的温度，使碳原子有充足的热力学驱动力和足够时间迁移到形核基质表面，促进石墨晶核形成。

镧氧化物的生成热、熔点、晶体结构以及与石墨晶格适配度等方面都十分适合作为石墨形核基质。

8.2 石墨形核基质

迄今为止，经过研究被认为能够成为晶核基质的物质有：硫化物、碳化物、硅酸盐以及石墨微晶。下面对于一些有关的说法加以讨论。

A 硫化物作为石墨形核基质

在许多灰铸铁和球墨铸铁石墨核心物质中发现硫化物存在，也发现灰铸铁中少量硫的存在对于石墨类型、共晶团数、白口深度以及冷却曲线都有比较明显的影响。

表6所列的硫化物晶格与石墨晶格有良好的适配度。稀土、铈、钙、钡、镁的硫化物都是NaCl型离子晶体。这些晶体结构中的密排面为（111），都与石墨晶体（0001）面有外延匹配关系。据计算，硫化钙、硫化铈与石墨晶格适配度分别为 -4.1% 和 -2.9%，硫化钡和硫化锰则分别为 +7.5% 和约 12.1%（晶格适配度小于6%为良好匹配，适配度为6% ~12%也能接纳碳原子）。以上数据说明铈、钙、钡、锰的硫化物都具有成为石墨形核基质的基本条件。

表6 几种元素氧化物与硫化物的生成热、熔点、晶格类型

元 素	性 能	氧 化 物	硫 化 物
Al	摩尔生成热/kJ·mol^{-1}	-1671	-509
	熔点/℃	2045	1100
	晶格类型	六方	四方
	晶格常数/m	$a=7.849\times10^{-10}$, $c=16.123\times10^{-10}$	$a=7.028\times10^{-10}$, $c=29.811\times10^{-10}$
Ba	摩尔生成热/kJ·mol^{-1}	-559	-443
	熔点/℃	1923	1200
	晶格类型	立方	立方
	晶格常数/m	$a=5.5393\times10^{-10}$	$a=6.385\times10^{-10}$
Ca	摩尔生成热/kJ·mol^{-1}	-636	-483
	熔点/℃	2580	2525
	晶格类型	立方	立方
	晶格常数/m	$a=4.8105\times10^{-10}$	$a=5.6948\times10^{-10}$
Ce	摩尔生成热/kJ·mol^{-1}	-976	-644
	熔点/℃	1692	2450
	晶格类型	立方	正交
	晶格常数/m	$a=5.4110\times10^{-10}$	—
La	摩尔生成热/kJ·mol^{-1}	-1918	-1285
	熔点/℃	2315	2200
	晶格类型	六方	四方
	晶格常数/m	$a=3.9373\times10^{-10}$, $c=6.1299\times10^{-10}$	$a=8.17\times10^{-10}$, $c=16.65\times10^{-10}$
Si	摩尔生成热/kJ·mol^{-1}	-857	-145
	熔点/℃	1713	1090
	晶格类型	六方	四方
	晶格常数/m	$a=5.03\times10^{-10}$, $c=8.22\times10^{-10}$	$a=5.430\times10^{-10}$, $c=8.718\times10^{-10}$
Sr	摩尔生成热/kJ·mol^{-1}	-591	-453
	熔点/℃	2430	>2000
	晶格类型	立方	立方
	晶格常数/m	$a=5.160\times10^{-10}$	$a=6.020\times10^{-10}$
Zr	摩尔生成热/kJ·mol^{-1}	-1081	-348
	熔点/℃	2677	1550
	晶格类型	四方	六方
	晶格常数/m	$a=5.09\times10^{-10}$, $c=5.18\times10^{-10}$	$a=3.660\times10^{-10}$, $c=5.825\times10^{-10}$

对铸铁石墨核心进行检测时发现，钙、锶、钡、镁的硫化物中，常常溶有第三元素或更多元素，如（Ca，Sr，Mg)S。这些复化合物与石墨晶格失配度与单一元素的硫化物相差不多。

硫化物作为石墨核心基质的说法提出以前，人们已经注意到硫元素对于灰铸铁石墨生成影响。

许多事实已经说明硫在石墨形核过程中有重要作用。

硫对铸铁组织的影响有两重性。它既能提高白口倾向，又能促进石墨化。硫是表面活性元素，不溶于奥氏体。共晶凝固时，硫原子偏聚于液相，富集在生长着的共晶团表面，堵塞了原子扩散所经过的固-液界面通道，限制共晶团生长，从而使铁水过冷到更低的温度，导致出现D型石墨；同时又能溶入渗碳体，取代碳原子位置，对渗碳体有稳定作用，甚至析出渗碳体，促进白口生成。另外，有试验表明，未孕育灰铸铁含硫量在一定范围内增加时，可以通过向铁水提供有效晶核而促进石墨化，共晶团数随之增加(图50)[23]。

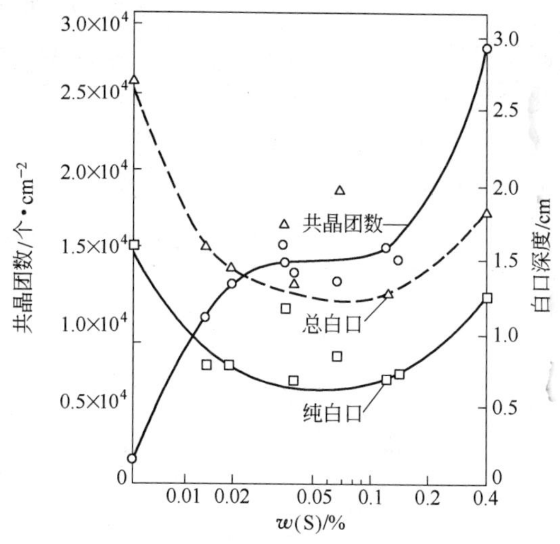

图50 未孕育铸铁中 $w(S)$ 对共晶团数的影响

再来看含硫铁水在孕育剂作用下，铸铁发生的变化。当灰铸铁含硫量低（例如 $w(S) < 0.025\%$）时，除非加入大量含钙、铈等元素的孕育剂或采用型内孕育等后期孕育措施外，大多数孕育剂都不能产生正常孕育效果。适当提高含硫量则孕育效果明显增强，说明硫对铸铁的石墨形核有一定影响。

在认识了硫对铸铁形核发挥作用的事实后，人们在孕育剂中加入强效硫化物形成元素进行了试验。试验元素有稀土元素（铈和镧）、ⅡA族元素（钙、锶、钡、镁）、铝、钛等。表7列出室温时这些元素形成硫化物的自由能。

表7 几种硫化物的生成自由能

硫化物	ΔG/kJ·mol^{-1}硫	硫化物	ΔG/kJ·mol^{-1}硫
CeS_2	-533.5	MgS	-388.7
CaS	-513.8	Al_2S_3	-274.9
SrS	-495.8	TiS(ZrS)	-254.0
LaS	-481.6	MnS	-248.1
BaS	-464.4		

试验结果正如预期，在孕育剂中加入这些元素后，孕育效果确有显著增强，而且基本上证实硫化物生成自由能越负，硫化物稳定性越好，则孕育效果和抗衰退作用更强。在铸铁常存元素中，锰与硫的化合物（MnS）是稳定的。能够作为形核基质元素的硫化物必须比硫化锰更为稳定。由表7可以看出，前八种硫化物的生成自由能均比MnS更负，说明除了锰以外，其他几种元素都能在铁水中存在，成为构成石墨结晶核心的基础物质。

确定哪些物质能够成为石墨结晶核心的基质时，最直接的方法是探查石墨剖切面中的核心物质。由于片状石墨分枝与基体金属参差交连，不易察觉核心物质，因此以球状石墨为对象进行研究。经过对磨切面深入探查，确证异质核心物质中，硫化物居多。

需要进一步探讨的是碳原子如何依附于这些硫化物上而形成石墨结晶核心。Wallace 根据石墨晶体与具有氯化钠晶格的硫化物晶体之间点阵失配度提出了这些硫化物可能成为石墨形核基质的见解[24]。

表 8 所列的硫化物都具有氯化钠型晶格。这些硫化物晶格中的密排面，即（111），与石墨晶体基面，即（0001），两者基本上存在着一定的外延匹配关系（即碳原子可以沿硫化物晶格的（111）面向外延伸生长，而形成新的石墨晶体的（0001）面，构成石墨晶体的碳原子就会与构成形核基质的硫化物结合，形成石墨晶体薄层）。薄层晶体继续接纳碳原子而外延生长至一定尺寸，成为石墨结晶核心。

表 8 石墨与具有氯化钠晶格的硫化物之间点阵失配度

硫 化 物	失配度/%	
	室 温	1421K
MgS	−13.7	−12.5
MnS	−13.4	−12.1
CaS	−5.5	−4.1
CeS	−4.2	−2.9
LaS	−2.9	−1.5
SiS	0.0	+1.3
BaS	+6.0	+7.5

根据硫化物晶格中密排面间距与石墨基面中对应碳原子之间的距离可计算出硫化物与石墨之间的点阵失配度，如表 8 所示。

在硫化物中，有些是以复合化合物形式存在，其晶格参数根据各元素的含量而定，但是数值非常相近，晶格类型也没有变化。

失配度是物质能否成为有效形核基质的重要判断标准。第一章已介绍过，失配度小于 6%，基质成为晶体结晶核心的几率很高，6% ~12% 时则形核几率显著降低。从表 8 中所列数据看，钙、铈、镧、硅、钡的硫化物都能有效地成为石墨形核基质，最终构成石墨结晶核心。镁和锰的硫化物都属于可能成为石墨结晶核心的物质。

B 碳化物作为石墨形核基质

B. Lux 早在 20 世纪 60 年代提出碳化钙可以成为石墨形核基质的观点[24]。研究者以粉状 CaC_2 与 Fe-C 合金一起烧结后加入铁水，发现 CaC_2 晶体高温时具有面心立方结构，碳以 C_2^{2-} 形式存在。以（111）晶面计算，相邻两个 C_2^{2-} 的间距为 4.19×10^{-10}m，与石墨晶格中的 4.25×10^{-10}m 原子间距非常接近，晶格适配度很好。CaC_2 在孕育硅铁形成的显微富硅区内能够促进石墨生长核心形成，但 CaC_2 及其他一些碳化物作为形核基质的不利之处在于它们的热力学稳定性差。CaC_2、SiC、ZrC、TiC、Mn_3C 的生成自由能负值较小，在铁水中易与硫、氧结合而生成较为稳定的化合物。

研究人员将周期表中能形成盐类碳化物（具有氯化物晶格）的Ⅰ、Ⅱ、Ⅲ族元素以及能形成金属碳化物的Ⅳ族元素以适当的方法加入液态高纯铁碳合金和铁碳硅三元合金中，系统地进行试验，探讨可能产生有效孕育作用的元素。

试验发现，Ⅰ、Ⅱ、Ⅲ族元素的碳化物都有减少过冷、增加共晶团数的效果，而Ⅳ族元素（TiC、ZrC、HfC）对共晶团数的影响微小。效果比较显著的元素中尤以碳化钙（CaC_2）的影响引人注目。试验表明未孕育的铁碳硅三元合金的共晶团数为 8.5 个/cm²，加入铁硅铜合金与碳化钙粉末的烧结物（碳化钙很轻，与液态铁碳硅合金的润湿性差，难以溶入，因此不能直接加入碳化钙粉末）时，共晶团数急剧增加，当烧结物中含有 2.5% CaC_2时，共晶团数为 350 个/cm²，加入铁与 5% CaC_2烧结物时共晶团数为 110 个/cm²。但烧结物内碳化钙量再增加后则共晶团数趋于下降。另外，含氧化钙的烧结物（铁碳铜与 1.5% CaO）也有一定的孕育效果，孕育后共晶团数为 50 个/cm²。

实验表明，其他Ⅱ族元素（镁、锶、钡）的碳化物都有类似的作用，而以碳化钙较为典型。下面以碳化钙与石墨之间的相互作用，简要介绍碳化物作为形核基质的观点。

对具有氯化钠晶格的碳化物进行结构分析表明，这类碳化物在高温下为面心立方晶体，碳原子以 C_2^{2-} 离子状态存在。面心立方晶体的密排晶面（111）与石墨基面（0001）在结构上很相似，晶格参数相近。另外，由 X 射线衍射结果可计算出液态铁碳硅合金中已存在碳分子（C_2）中的原子距离为（0.14 ± 0.02）nm，石墨基面上碳离子重心之间相距 0.142nm（见图 51），两者十分相近，易于相互取代。

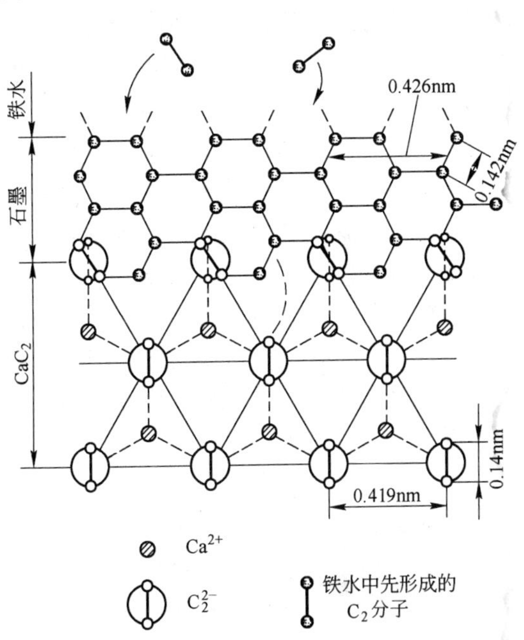

图 51 C_2在碳化钙密排面上析出，形成石墨的基面

据计算，碳化钙晶体中两个密排面之间的距离 0.341nm，石墨基面之间的距离为 0.335nm，在石墨晶体的［0001］方向，两者的失配度很微小，易于匹配。一旦在石墨的基面上呈现碳的外延势态，由于六角环中碳原子间结合能很强，石墨层将在碳化钙晶体上迅速形成，最终可能成为有效的石墨结晶核心。

由于 CaO 和 CaS 的生成自由能（ΔG）值比 CaC_2更负，因此，碳化钙必然与铁水中普遍存在的硫与氧发生反应，部分碳化钙将被氧化钙和硫化钙所取代。但是当钙与硅同时加入铁水时，将在铁水中形成富硅微区，在此微区中，钙及其他同类元素以细微的金属液滴形式存在，铁水里基本上无氧无硫，其中的碳（多以过共晶石墨形态存在）与钙反应产生碳化钙，并且很快出现表面石墨层，可能成为石墨晶核。但是当这些可能的晶核一旦离开富硅微区后，表面石墨层将遭到破坏，碳化钙又将与硫、氧反应，生成氧化钙与硫化钙。随着时间的延长，碳化钙的孕育功能将逐渐减弱。这似是孕育衰退现象的可能解释。

碳化物的孕育作用和对孕育衰退现象的理论解释，是值得注意的。但是成为广为接受的孕育理论，还需要更多实验成果予以支持。

C 二氧化硅作为石墨形核基质

较早前曾有人提出过硅酸盐可以成为石墨形核基质的说法。认为把硅铁加入铁水中，

有 $2FeO \cdot SiO_2$ 生成，这种以 SiO_2 为基础的复化合物高度弥散分布于铁水中，能够成为石墨形核基质。但是进一步研究发现，这种说法有其局限性，反倒是 SiO_2 晶体表面的晶格与石墨晶格有一定的匹配关系，SiO_2 可以成为石墨形核基质。

二氧化硅作为形核基质的说法基本上是以实验事实为基础的。把硅铁加入含有过饱和氧的铁水中，硅与铁水中的溶解氧化合，形成 SiO_2 晶体，二氧化硅晶体与石墨晶格基面有良好的匹配关系，这些细微晶体最终可以成为石墨形核基质。

二氧化硅成为有效形核基质是有条件的。其重要条件就是二氧化硅晶体必须是纯净的，具有纯二氧化硅晶质的表面。只有这种表面才能使碳在其上外延生长，形成表面石墨层。当硅铁加入铁水的短时间内时，这种表面是存在的。但是保持一定时间后，二氧化硅质点表面可能与铁或锰的氧化物作用而形成 $2FeO \cdot SiO_2$（或 $2MnO \cdot SiO_2$）熔合层而降低甚至失去它作为异质形核基质的有效性。

曾有人试验在铁水中加入固态二氧化硅颗粒，希望它能起到孕育作用。虽然铁水是氧过饱和的，但是试验没有取得预期效果。究其原因是外加的二氧化硅颗粒进入铁水前已经受到污染，颗粒表面被污染物覆盖而失去了 SiO_2 的晶质表面，碳原子不能在这种表面上外延生长。因此，这种二氧化硅颗粒不能成为有效形核基质。

实验表明，以二氧化硅作为形核基质的有效性，还要取决于铁水中含硅量和溶解氧的浓度是否够高。二氧化硅成为形核基质过程，实质上就是用硅脱氧的过程。脱氧越多，可能产生的有效石墨形核基质越多，石墨核心也越多，促进石墨化的作用越强烈。但是，由于二氧化硅分解，促进石墨化的作用随孕育后时间的增长而减弱。氧又重新回到铁水中。此时的氧开始产生增加共晶过冷度的作用。凝固后的铸铁不具有 A 型石墨，而是 D 型石墨，甚至产生渗碳体。

冲天炉铁水或不断受到电磁力搅拌的感应炉铁水都含有较多溶解氧。但是即使溶解氧的浓度足够，在低于 FeO 形成温度下形成的二氧化硅微粒一般不能成为石墨形核基质。这是因为在较低温度下，FeO 与铁水不能充分分离，而使二氧化硅微粒表面被 FeO 熔体覆盖，从而失去成为石墨晶核的特质。由于同样的原因，在铁水内加入 FeO 以提高铁水内溶解氧量的做法也是不可取的。

采用含硅量高的硅铁（$w(Si)$ =90% 硅铁或 $w(Si)$ =75% 硅铁）在尽可能接近开始浇注的时刻加入铁水能产生良好的孕育效果。这是因为高硅铁在铁水中所形成的富硅微区硅浓度较高，而且微区保持的时间也较长，这些都有利于二氧化硅稳定生成以及有充足时间完成形核过程。

根据二氧化硅形核观点，国外有人开发了不添加孕育剂的铸铁孕育方法。将铁水过热到高于 Si - C 平衡温度以上的温度，并予以保温。在此温度下铁水富含溶解氧，但氧不与铁液中的硅反应。铁水温度降低过程中，铁水中的硅才与溶解氧反应生成大量二氧化硅，这些二氧化硅在短时间内是干净而相对稳定的，可以形成石墨晶核基质。

D　石墨微粒作为石墨形核基质

提出石墨微粒形核理论的基础是确认铁水中存在大量超显微尺寸石墨微粒或碳原子集团。当铁水到达凝固温度时，这些石墨微粒和已经发生偏聚的碳原子集团便成为石墨形核基质，使碳原子方便地在其上沉积，形成石墨晶核。

较早曾有人以不同熔化温度熔铸了两组灰铸铁试样。1500℃熔化并在炉中保温 20min，另一组在1400℃熔化，在炉中保温5min，两个试样都在低于共晶温度20～30℃温度下淬火，然后进行检测。发现前一组试样中化合碳（渗碳体中的碳量）含量显著低于后者，而且有细小的片状石墨出现，后者则具有较粗大石墨。试验者认为，产生这种现象的原因是：铁水中已存在的石墨微粒在1400℃时尚未溶入铁水，在凝固过程中这些石墨微粒便成为石墨结晶核心，导致生成的石墨粗大。而高温浇注的试样中因有石墨溶入，铁水含碳量增加，化合碳量也相应增加，形成的石墨细小。试验者借此说明液态铸铁在凝固前应当已有石墨微粒存在。

前面已经对液态铸铁中存在超显微尺寸石墨微粒或碳原子集团做过讨论。相信液态铸铁中存在着碳微粒或碳原子集团的事实，也相信碳原子在石墨微粒上形核，比在其他物质上形核要容易得多，因为它们的原子尺寸相同，没有失配度过高的问题。这可能是人们认同石墨微粒形核理论的主要原因。需要进一步探讨的是石墨在同质物上形核的热力学条件，以便证实这一观点应用的普遍性。

8.3 孕育衰退现象

在铸铁孕育实践中发现，孕育剂加入铁水后的短时间内孕育作用急剧增强。但是经过一段时间后，孕育作用达到一个峰值后又开始减弱，最终完全消失。这种孕育作用随时间延长而减弱的现象称为孕育衰退。

孕育衰退一般表现在以下一些现象上。这些现象都是与完好孕育结果相比较而言的。

（1）共晶过冷度增大，导致铸铁生成白口倾向增加。在生产现场浇注的三角试片显示的白口深度加大。从试片断面上看，在灰口区域和白口区域之间或灰口区域之内出现石墨与渗碳体共存的麻口区域；

（2）共晶团数目显著减少。各种孕育剂都有它发挥最大孕育效果时所能产生的共晶团的大致数目。共晶团的减少量因孕育剂不同而有差异。

（3）石墨类型发生变化。大部分A型石墨改变为D型石墨。这种情况一般发生在原铁水碳硅含量偏高而且试样冷却较快的情况。

（4）铸件组织对断面敏感性加强。部分薄断面出现白口。

（5）材料的力学性能下降。

以上一些现象中，只要有一两项表现得非常明显，就表现该批铸件已经发生孕育衰退。

孕育剂产生的石墨形核效果与铁水黏度值有对应关系（图52）。图52中的a曲线代表未经孕育处理的铁水，b曲线为加入硅铁孕育剂后铁水黏度随时间的变化曲线。检测不同时间浇注的试样白口深度和铸铁强度，得到的结果与黏度变化的规律相当吻合。

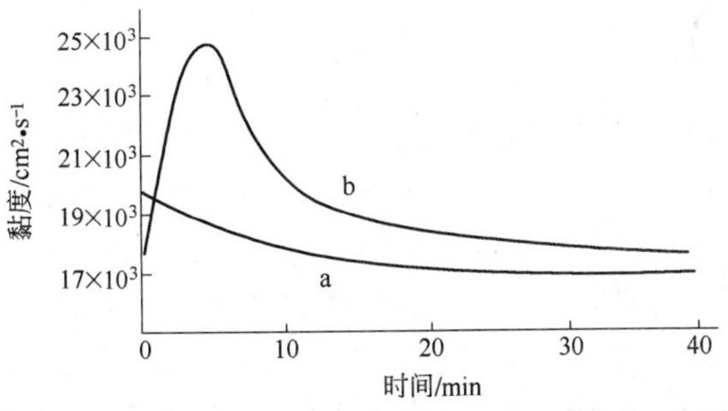

图52 石墨形核效果与铁水黏度值的对应关系

在不同过热温度孕育后，铁水停留时间对共晶团数目的影响示于图53。可以看出，停留时间较短时，孕育处理温度对共晶团数变化的影响较小；停留时间一定时，孕育温度越

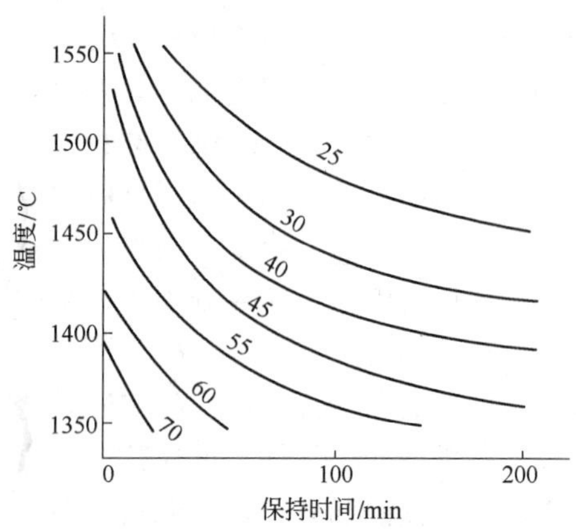

图53 不同过热温度孕育后，铁水停留时间对共晶团数目的影响

高，共晶团数越少，表明孕育衰退现象更为显著。

孕育衰退现象的产生涉及孕育剂在铁水中的行为、铁水温度变化情况下碳和硅原子在铁水中的扩散过程、石墨晶核的形成和溶解过程等一系列因素。

孕育作用的形成和衰退都是动力学过程。孕育作用的有效时间主要取决于孕育剂在铁水中的熔化速度以及导致铁水成分均匀化的碳、硅原子的扩散速度。

概括来说，铸铁孕育衰退产生的原因主要有以下几个方面：

（1）富硅微区消失。孕育处理过程加入含硅很高的孕育剂后形成的富硅微区中硅浓度远高于其周围铁水中的硅浓度，这个浓度差驱使富硅微区中的硅原子向周边扩散。使浓度趋于平衡，富硅微区逐渐消失，孕育作用也随之衰退以至消失。前已谈到，孕育衰退不会立即显现的，要经历一个时间过程。这个过程的长短受到一些因素的影响。

适当降低孕育剂的熔化速度可以使富硅微区消失的时间向后推移。在正常的孕育处理温度（1380～1420℃）下，粒状 $w(\mathrm{Si})=75\%$ 硅铁或复合孕育剂在铁水中的熔化速度是很高的。5mm 以下的粒子熔化时间不超过 1min。粒子尺寸较大时，孕育剂在铁水中保持的时间要长些。孕育剂加入量相同情况下，粒子尺寸增大则粒子数目减少，石墨形核位置也会减少，微区中的碳原子也要发生扩散运动。但是碳的扩散速率较低，重新溶入铁水的时间比硅的扩散时间要长些，一般能在形核基质表面保持 3～5min。如果孕育剂中含有钙、锶、钡等抗衰退元素，这些元素在铁水中形成的氧化物，能够有效地抑制碳原子和硅原子的扩散。

在实际生产中，粒度合适的硅系孕育剂在铁水中的有效作用时间为 10～20min，比上述的微区中硅、碳原子的保持时间长些。这是因为碳、硅原子未扩散前的短暂时间内，一些碳原子已覆盖了形核基质，成为活化晶核。这种活化晶核表面的碳原子虽然也会逐渐溶解在铁水中，但其扩散速度和溶解速度远低于富硅微区中碳原子的扩散速度和溶解速度，从而使孕育剂的有效作用时间得以延长。

（2）石墨形核基质受到污染，使其晶质表面被污染物覆盖而失去活性，形核作用消失，最终导致孕育衰退。比较典型的例子是二氧化硅受到 FeO 污染而在基质上面形成铁、锰、氧化物与二氧化硅反应形的复化合物表层。CaC_2 和一些硫化物也存在同样的问题。在孕育剂中加入活性较强的钙、锶、钡、稀土等活性较强的元素或从工艺方面控制铁水中的溶解氧，都有助于解决这个问题。

（3）还有尚未得到广泛认同的说法认为铁水中的硫化物和硫氧化合物容易吸附硫原子，使硫化物不能在铁水中独立存在较长时间，而且这些添加的元素即使在有效的作用时间内也可能被铁水中的氧所氧化，失去应有的作用。

8.4 孕育剂

当前应用的孕育剂有石墨化孕育剂和稳定化孕育剂两类。

最常用的石墨化孕育剂是含有少量铝和钙的FeSi75硅铁，含有钡、锶等元素的复合硅铁以及硅钙合金。在铝、钙含量相同、孕育处理条件近似情况下，FeSi75硅铁的石墨化能力随硅含量增加而提高。w(Ca) 不低于0.5%时，钙比铝表现出更强的促进石墨化能力，孕育后的铸铁中，过冷石墨随钙量增加而减少，同时又能显著增加石墨共晶团数，生成较细小的A型石墨。FeSi75硅铁最主要的不足之处是在铁水中的有效作用时间短，抗衰退能力较差。

钡抑制硅原子和碳原子在铁水中扩散。能使石墨形核位置周围的高硅区浓度保持较长时间。抗衰退效果比较明显。含硅4%～6%的钡硅铁促进石墨化能力明显高于FeSi75硅铁。锶增强硅系孕育剂的石墨化能力。含锶0.6%～1.0%的FeSi75硅铁（锶硅铁）抑制薄壁铸铁件（3mm左右）产生白口的能力高于FeSi75硅铁，而且锶也能增加孕育剂的抗衰退能力，但其作用弱于钡硅铁。锶硅铁在强烈促进石墨化的同时并不明显增加共晶团数。锆本身是强脱氧脱硫剂。在铁水中与氧和硫结合而使之脱除。w(Zr)＝5%～7%的锆硅铁能促使细小均匀的石墨生成，降低白口倾向，并且有较强的抗衰退能力。硅钙合金曾经是广为应用的孕育剂。化学性质活泼的钙含量约占合金1/3，在铁水中能够有效地脱氧、除硫，并具有与氮、氢结合的能力，其石墨化能力约为FeSi75硅铁的两倍，抑制白口的效果十分稳定。另外，灰铸铁经硅钙合金处理后，石墨片体增厚、变短，共晶团数增加，抗拉强度提高。碳硅钙合金是由晶体石墨与硅铁、硅钙合金混匀后压块而制成。其中的晶体石墨是赋予合金孕育能力的基础材料，它具有完整的晶体结构，易于与铁水中未溶的石墨质点与石墨分子结合而成为形核基质。其中碳粒在高温铁水中弥散分布，可以成为石墨结晶核心，硅、钙、铝则能脱氧、使氮固定，促进石墨化。碳硅钙合金与各种硅铁相比，具有最强的抑制白口能力。硅系石墨化孕育剂中加入3%～5%稀土元素也能改善孕育效果，特别是处理高碳当量铁水的效果较为明显。这类孕育剂中需要加入钡和钙，以改善抗衰退能力。稀土元素本身有强烈的脱氧除硫能力，所形成的稀土硫化物、氧化物、氮化物的晶格常数与石墨晶格常数的失配度很小，可能成为有效的形核基质，促进石墨生成。

稳定化孕育剂促进石墨化，也抑制共析渗碳体分解，防止基体出现过多铁素体。稳定化孕育处理后，95%以上基体为细珠光体，铸铁强度显著提高。

稳定化孕育剂由石墨化元素与稳定珠光体元素（氮、铜）、碳化物形成元素（铬、锰、钒、钛）复合而成。稀土元素也在其中占一定位置。

氮是稳定化孕育剂的首选元素。亚共晶铸铁经过含氮孕育剂处理后，枝晶生长不再受热流影响，由方向性排列改变为无方向性排列。一次枝晶轴长度减小，二次枝晶轴粗化。因而过冷石墨减少，A型石墨量增加，共晶团细化，基本组织以细珠光体为主。铸铁的抗拉强度和硬度都有显著提高。含有稀土元素的稳定化孕育剂兼有降低白口倾向及断面敏感性的良好作用，更适用于处理浇注厚大铸件的铁水。可以显著提高厚断面中的珠光体与铁素体的含量比。

参考文献

[1] 鹿取一男，等．铸造工学［M］．哈尔滨工业大学铸造教研室译．北京：机械工业出版社，1983.

[2] Izmculov V A, et al. Russian Casting Production[J], 1971(1): 30～32.

[3] Marincek B. 铸铁冶金学（译文集）：铸铁熔化和结晶时的冶金特性［M］．罗吉融译．北京：机械工

业出版社，1983.

[4] Neumann F. 铸铁冶金学（译文集）：铁碳硅合金熔液热力学．雷永泉译．北京：机械工业出版社，1983：22～38.

[5] Levi L L. Non-metallic Inclusions in Cast Iron[J]. Russian Casting Production,1973(8);321～324.

[6] Heine R W. The Fe-C-Si Solidification Diagram for Cast Iron[J]. AFS Trans,1986(94):391～402.

[7] Alagarsamy A,Jocobs F W,Heine R W. Carbon Equivalent vs Austenite Liquidus. What is the Correct Relationship for Cast Iron? [J] AFS Trans,1984(92):871.

[8] Lux B. On The Theory of Nodular Graphite Formation in Cast Iron(Part Ⅰ)[J]. AFS Cast Metals Research Journal,Mar. 1972:25～38.

[9] 郝石坚．球墨铸铁中球状石墨形成机理探讨［J］．西安公路学院学报，1988（2）：54～60.

[10] Hunter M J,Chadwick G A. Nucleation and Growth of Spheroidal Graphite Alloy[J]. Journal of the Steel Institute,Sep. 1972:707～717.

[11] Fados H. Effect of Composition and Cooling Rate on Nodular Graphite Morphology in S. G. Iron[J]. AFS International Cast Metals Journal,Mar. 1980:23～29.

[12] McSwain R H,Bate C E. 铸铁冶金学（译文集）：控制铸铁中石墨形成表面能与界面能的关系［M］．褚海明译．北京：机械工业出版社，1983：280～291.

[13] Ruxanda R,et al. On the Eutectic Solidifition of Spheroidal Graphite Iron:An Experimental and Mathematical Modeling Approach. [J]AFS Trans,2001:1037～1048.

[14] 郝石坚．现代球墨铸铁［M］．北京：煤炭工业出版社，1989.

[15] Lux B. On the Theory of Nodular Graphite Formation in Cast Iron(Part Ⅱ)[J]. AFS Cast Metals Research Journal,Mar. 1972(6):49～65.

[16] Minkoff I. The Phsical Metallurgy of Cast Iron[M]. John Wiley and Sons Ltd. ,1983.

[17] Nieswaag H,Zuithoff A J. Progress in Solidifacation of Gray Cast Iron[J]. AFS Cast Metals Research Journal. 1975(9):69～70.

[18] Weis W. 铸铁冶金学（译文集）：脱氧对铸铁结晶的重要性．潘振华译．北京：机械工业出版社，1983：46～51.

[19] Robinson M. Nitrogen Levels in Ductile Iron:AFS Committee 12-H Report[J]. AFS Trans,1979:503～508.

[20] Opravil O,Pehlke R D. The Solubility of Nitrogen in Fe-C-Si Iron[J]. Cast Met. Res. J. 1974(10):30～33.

[21] Tarter J. Cast Iron Inoculation Mechanism[J]. AFS International Cast Metals Journal,1980(10):7～14.

[22] Saland T. A New Approach to Ductile Iron Inoculation[J]. AFS Trans. ,2001:1078～1084.

[23] Wallace J F,et al. How inoculation works. In:Proceedings of conference on modern Inoculating practices for gray and ductile iron. A FS Trans,Cast Metals Institute,1979.

[24] Lux B,Tannenberge H. Inoculation Effect on Graphite Formation in Pure Fe-C and Fe-C-Si Alloy [J]. Modern Casting,1962,41(3):57～79.

【编者按】 Si-Mn-Mo低碳粒状贝氏体钢是近些年开发的高强度钢。作者及其科研团队对这种钢的工作性能进行了广泛研究。本文报道了该钢种抗冲蚀能力研究试验情况。结果证实，Si-Mn-Mo低碳粒状贝氏体钢抗冲蚀性能优良，适合用以制造承受强烈冲蚀的机械零件。根据本项研究试验结果，有关工厂已采用此钢制造了火电厂冲击磨煤机的冲击板、露天铁矿装岩机的履带板、露天煤矿重型推土机铲刃、铲角、2m×2m重型刮板输送机槽帮，都取得很好的技术经济效果。

本文原载于西安公路交通大学学报1995年第15卷第4期，并曾被EI期刊收录。

粒状贝氏体钢抗冲蚀能力研究

郝石坚　张长军　彭晓春　吴鼎汕

西安公路交通大学机械系，西安，710064

摘　要： 研究了回火温度、冲角、粒子尺寸、冲速对Si-Mn-Mo低碳贝氏体钢抗冲蚀能力的影响以及固体粒子冲击下该钢的冲击行为，显示660℃回火后抗冲蚀能力最佳、表现出贝氏体铁素体板条束变形、分层、分片滑移的冲蚀行为。低温回火时，冲蚀面亚表层有裂纹萌生和扩展。粒状贝氏体钢的抗冲蚀能力优于调质钢及淬火45号钢。

关键词： 粒状贝氏体，冲击行为，贝氏体-铁素体板条

Study on Erosion Resistance of Granular Bainitic Steel

Hao Shijian　Zhang Changjun　Peng Xiaochun　Wu Dingshan

Department of Mechanical Engineering, Xi'an Highway University, Xi'an, 710064

Abstract: Effect of tempering temperature, impingement angle, particle size and impact velocity on the erosion resistance of Si-Mn-Mo bainitic steel with low carbon content are studied. Erosion behaviour of the steel under solid particle impingement is discussed. Erosion behaviour of the steel tempered at 660℃ shows deformation and lamination of ferrite strips, slipping of single strip. The specimens display best erosion resistance. Subsurface cracks are found in specimens tempered at lower temperature. Erosion resistance of granular bainitic steel gets the better of quenched and tempered 45 steel.

Key words: granular bainite, erosion behavior, bainite-ferrite strip

冲蚀损伤是影响一些近代装备可靠性的重要因素。例如喷气发动机、由煤粉制取合成燃料设备、冲击磨煤机、气力输送装置中一些关键零件常失效于冲蚀磨损。多年来，人们

对于冲蚀现象做了多方面研究，提出过许多冲蚀机理和抗冲蚀措施。R. E. Winter 发现软材料冲蚀面有绝热升温现象、发生局部剪切变形[1]。R. Jr. Bellman 等人提出冲蚀面的软表层下存在形变诱发硬化区，粒子撞击使表面薄层形成细小的高应变疲劳屑片，片体剥落造成冲蚀磨损[2]。一些研究表明，脆性材料冲蚀损伤主要由亚表层高应力区或表面缺陷处萌生的裂纹造成[3]。对 Si-Mn-Mo 贝氏体铸钢的抗磨料磨损性能已经进行过研究[4]，但其冲蚀行为和抗冲蚀能力尚未见有文献报道。为了扩大此钢种的工业应用范围，作者进行了本项研究。

1 实验材料及试验方法

1.1 试样准备

试样用钢在碱性电弧炉中冶炼，成分为：$w(\mathrm{C})=0.29\%$，$w(\mathrm{Si})=1.64\%$，$w(\mathrm{Mn})=2.51\%$，$w(\mathrm{Mo})=0.32\%$，$w(\mathrm{P})=0.01\%$，$w(\mathrm{S})=0.04\%$。在放有隔砂冷铁的砂型中浇铸板状试块，再由试块上的激冷部位切取试样。激冷的目的是提高钢水凝固过冷度，细化奥氏体原始晶粒，使试样成品组织中的贝氏体铁素体板条束尺寸减小，改善材料力学性能。经测定，试样原始晶粒度为 6 ~ 7 级（YB27—77）。

试样在 4kW 箱式电阻炉中正火及回火。正火条件为：880℃ ×1.5h，空冷。正火后以四种温度回火 1.5h。为与粒状贝氏体钢作对比，另外制取了轧制 45 号钢试样。此种试样在 830℃保温 1h 后淬入油中，并以两种温度回火。热处理后冲蚀试样均精磨至 25mm × 10mm × 3mm。试样回火温度、硬度和冲击韧度列于表 1。

A、D 试样显微组织见图 1。

表 1 试样回火温度、硬度和冲击韧度

试样编号	试样材料	回火温度/℃	硬度 HRC	冲击韧度/J · cm^{-2}
A	贝氏体铸钢	300	45	36
B		420	39.5	48
C		550	36	45
D		660	30	65
E	45 钢	200	49	—
F		550	30	—

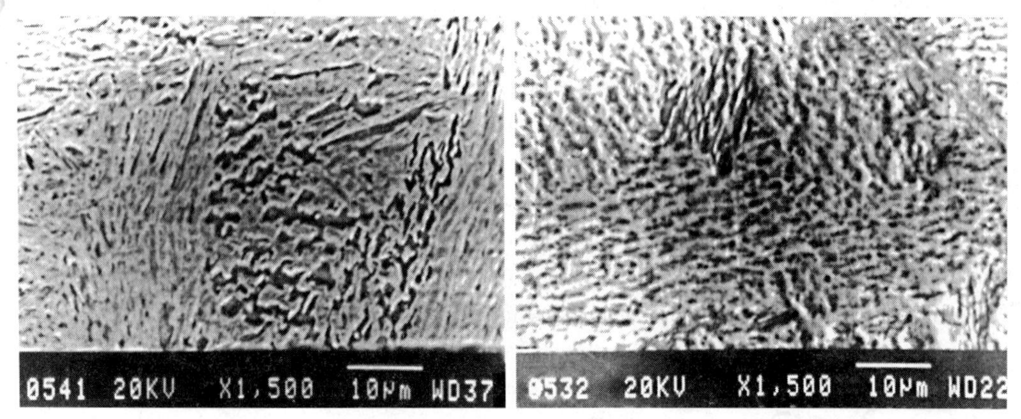

图1 A、D 试样显微组织

1.2 试验方法

试样卡装于回转式冲蚀试验机（图2）的试样支架上。调整卡装角度可使粒子冲角由0°变化到90°。回转轴在0～3600r/min范围内无级调速，以改变粒子冲击速度。磨料通过真空喂料装置均匀喂送。磨料为圆角形黄砂（SiO_2含量为93%），分粗细两级，0.175～0.370mm（40～80目）砂颗粒平均尺寸为290μm（粗），0.074～0.078mm（180～200目）砂颗粒平均尺寸为80μm（细）。砂粒平均尺寸由存留于不同筛网上砂粒百分数及其标准颗粒尺寸计算得出。试验步骤为先用300g磨料以150g/min给料速率进行预冲蚀，再用600g磨料以相同给料速率进行正式冲蚀。正式冲蚀前后在0.0001g光电天平上称量试样重量求得冲蚀率（mg/g）及相对抗冲蚀性（β）。

$$\beta = \text{对比试样失重（mg）/ 待测试样失重（mg）}$$

在JEOL Superpribe 773型扫描电子显微镜下观察及拍摄试样组织及冲蚀面形貌。

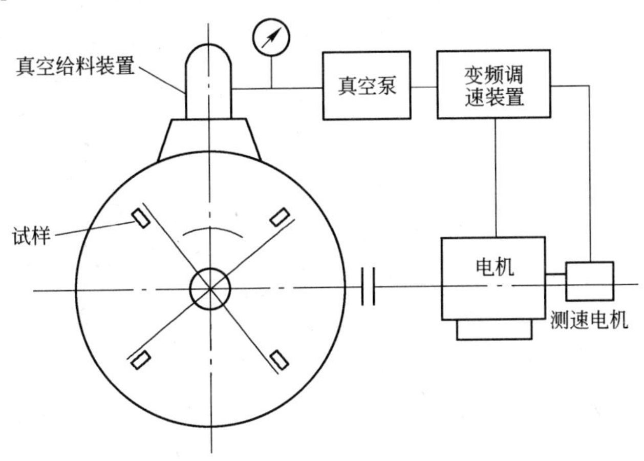

图2 冲击试验机示意图

2 试验结果

2.1 冲角对冲蚀率的影响

290μm黄砂以50m/s冲速冲击时，冲角对各试样冲蚀率的影响示于图3。冲角由20°增大时，贝氏体钢冲蚀率经过谷点值后逐渐增加。与谷点值对应的冲角为40°（D试样）及35°（A、B、C试样），高角冲击时，D试样冲蚀率最低。而C试样冲蚀率过谷点值后增长最快，冲角为90°时比其他贝氏体钢试样冲蚀率都高。45号钢的冲蚀率远高于贝氏体钢。以调质45号钢（F试样）为对比材料，各试样的相对抗冲蚀性（β）列于表2。

表2 各试样的相对抗冲蚀性 β

试 样	不同冲角下各试样的相对抗冲蚀性 β				
	20°	30°	40°	60°	90°
A	0.92	2.30	2.98	2.60	1.84
B	1.16	2.20	2.78	3.15	1.92
C	1.02	3.12	3.98	2.75	1.70
D	1.23	2.80	3.89	4.25	2.68
E	1.15	0.87	0.87	0.99	1.17
F	1	1	1	1	1

D 试样相对抗冲蚀性最高。随着回火温度提高贝氏体钢的 β 值大体上呈增大趋势。除 20°及 90°冲角冲击时，淬火并低温回火的 45 号钢的 β 值低于淬火并中温回火的 45 号钢。在本试验条件下，调质 45 号钢与退火态和正火态试样相比，冲角-冲蚀率曲线有明显不同，其最高冲蚀率发生在 70°～80°冲角冲蚀时。

2.2 粒子尺寸对冲蚀率的影响

80μm 黄砂以 50m/s 速度冲击贝氏体钢试样，冲蚀率随冲角的变化如图 4 所示。各曲线均有峰值，峰值对应的冲角随回火温度提高而递减。冲蚀率随回火温度提高而降低。以 80μm 砂冲击 A 试样的冲蚀率数据为对比基准，各试样的 β 值示于表 3。由表 3 可见，冲角相同时，各组回火温度相同的试样均表现出抗细砂冲蚀能力较强的特点。

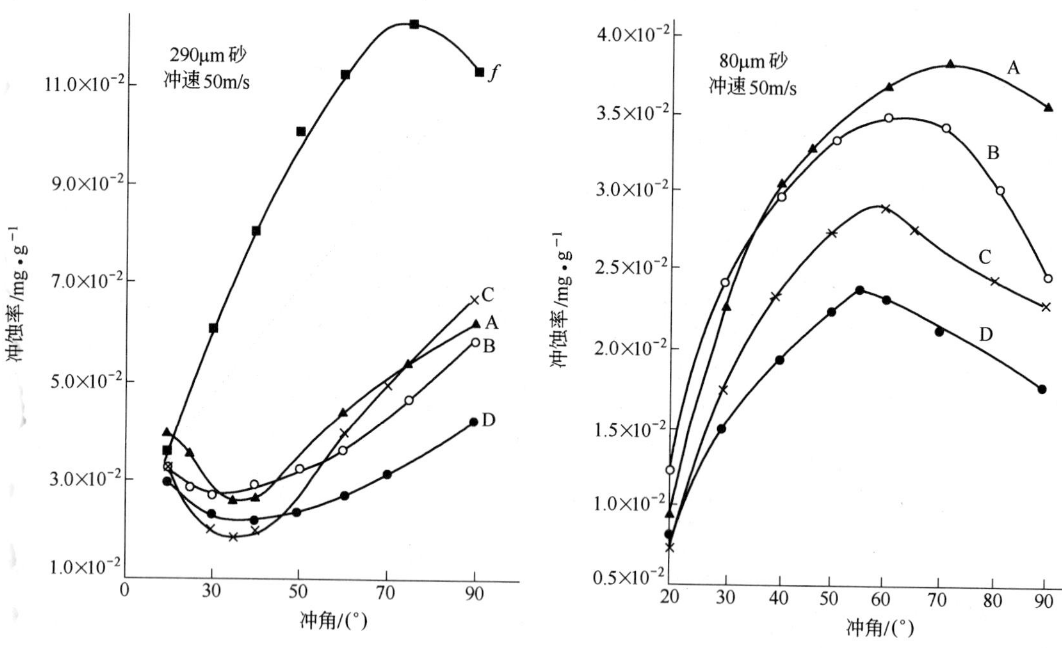

图 3 290μm 黄砂以 50m/s 冲速冲击时冲角对各试样冲蚀率的影响

图 4 80μm 黄砂以 50m/s 速度冲击时冲蚀率随冲角的变化

表 3 各试样的 β 值

磨料尺寸/μm	试 样	β				
		20°	30°	40°	60°	90°
290	A	0.23	0.85	1.13	0.86	0.59
	B	0.29	0.81	1.05	1.04	0.61
	C	0.25	1.15	1.50	0.91	0.54
	D	0.28	1.03	1.47	1.40	0.86
80	A	1	1	1	1	1
	B	0.78	0.94	1.02	1.05	1.44
	C	1.2	1.28	1.29	1.26	1.52
	D	1.10	1.49	1.55	1.59	2.00

2.3 粒子冲击速度的影响

在两种条件（90°冲角、290μm 砂；60°冲角、80μm 砂）下测定了冲速 30～50m/s 的冲蚀率，结果如图 5 所示。提高冲速使冲蚀率直线上升。D 试样在两种条件下均表现出最佳抗冲蚀能力。

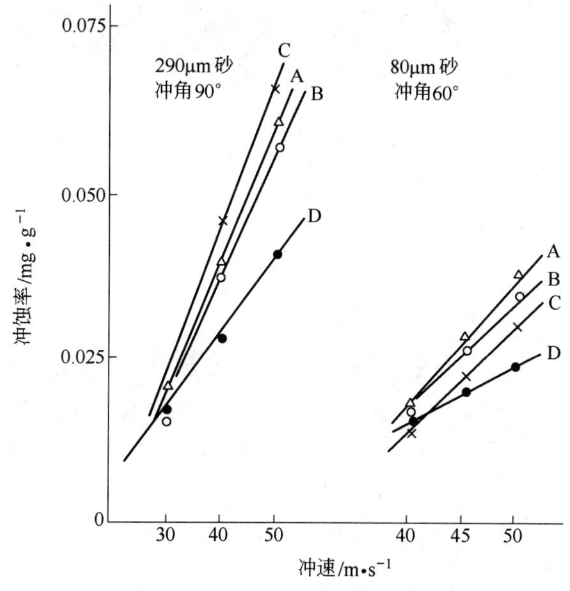

图 5 两种条件下冲速 30～50m/s 的冲蚀率

2.4 冲蚀面形貌观察

在扫描电子显微镜下观察了 290μm 粒子冲击的冲蚀面及其断面。

冲角 20°、冲速 50m/s 的 D 试样冲蚀面及横断面见图 6a、b。冲蚀面上布满表层金属高度变形后形成的冲蚀唇片（图 6b）。由横断面上可看出唇片应是铁素体板条沿板条界面运动最终脱离板条束而形成。亚表层的板条大体上互相平行分布，并向粒子运动方向弯曲。在冲蚀表面上板条已接近与表面平行（图 6b）。图 7a 显示 A 试样（300℃回火）冲蚀面（冲角 20°）除冲蚀唇片外，有许多剥落凹坑。观察其横断面（图 7b）发现亚表层中有一些裂隙，其内部存在条状金属，似是与母体尚未脱离的铁素体板条。裂隙上面的金属脱离母体后留下的剥落凹坑。图 8 为粒子正向冲击 D 试样冲蚀面。表面有冲蚀坑，坑边板条也有分层现象。亚表层板条束在粒子冲撞下也发生变化，板条趋于沿坑周围纵向分布。仔细观察冲蚀坑发现坑已经由呈辐射状分布的挤出唇所包围，唇片应是由应变率较高的铁素体形成，其形成过程似与低角冲击时铁素体分层过程相类似。图 9 显示冲角为 90°时 A 试样冲蚀面横断面。亚表层断裂清晰可见，裂隙边缘也出现板条分层剥落。

低角冲蚀的 B 试样（420℃回火）冲蚀面横断面上出现亚表层开裂，但在裂隙周边板条分层更明显。与冲蚀条件相同的 A 试样相比，裂纹更接近表面。因而每处裂纹造成的金属流失量相对较少。C 试样冲蚀面亚表层中未发现开裂，冲蚀坑周边呈锯齿状，有些板条

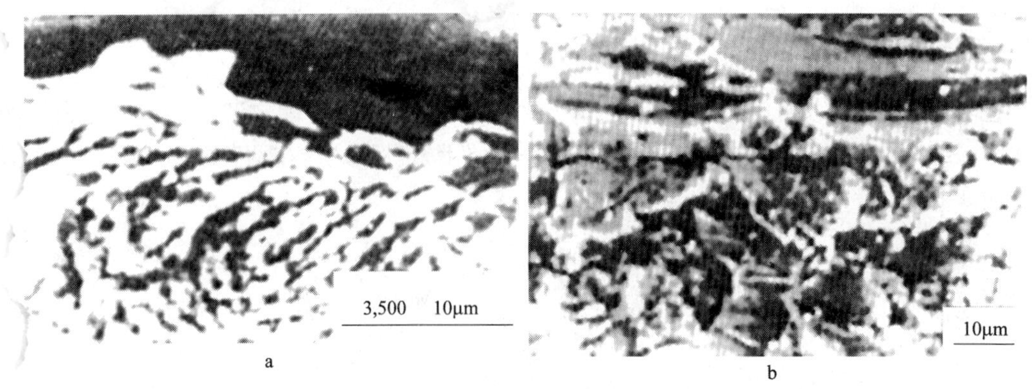

图6 冲角20°时D试样冲蚀面及断面

a—断面（SEM）；b—冲蚀面

图7 冲角20°时A试样冲蚀面及断面

a—冲蚀面；b—断面（SEM）

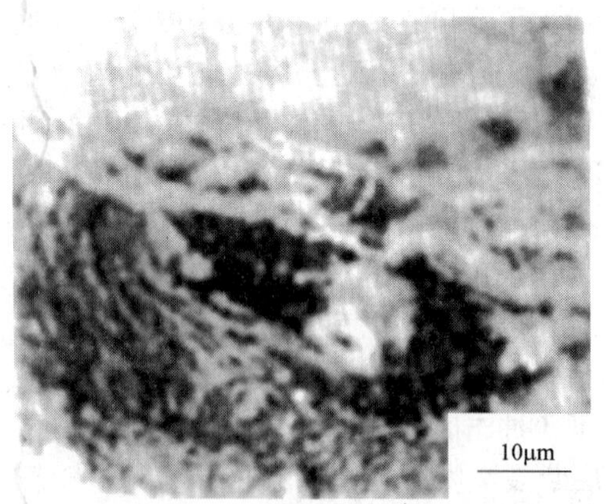

图8 冲角90°时D试样表面冲蚀坑（SEM）

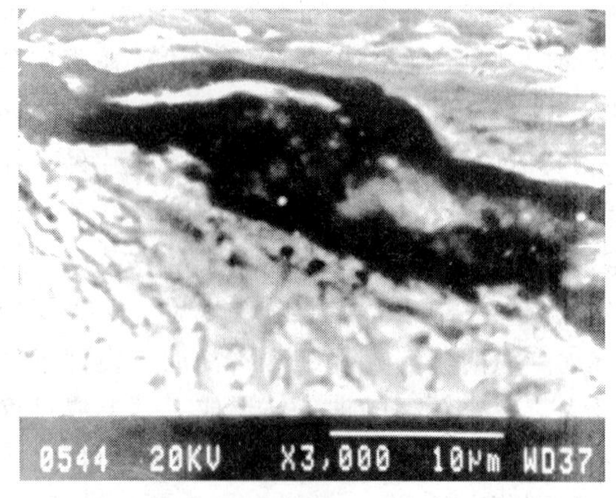

图9 冲角90°时A试样亚表层裂纹（SEM）

横向断裂，断裂的板条有的分层，有的已成束脱落，似是板条脆性增加所致。

冲角为20°的45号钢冲蚀面上有切沟，冲蚀唇较长，亚表层未见裂纹，说明切削和形唇机制在起作用。冲角超过30°时，冲蚀面上出现裂纹，高角冲击试样中裂纹多处分叉，有些裂纹尖端已达表面。

3 讨论和结论

以上观察表明，高温回火贝氏体钢近冲蚀面铁素体板条束发生畸变，继而分层、滑移，形成细薄的冲蚀唇。再经反复撞击，唇片发生低周疲劳剥落。较低温度回火时，在亚表层高应力带开裂，伴有板条脱落，形成磨屑。曾有研究指出[1]：固体粒子流连续冲击下，金属靶材表层变形并发生绝热温升几乎达到退火温度，而软化表层下存在冲击诱发变形导致的冷作硬化区。此时还有高频脉冲应力作用于表层。根据赫兹应力分析，对于弹塑性体，脉冲力可使接触面亚表层产生最大切应力，次应力随切向力增大而趋向于表面。

300℃回火粒状贝氏体钢中板条间存在的膜状奥氏体绝大部分尚未分解。奥氏体的层错能低，在高应变率高速变形情况下很难通过交滑移使变形区扩展以分散和吸收粒子能量，这将促使位错塞积，应力急剧上升，导致裂纹萌生和扩展。660℃回火后，板条间的残余奥氏体分解析出的碳化物聚集长大，相邻板条间结合强度明显降低，位错塞积程度大大降低。而板条内的碳化物一般是沿铁素体位错线析出，难以聚集，板条仍能保持较好的强韧性。这些都是导致板条束变形、分层、滑移而未发现亚表层开裂的原因。

每组相邻板条分层、滑移所需能量显然小于亚表层裂纹萌生和扩展所需能量。但单体铁素体片厚度只有几微米，因而在相同冲蚀条件下流失相同重量金属时，前一机制所需总体能量是大于后一机制的。因而经过高温回火的粒状贝氏体钢冲蚀率应该是较低的。

经过热处理强化的45号钢在形变热作用下表层强度显著降低，亚表层裂纹扩展很快并出现分叉，因而表面剥落迅速，是其冲蚀率较高的原因。

550℃回火的贝氏体钢出现了第二类回火脆性，使其高角度冲蚀率显著增加。

致谢：金川有色金属公司动力厂，银光化学工业公司动力厂为本课题提供工业实践机会，西安交通大学冲蚀实验室提供实验设备，西安交通大学饶启昌教授、郭大展教授、浙江大学毛致远教授对本文提出宝贵建议，谨致谢意。

参考文献

[1] Winter R E, et al. Solid particles erosion studies using single angular particles[J]. Wear, 1974: 181 ~ 194.

[2] Bellman R Jr, et al. Erosion mechanism in ductile metals[J]. Wear, 1981: 1 ~ 27.

[3] 张明星，康沫狂. Si对低碳贝氏体钢组织和性能的影响［J］. 金属学报，1993，29：(1).

[4] 张长军，王林涛，郝石坚. 中低碳空冷贝氏体铸钢抗磨能力研究［J］. 西安公路学院学报，1994，14 (2).

【编者按】 本文报道了以3种不同试验方法测定Si-Mn-Mo粒状贝氏体铸钢抗磨料磨损能力的情况，是郝石坚教授及其科研团队对该钢种工作性能基础性试验研究的一部分。此项研究为Si-Mn-Mo粒状贝氏体钢应用于抗磨铸件提供了技术基础。

本文原载于西安公路学院学报第14卷第2期（1994年6月）。

中低碳空冷贝氏体铸钢抗磨能力研究

张长军[1] 王林涛[2] 郝石坚[1]

1. 长安大学机械系；
2. 首都钢铁公司

摘　要：本文通过3种磨损试验研究Si-Mn-Mo系贝氏体铸钢的抗磨能力，并与锰13高锰钢做了对比。在一定工况下，此种钢的抗磨能力优于高锰钢，证实是一种优良的抗磨钢种。

关键词：硅锰钼钢，粒状贝氏体，抗磨性

A Study on Wear Resistance of Low-medium Carbon Bainitic Cast Steel after Air Cooling of Heat Treatment

Zhang Changjun[1] Wang Lintao[2] Hao Shijian[1]

1. Department of Mechanical Engineering, Chang'an University;
2. Capital Iron and steel Company

Abstract: On the base of three types wear tests the abrasion resistance of Si-Mn-Mo bainitic steel was studied and compared with Mn13 Hadifield steel. Under certain operation condition the abrasion resistance of bainitic steel is better than Hadifield steel. So this steel is recommended as a significant wear resistant steel.

Key words: silicon-manganese-molybdenum steel, granular bainite, wear resistance

1 引言

20世纪50年代，L. J. Habraken在透射电镜下发现钢中由孪晶马氏体和残余奥氏体组成的岛状组织（M-A岛）沿铁素体板条方向排列或无序分布于块状铁素体内，并首先提出粒状贝氏体组织[1]。

研究表明，以锰为主加元素（$w(\mathrm{Mn}) > 2.2\%$）的钢淬透性好，贝氏体转变温度低，能产生细化的板条亚结构。含锰量合适的钢能在很宽冷速范围内得到粒状贝氏体组织，例如0.15%C-2.33%Mn-0.0034%B钢的冷速大于60℃/min时可获得全部粒状贝氏体组织[2]。这说明空冷条件下即可制成空冷贝氏体钢。近些年来，康沫狂教授等系统研究了硅在贝氏体钢中的作用并指出：硅抑制或延缓渗碳体析出使过冷奥氏体中碳浓度增加，从而提高室

温残余奥氏体稳定性和数量。1.5%左右的硅元素可使粒状贝氏体板条间出现较稳定的残余奥氏体膜。在一定含量范围内硅还可提高粒状贝氏体相对量，增加M-A岛体积分数[3,4]。随着含碳量提高，残余奥氏体量相对减少。在中碳范围内，钢中出现贝氏体－马氏体复相组织，钢的硬度显著提高。

Si-Mn-Mo空冷贝氏体钢与调质钢相比，在相同强度水平下韧性显著提高；调整化学成分和热处理工艺，其组织、硬度可按预期方向变化；以及M-A岛和板条间残余奥氏体膜的存在等因素，预计都将有助于改善钢的抗磨料磨损能力。上贝氏体组织的良好抗磨能力已经得到确认[5]。为了开发工程机械和矿山机械中的一些既需强韧，又要求抗磨能力良好的铸件用钢，我们进行了中、低碳Si-Mn-Mo空冷贝氏体铸钢抗磨料磨损性能研究。

2 试验方法

参照文献［3］、［4］、［6］确定试验用钢的化学成分为：w(Mn)＝2.6%～2.8%，w(Si)＝1.6%～1.8%，w（Mo）＝0.25%～0.35%。C在0.16%～0.45%范围内变化。试样含碳量、硬度和冲击韧度值列于表1。

表1 含碳量、硬度和冲击韧性度

w(C)/%	硬度 HRC	冲击韧度（U形缺口）/J·cm^{-2}	w(C)/%	硬度 HRC	冲击韧度（U形缺口）/J·cm^{-2}
0.16	23	75.7	0.37	50	35.5
0.23	34.5	77.4	0.45	52	14.7
0.28	45	51.2			

试验用钢在50kg中频感应炉中熔炼，在干砂型中浇注梅花试块。用线切割机切取试样。试样进行以下热处理：860～880℃奥氏体化后空冷，继之以280℃×2h回火。w(C)＝0.23%试样金相组织（SEM）示于图1。

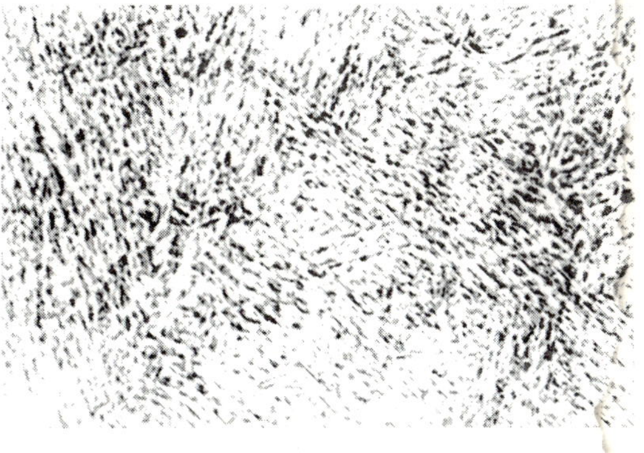

图1 0.23%C硅锰钼钢（SEM）(700×)

在MLS 225型胶轮磨损试验机上进行湿砂半自由磨料三体磨损试验（图2a）。在ML10型销盘磨损试验机上进行两体干磨损试验（图2b），在MLD型动载磨损试验机

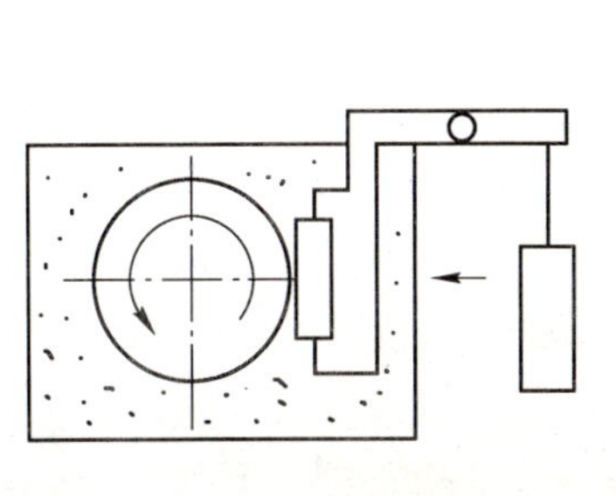

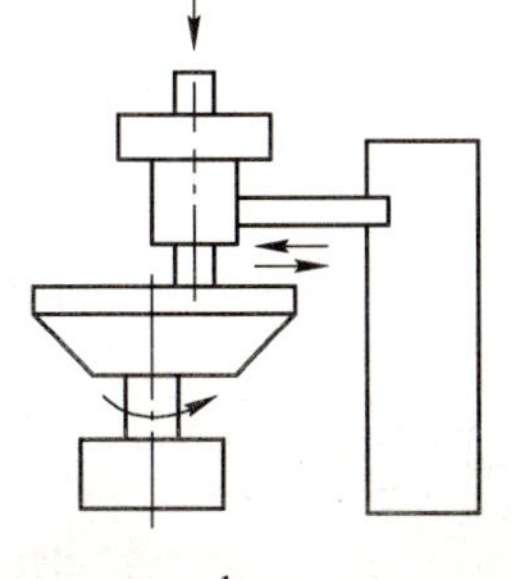

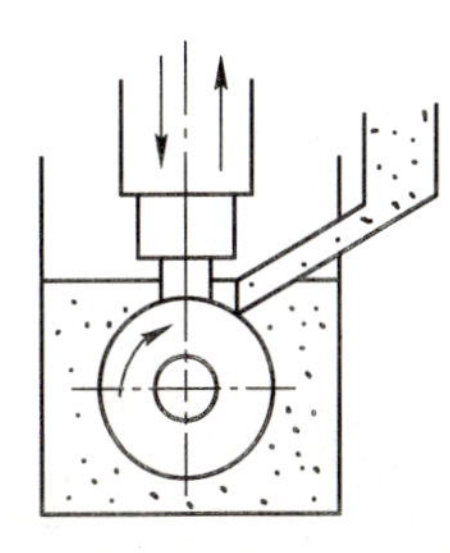

a　b　c

图2 三种磨损试验

a—胶轮磨损试验；b—销盘磨损试验；c—动载磨损试验

上进行动载磨损试验（图2c）。直接测量试样磨损失重并观察磨损表面形貌进行分析。所有试样均与Mn13高锰钢试样（1.176% C，13.15% Mn，0.113% Ti，0.041% V）对比。3种磨损试验参数列于表2。

表2 三种磨损试验参数

项目	胶轮磨损试验	动载磨损试验	销盘磨损试验
预磨	1000r	5min	磨程10.409m
正式磨	1000r	20min	磨程10.409m
磨料	1000g水+1500g石英砂（0.37~0.25mm（40~60目）） 1000g水+1500g玻璃砂（0.37mm（40目））	石英砂（0.37~0.25mm（40~60目）） 玻璃砂（0.29~0.19mm（50~70目））	0.08mm（180目）碳化硅砂纸 0.12mm（120目）玻璃砂纸
载荷	正压力：40N，70N，170N	冲击功：0.5J，1.5J，2.5J，3.5J，4.5J	正压力：398kPa，637kPa，1035kPa，1435kPa，1830kPa
试样状态	静止	做冲击运动，150次/min	水平径向进给，4mm/r
对磨副	橡胶轮（邵尔硬度76） 转数240r/min	淬火45号钢（HRC58），圆环试样 转数120r/min	盘状砂纸 转数60r/min

3 试验结果

3.1 胶轮磨损试验

软磨料（玻璃砂HV500）及硬磨料（石英砂HV900~1200）在胶轮磨损试验中对含碳量不同的贝氏体铸钢和高锰钢造成的磨损失重示于图3a。采用软磨料，正向压力为40N及70N时所有贝氏体钢的磨损失重均小于高锰钢。含碳量越高两种材料的失重差别越大。

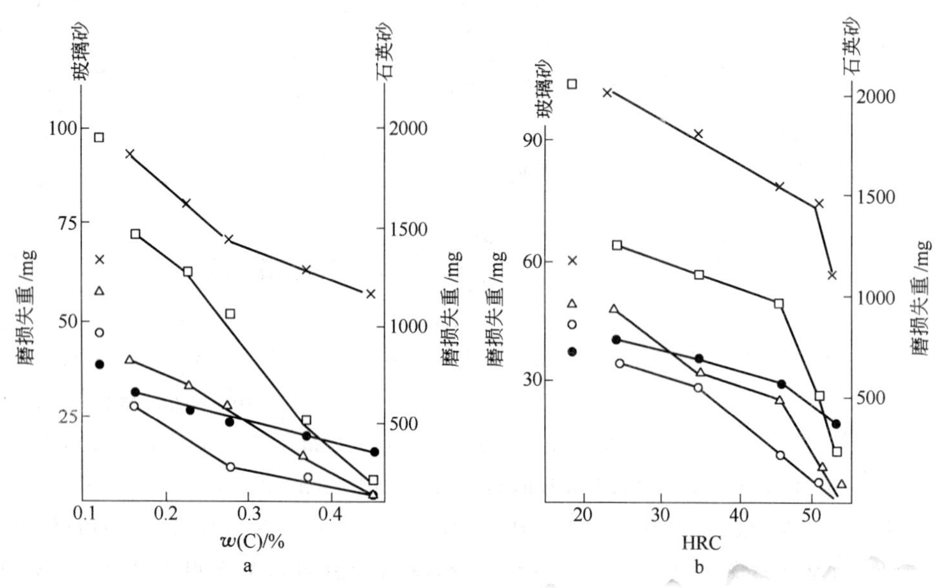

图3 贝氏体钢含碳量（a）和硬度（b）对失重影响（胶轮磨损试验）最左数据为高锰钢失重

采用石英砂磨料，正向压力170N时，除0.45%C试样外，贝氏体钢的抗磨能力低于高锰钢；70N时，0.28%C试样失重和高锰钢接近；0.45%C试样磨损失重约为高锰钢的1/1.5。

材料硬度对磨损失重的影响示于图3b。提高试样硬度使磨损失重减少。170N硬磨料试验中高锰钢的磨损失重与硬度为HRC55的贝氏体铸钢基本相同。

试样磨损面形貌示于图4。0.28%C试样软磨料磨损表面有较浅犁削沟和擦划痕，沟侧有明显犁皱和少量由反复塑变产生的低周疲劳剥落屑片，见图4a。硬磨料磨损表面犁沟更明显，其间有低周疲劳剥落留下的凹坑（图4b）。0.37%C试样表面遍布齐整的切削沟，犁皱较少（图4c）。

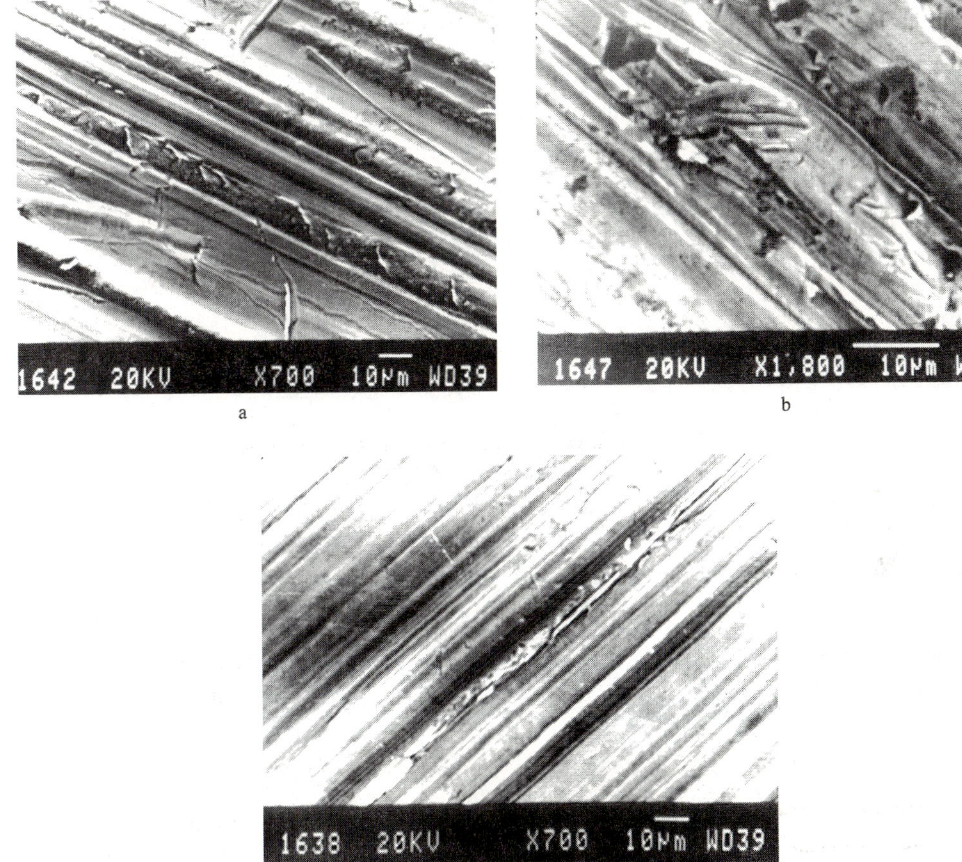

a b c

图4 胶轮磨损试样磨损面（1000×）

a—0.28%C，40N，玻璃砂；b—0.28%C，70N，石英砂；c—0.37%C，70N，砂英砂

3.2 销盘磨损试验

含碳量不同的贝氏体铸钢和高锰钢的磨损失重示于图5a。试样正压力为63.7kPa及1035kPa的软磨料磨损试验中，贝氏体钢的抗磨损能力均优于高锰钢。正压力1430kPa及1830kPa时，0.28%C试样的磨损失重大于高锰钢。采用SiC磨料（HV_{50} 2600）、正

压力小于1035kPa时两者大体相等。载荷等于1430kPa时，高锰钢表现了较好的抗磨能力（图5b）。

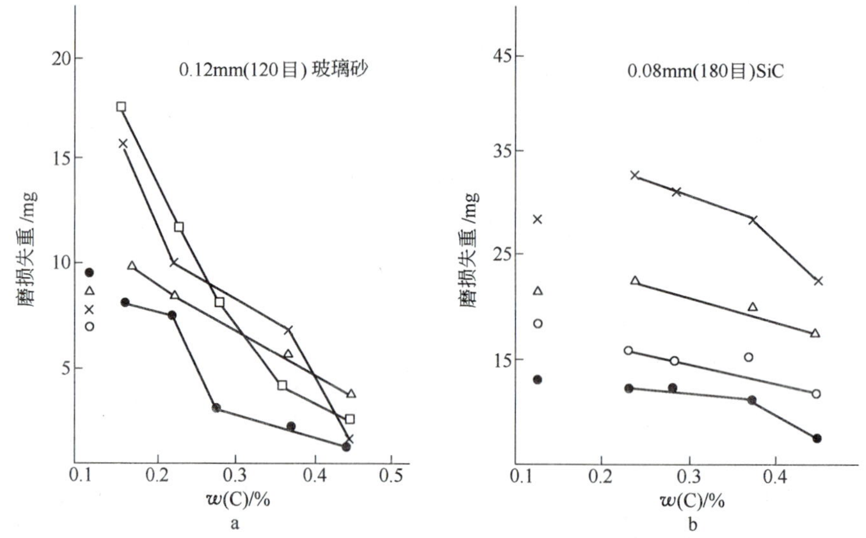

图5 含碳量对磨损量的影响（销盘磨损）

a—软磨料；b—硬磨料（最左为高锰钢数据）

0.45%C贝氏体铸钢磨损面形貌示于图6。可以看出，软、硬磨料均使磨损面出现切削沟槽，不同的是硬磨料磨损面上遍布即将脱离本体的脆性剥落屑片。说明硬磨料切削如表面较深，试样含碳量较高时，经过反复变形后，更易产生低周疲劳损坏。

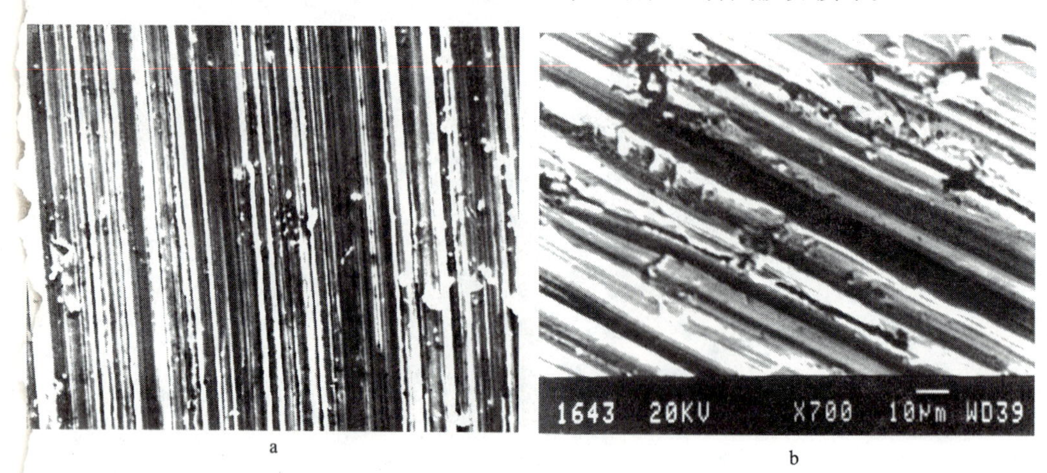

图6 销盘磨损试样磨损面（480×）

a—0.45%C，1830kPa，玻璃砂；b—0.45%C，1830kPa，石英砂

3.3 动载磨损试验

软磨料动载磨损试验结果见图7a。在不同的冲击功作用下，贝氏体钢含碳量增加均导致磨损失重减少；冲击功增大则磨损失重均有下降趋势。硬磨料（石英砂）试验中，试样含碳量和冲击功有相似影响（图7b）。值得注意的是采用硬磨料时，高锰钢磨损失重均大

于各种冲击功作用下的贝氏体钢磨损失重。较大的冲击功使含碳量对贝氏体钢磨损失重的影响趋于减少。

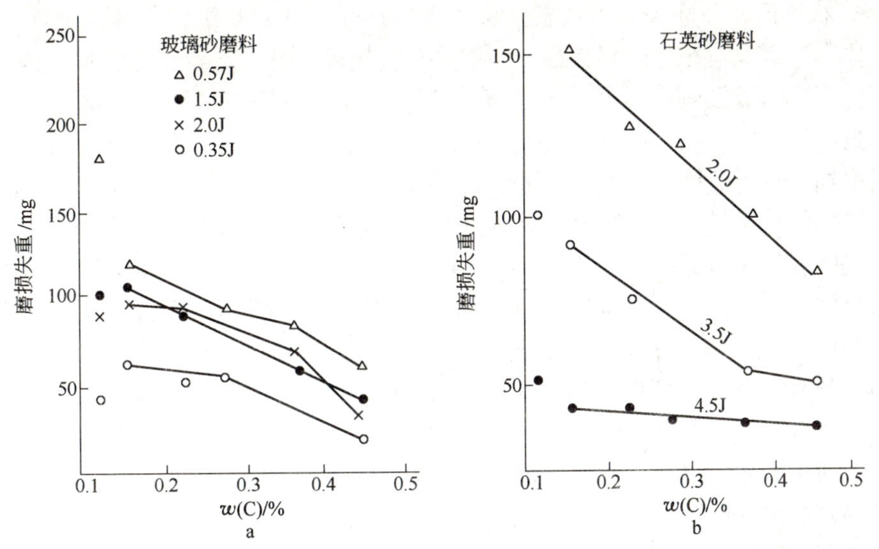

图 7　含碳量对贝氏体钢动载磨损量的影响

a—软磨料；b—硬磨料

0.37% 贝氏体钢动载磨损面形貌示于图 8。较小冲击功、软磨料磨损面显示了由犁沟扩展成的条状凹坑以及遍布的疲劳剥落屑片，见图 8a。较大的冲击功作用下，硬磨料磨损的试样表面已难看到犁沟痕迹，而是出现许多凿削坑。图 8b 左下部显示出大的凿削坑，被凿削的金属已经脱落。

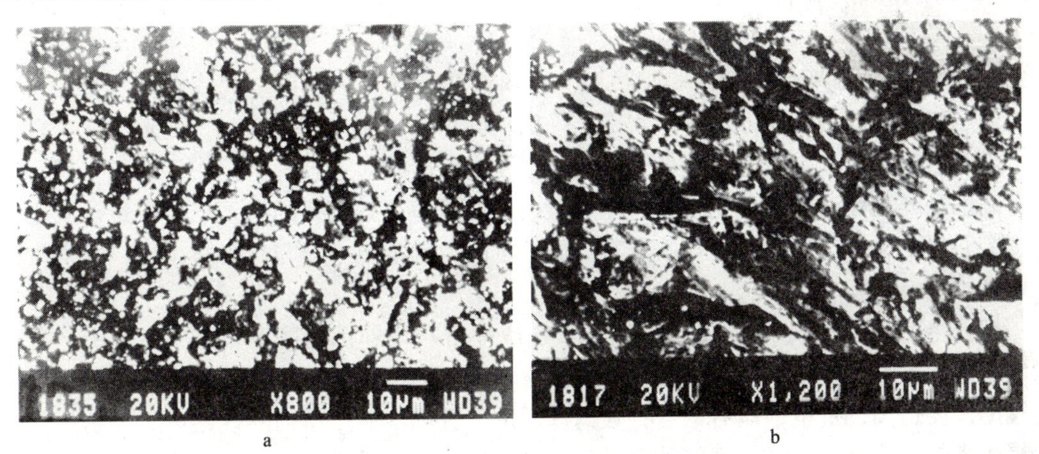

图 8　动载磨损试验磨损面（SEM）（320 ×）

a—0.36% C，1.5J，玻璃砂；b—0.36% C，3.5J，石英砂

4　讨论

由以上试验结果来看，中低碳 Si-Mn-Mo 空冷贝氏体铸钢具有良好的抗磨料磨损能力，在某些条件下超过传统抗磨材料——Mn13 高锰钢，有望成为既有很好的强韧性匹配、又

有优良抗磨能力的材料。Si-Mn-Mo 系贝氏体钢具有良好抗磨能力的原因，总体上看有以下几个方面：

（1）粒状贝氏体（M-A 岛沿铁素体板条方向排列）或粒状组织（M-A 岛无序分布于块状铁素体内）都具有很好的强韧性。特别是含碳量较低时，能够耐受反复塑变，延缓由于低周疲劳产生的脆性剥落。这种脆性剥落正是贝氏体钢磨损失重的主要原因。较高的硅、锰含量产生的固溶强化作用大大提高了铁素体的强度和硬度，有助于抵抗磨料切入表面，相对增加了材料的抗磨能力。Si-Mn-Mo 贝氏体钢存在着 5% ~15% 的残余奥氏体，这部分残余奥氏体在磨料切入时发生马氏体转变，在铁素体板条间（或板条内）形成高硬度微区。这些微区将成为材料的抗磨骨架。此外，铁素体板条间的奥氏体发生马氏体转变时使质量热容增加，在相邻板条间产生压缩应力，能够抑制磨料切过板条的势头。这些因素各自对材料抗磨能力的贡献是随含碳量不同（其他成分和热处理条件不变）而变化的，Si-Mn-Mo 贝氏体钢含碳量由低向高变化时，赋予材料抗磨能力的主要因素将按以下顺序出现：提高抗疲劳剥落能力—残余奥氏体向马氏体转变—马氏体 + 贝氏体复相组织的出现。

（2）三种磨损试验体现了材料抵抗磨料以不同方式侵入的能力。

1）湿砂胶轮磨损试验中，磨料处于半自由运动状态，滑动和滚动同时发生。磨料在试样表面滑动才能产生切削沟槽（胶轮磨损试验表明，试样表面被磨料切削是磨损的根源）。试样所受的正向压力是限制磨料运动的主要因素，压力较大时，磨料嵌入胶轮较深，有效地限制了磨料滚动，使其易于产生切削作用。因而随着压力的增加，磨损失重显著增大。贝氏体钢与高锰钢相比，正向压力增大时，高锰钢的形变硬化潜力较能充分发挥，因而其磨损失重相当于具有马氏体 + 奥氏体复相组织、硬度很高的贝氏体钢。但在压力较低时，贝氏体钢的抗磨潜力得到发挥，因而比高锰钢更耐磨。软磨料切入材料表面的程度与材料本身的硬度密切相关。贝氏体钢的硬度较高，磨料较难侵入，因而表现了良好的抗磨能力。

2）销盘磨损试验属于两体磨损试验。磨料在压力作用下切削金属表面，压力大小及磨料硬度直接影响被切除的金属体积量。采用软磨料并施加较高压力时，低碳试样失重较大。随着含碳量增加失重急剧降低，说明材料硬度较高时对磨料的阻挡作用增强，但是含碳量高的试样抗疲劳剥落的能力较差，导致在不同压力下各试样的失重比较接近。采用高硬度磨料时，无论压力大小，含碳量对磨损失重的影响都减小。与软磨料相比，磨损失重显著增加。

3）动载磨损试验表明，试样含碳量增加或冲击功增加都使磨损失重减少。由磨损面的观察得知，冲击功增加将导致磨损机制变化，由切削机制变为凿削机制。提高含碳量可使钢的硬度提高，抗凿削能力增强；碳量低则抗疲劳剥落能力增强，残余奥氏体的硬化潜力得到发挥，因此，不论采用何种磨料，冲击功越大，碳量对磨损失重的影响越小。

5 结语

（1）Si-Mn-Mo 空冷贝氏体铸钢的磨损失效机制是：磨料犁削或凿削工件表面产生的流变金属经过反复塑变出现低周疲劳剥落，形成切屑，造成损伤。

（2）Si-Mn-Mo 空冷贝氏体铸钢有良好的抗磨料磨损能力，适用于较软（小于 HV_{50} 500）磨料、非冲击载荷的工况或硬磨料、或承受冲击载荷的工况，其抗磨能力不低于高锰钢。

(3) 提高含碳量有助于增强 Si-Mn-Mo 空冷贝氏体铸钢的抗磨料磨损能力。

致谢：西北工业大学康沫狂教授、周鹿宾教授在本课题研究过程中给予指导和帮助，谨致谢意。

参考文献

[1] Habraken L J. The International Conf. on Electron Microscopy[J]. 1960,1(4):621.

[2] 方鸿生，等．低碳 Fe-Mn-B 钢粒状贝氏体的组织及强韧性［J］．机械工程材料，1981（1）．

[3] 周鹿宾，周贤良，康沫狂，等．新型低碳贝氏体钢的成分与组织设计［C］．见：第 1 届全国贝氏体相变会议论文集．广东，1987.

[4] 张明星，康沫狂．硅对低碳贝氏体钢组织和性能的影响［J］．金属学报，1993（1）．

[5] Peterson M B,Winter W O. Wear Control Handbook[J]. ASME,1980:71.

[6] 张明星，康沫狂，等．硅在低硅合金钢中作用的研究（Ⅰ）：硅对低碳贝氏体钢组织和性能的影响［J］．金属热处理，1992（9）．

【编者按】 本文作者援引凝固学、晶体学、金属学的相关理论，参考国内外已有的科研成果以及已知影响石墨球化的一些因素，探讨并阐述了石墨晶体的生长模式和形成球状晶体的原因。文章最后提出一项涉及稀土资源合理利用的问题，供球墨铸铁生产者参考。

本文原载于西安公路学院学报 1988 年第 2 期，本次发表前作者对原文进行了修订和补充。

球墨铸铁中球状石墨形成机理探讨

(Forming Mechanism of Nodular Graphite in Ductile Cast Iron)

郝石坚

长安大学

铸铁中的石墨呈球状大大改善了铸铁的各种性能，扩大了它的应用范围。采用特定元素制造含有球状石墨的铸铁被认为是 20 世纪铸造领域的重大技术革命。球墨铸铁在世界范围内大量推广应用的同时，却存在一些未解的谜团。石墨为什么会成为球形？哪些因素影响石墨球体化？这类问题虽然经过国内外科学研究人员多方面实验探索，但在学术界却仍然缺乏完整的理论。

铸铁中石墨球化机理涉及晶体学、凝固学、热力学、金属学等多个学科。在已经发表的有关文献中，目前已能看到运用这些学科知识和实验手段所积累的科研成果，这些成果将使人们更加了解球状石墨的生成。

本文将根据已有的科研成果从球状石墨形貌与晶体结构、影响球状石墨生成的因素、球状石墨晶体生长模式等几个方面试图探讨和分析球墨铸铁中球状石墨如何形成。

1 铁水中生成球状石墨的一些特定条件

在探讨球状石墨形成机理之前，我们首先来看看可能导致石墨球化的一些条件，这些条件都是在科学实验和生产实践中发现的。

1.1 铁水中一些微量元素对石墨球化的影响

在球墨铸铁出现以前，人们已经知道在铁族元素与碳的高纯合金（Fe-C、Co-C、Ni-C）熔液中有球状石墨出现。特别是合金为过共晶成分以及冷凝速度较高时，更容易出现这种情况。因此人们有理由设想，是否合金中可能存在某种阻碍石墨球化的成分因素。

在研究化学成分对石墨球化影响的过程中，发现了两类性质截然不同的元素。一类干扰球化；一类促进球化。尽管它们在铁水中残存量微小，但作用却十分明显。

研究发现，砷、铅、锑、铋、钛等元素干扰石墨球化。这些称为干扰元素的元素在石墨和铁中的分配系数很低，高度集中在凝固界面前沿；而且都是高度表面活性元素，降低熔液的表面张力；它们的干扰作用随其相对原子质量的增加以及在铁中浓度提高、溶解度下降而加强。硫和氧也是铸铁中最常见的干扰元素。

镁和铈及稀土族中的一些元素促进石墨球化。这些称为球化元素的元素与硫氧及其他干扰元素亲和力强，化合生成不干扰石墨球化的稳定物质；凝固时有显著偏析倾向，在铁中溶解度低，大部分存留于石墨晶格中（在石墨溶解度也低）；显著提高熔液凝固过冷度、表面张力以及与石墨之间界面张力。

球化元素的有效性是限定在一定范围内的。作者在20世纪50年代曾经做过一项试验[1]。采用本溪生铁和纯洁废钢为炉料的铁水中，加入镁铜合金球化剂（不含稀土元素），当含镁0.038%～0.055%时，石墨球化良好；低于0.035%时，约30%石墨呈片状；超过0.06%则出现许多共晶碳化物；0.07%以上三角试样断面全部为白口。

1.2 球状石墨中元素分布的探查

采用辐射图像自动分析仪和电子探针对萃取自球墨铸铁的球状石墨中各种元素分布情况进行探查和分析的结果如下：

（1）球状石墨的含铁量约为片状石墨的10倍。球状石墨的铁磁性远高于片状石墨。此外，硅、锰、钛等元素也不同程度地存在于球状石墨中。

（2）球化元素铈和镁富集于石墨晶格中。镁在球体断面上均匀分布。离子探针对球状石墨中元素分布的线扫描结果示于图1[2]。铈的自辐射分析结果显示：铈球墨铸铁中石墨球体中心铈浓度显著提高（图2），可能与铈的化合物存在有关。球体和金属界面附近没有发现球化元素浓度提高。由于球化元素在奥氏体中溶解度很低，如果球化元素是由球体外部的金属中转移过来，必然导致这些元素在界面富集。因此，可以间接判断球状石墨是由液相中直接析出。

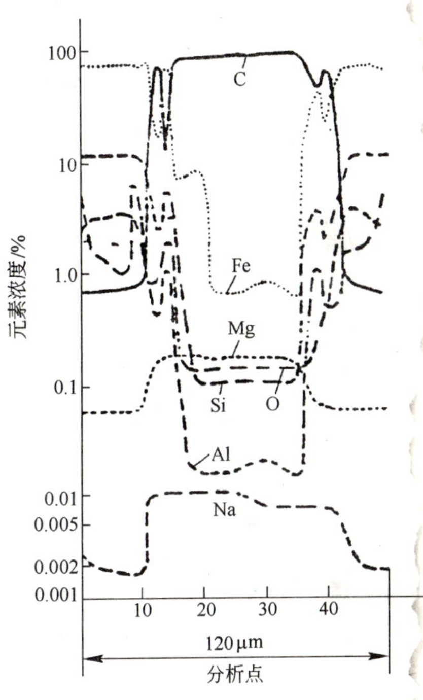

图1 球状石墨中元素分布

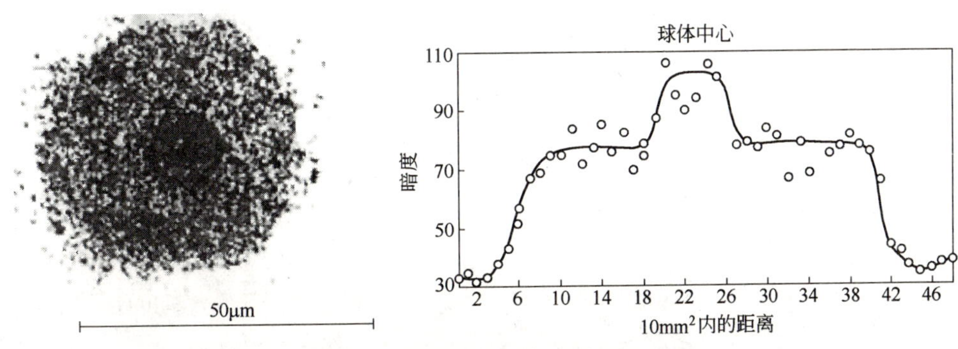

图2 石墨球体中心铈浓度显著提高

（3）硫、锑、镉、锡、碲等干扰元素的分布与球化元素类似，大部分集中在球状石墨当中。值得注意的是，在片状石墨中可以探查到这些元素部分以原子状态存在，而在球状石墨中则探查不到以原子状态存在的干扰元素。

1.3 铁水-石墨界面能对石墨形貌的影响

McSwin R. H. 等人采用观察液滴轮廓曲线与托盘的接触角的方法测出球墨铸铁液和灰铸铁液与石墨棱柱晶面、混合晶面（多晶面）、六方晶面（基面）间表面张力值及铁水-石墨界面张力值[3]，测定结果列于表1。由此表可以看出，任何一种试样分别在三种试样表面张力未显示明显变化，表明熔液表面张力与石墨形态之间没有相关性。球墨铸铁液与石墨棱柱晶面间界面张力大于与基面间界面张力。而灰铸铁则相反，与石墨棱柱面间界面张力远小于与基面之间界面张力。此实验结果可以说明球墨铸铁的［0001］晶向生长速率应大于［$10\bar{1}0$］晶向生长速率，灰铸铁的［$10\bar{1}0$］晶向生长速率应大于［0001］晶向生长速率。

表1 三种铁液与不同石墨晶面间的表面张力和界面张力

铁 液	晶 面	铁水表面张力/$J\cdot m^{-2}$	铁水-石墨界面张力/$J\cdot m^{-2}$
镁球墨铸铁	棱柱面	1.1470	1.7207
	多晶面	1.1670	1.6208
	基 面	1.1279	1.4597
加铈低硫铸铁	棱柱面	1.3113	1.5787
	多晶面	1.4631	1.5037
	基 面	1.3349	1.3228
灰铸铁	棱柱面	1.1528	0.8455
	多晶面	1.0171	0.9509
	基 面	1.0567	1.2698

采用俄歇能谱仪还探查到棱柱晶面内有硫原子的吸附，而基面没有发现。硫原子的这种选择吸附与界面张力出现差异有关。

前苏联的研究人员也做过类似实验。内容扩大到干扰元素铋、锑、铅等元素对界面张力和石墨析出形状的影响，实验结果与 McSwin 等人的实验结果有相似的规律性。研究者提出，铁水对石墨基面和棱柱面的界面张力大于1.150～1.200J/m^2是球状石墨生成的必要条件。

2 球状石墨晶体结构

球状石墨与片状石墨的晶格结构是相同的，都具有六方晶格（图3）[4]。碳原子占据

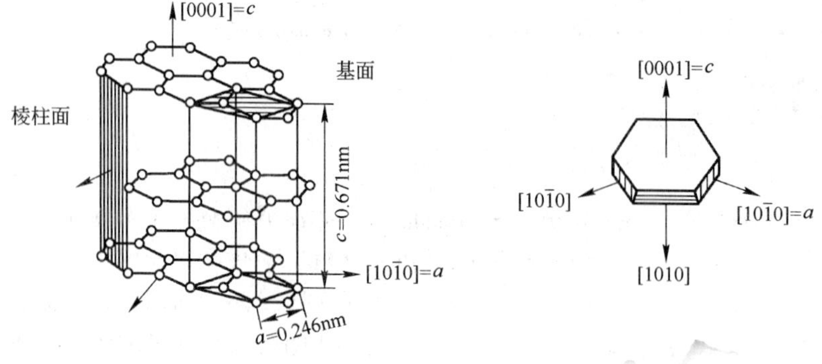

图3 石墨晶体的六方晶格结构

着六方棱柱体的各个角点。单元晶格包含基面（六方晶面）和棱柱面，基面是晶体中原子密集面（原子间距为 14.21×10^{-9}m），基面中的碳原子以结合力较强的共价键联结，原子结合能约为 293～335kJ/mol。形成结合牢固的原子层。晶体学符号为（0001），其晶向［0001］通称为 c 向。棱柱面的原子间距为 33.54×10^{-9}m，原子层之间则以极性键结合，原子结合能为 70kJ/mol。棱柱面方位逐个相差 60°，以（$10\bar{1}0$）为代表晶面，［$10\bar{1}0$］晶向通称为 a 向。这种结构使石墨强度处于很低水平。

在扫描电镜下观察球墨铸铁深腐蚀试样，可以看到球状石墨表面极不平整，外表呈现突起状，并有深邃沟槽、孔洞，内部也不很致密。同时也可以看到球体表面存在近似六方形的晶体生长螺线。经过离子轰击的球体剖面具有年轮状特征，这是反映（0001）晶面取向的纹理（图 4）[4]。

已经探查到球状石墨是多晶体，它由许多呈三维辐射状分布的单晶体构成。图 5a 示意表

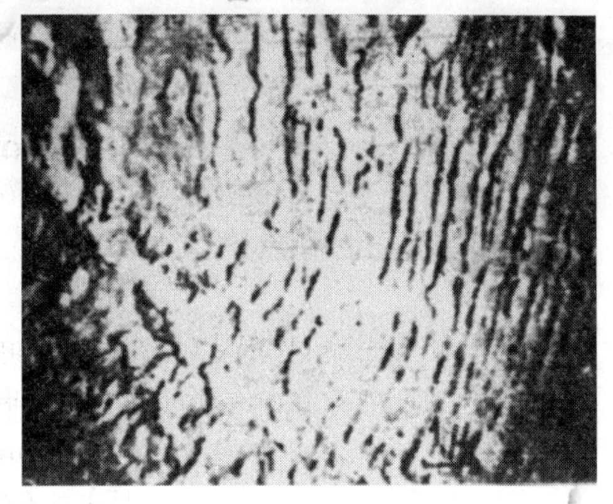

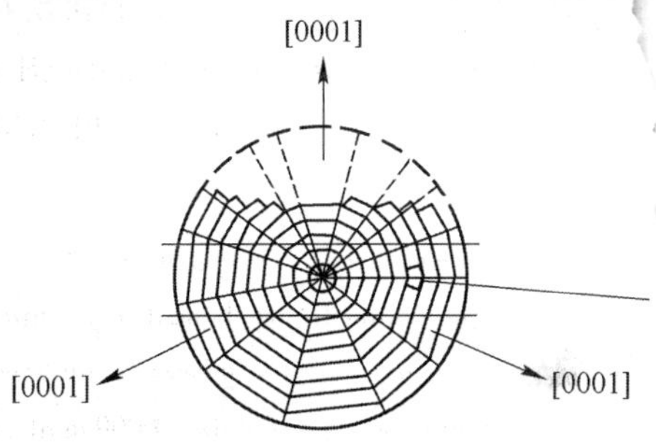

图 4　球体剖面的年轮状特征

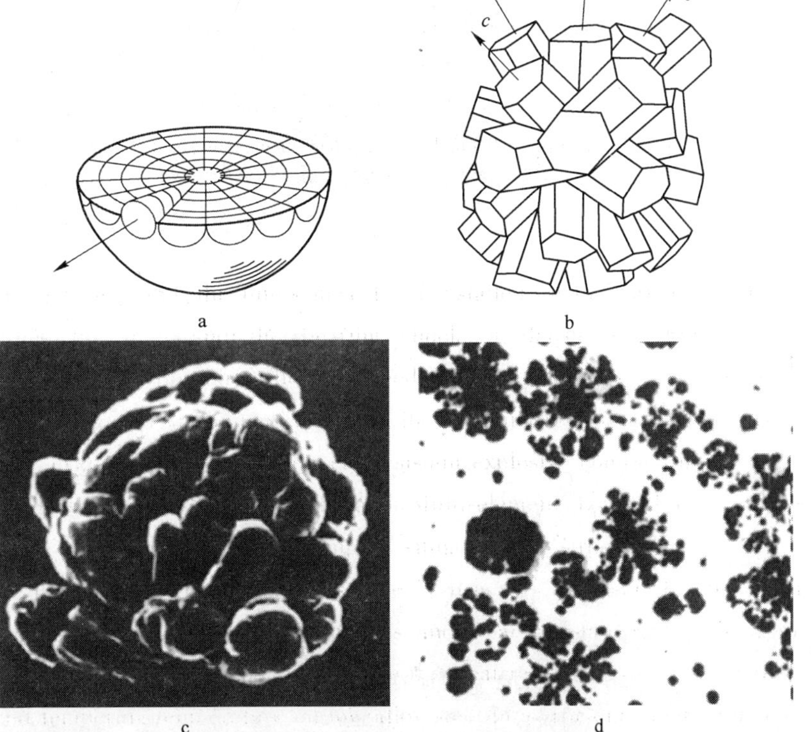

图 5　辐射生长的石墨晶体构成球状石墨

a—结构；b—单晶体三维辐射生长；c—球状石墨电镜照片；d—爆裂状石墨内部存在的单晶体

明此种结构；图 5b 示意表明单晶体三维辐射状生长。石墨晶格（0001）晶面取向与球体外表接近平行，各个单晶体似均沿［0001］晶向由一个原点呈辐射状向外延伸，形成许多类似锥形的晶体。这些单晶体中的晶格基面（0001）大体上与辐射生长的方向相垂直。图 5c 为由镍碳合金中萃取的正在生长的球状石墨电镜照片。图 5d 中的爆裂状石墨显示了球状石墨内部存在的单晶体。

3　球状石墨生长模式的讨论

石墨形成过程符合一般晶体结晶规律，要经过形核和生长两个阶段。当铁水内具备一定数量的石墨形核基质❶，而且铁水的碳活度达到一定程度，碳原子就要移向形核基质，并在其上沉积，形成石墨微晶。这种微晶以及铁水中残留的未溶石墨微粒达到一定尺寸后，就可能成为石墨晶体赖以长大的有效结晶核心。讨论球状石墨生长模式时必然会想到是否存在具有特定结构的结晶核心，此种晶核提供的生长台阶可以导致石墨晶体以较均匀速率在液相中辐射状生长，形成球状石墨。遗憾的是，目前还未找到存在这种晶核的证据。

石墨生长实质是碳原子不断向石墨晶格添加的过程。讨论石墨生长模式的时候，首先涉及碳原子如何添加以及添加到哪里的问题。简单的说法是，碳原子应该添加到生长着的晶体中能量最高的部位。因为那里最容易接纳外来原子，并使外来原子处于比较稳定的状态。

研究表明[4]，生长着的石墨结晶体中的碳原子并不完全按照石墨晶格结构整齐排列，而是存在许多晶体缺陷。大部分晶体缺陷具有较高能量，可为石墨生长提供生长台阶。如果被接纳原子尺寸与台阶尺寸匹配合适，台阶上接纳了一层原子后又形成新的台阶，原子继续添加在新的台阶上，晶体进一步生长。

I. Minkoff 等人的研究证实[5]，对铸铁中石墨生长最有用处的晶体缺陷是螺位错和旋转孪晶。由于碳原子在不同生长台阶上的结合能不同，而且受到一些表面活性元素的影响，导致出现不同的生长机制，产生形态各异的石墨晶体。

观察由灰铸铁萃取的片状石墨晶体，发现它是由许多厚度约 0.1μm 薄片状石墨微晶片（亚组织）叠集而成。这些亚组织呈层状排列，并大体上平行于石墨片体表面。X 射线电子衍射图像探查到这些微晶片因晶格位向差异而构成旋转孪晶。相邻基面以［0001］方向为轴线，变换一定角度，探查到的角度约为 13°、22°、28°以及由这些角度组合成的角度。这种旋转孪晶结构为石墨晶体的生长提供了所需的生长台阶。沉积在台阶上的碳原子使石墨晶体沿（0001）面不断延伸。

扫描电子显微镜下可以在石墨片体表面（特别是过冷石墨表面）观察到一些六方形的螺位错线。这种生长方式是由螺位错口提供生长台阶。当碳原子沉积在这些螺位错口上，晶体将按盘旋方式生长[4]。产生盘旋方式生长的原因，可由晶体学计算结果来确认。根据计算，螺位错生长路径存在着临界回转曲率半径，晶体在小于此半径构成的轨迹内生长时，生长台阶边缘和周围熔液处于平衡状态，此轨迹既不增大也不减小，一直保持到晶体停止生长，并留下六方形螺位错线。

片状石墨长度方向的增长是碳原子添加在旋转孪晶提供的生长台阶上的结果。生长模

---

❶　异质形核的基础物质（异质物）在本文中称为形核基质。形核基质的结构应易于接纳形成晶核的原子，能在高温液相中稳定存在。

式是沿晶格棱柱面晶向添加新的棱柱面，属于［$10\bar{1}0$］方向的二维生长。片状石墨的片体增厚是碳原子不断添加在螺位错生长台阶上的结果，属于［0001］晶向生长。在石墨片体表面观察到的六方形螺位错线经过X射线衍射探查，其［0001］晶向垂直于片体表面。

由于［$10\bar{1}0$］晶向相对延伸速度大于［0001］晶向相对延伸速度，导致石墨片体长度方向增长较快，片状石墨的长度大于厚度。

热力学条件和动力学条件都可能改变相对快速生长方向，而相对生长速度的变化又会导致所形成的石墨形态发生变化。例如，螺位错生长比旋转孪晶生长需要较大驱动力。因此，晶体生长时的液-固界面过冷度因加入球化元素而增加时，会提高［0001］晶向螺位错生长速度。有的在生长台阶上吸附着某些表面活性元素（如硫和氧）时，这些原子可能整体或部分堵塞螺位错生长台阶，导致［0001］晶向生长速度下降，甚至破坏石墨晶体正常生长。

关于球状石墨生长，前面已经谈到，由铁水中析出的球状石墨是由一些呈辐射状生长的角锥形单晶体组成。石墨球体表面被垂直于球体半径的（0001）晶面包围。角锥形单晶体均由一个共同核心开始生长。由这些结构特点，我们可以这样描述球状石墨的生长：单个角锥形晶体是围绕自身轴线以盘旋方式生长；［0001］晶向是单晶体长度优先增长方向，即［0001］晶向生长速度大于［$10\bar{1}0$］晶向生长速度；在整个生长过程中，多晶体能够保持均衡生长。石墨晶体盘旋生长的同时，旋转孪晶生长台阶的［$10\bar{1}0$］晶向生长也在进行，只是生长速度较低。球状石墨内部呈年轮状的晶体层厚度可以反映［$10\bar{1}0$］晶向生长速率的大小。晶体层较厚表示生长速率较高。

讨论球状石墨生长模式时最令人质疑的问题是石墨单晶体在晶核上三维均衡生长是如何启动的？这需要从石墨晶体开始析出的环境来分析。这个环境有两个特点：一是吸附在生长台阶上的球化元素原子浓度足够高而且能在吸附状态下形成新的生长台阶；二是熔液处于高过冷状态，能为晶体生长提供高能量的有效生长台阶。

根据凝固理论，高过冷度下熔液的凝固界面变得不稳定，新相析出倾向增加。球化元素只需较少能量就能被吸附，一旦吸附，石墨晶体迅即生长。在球化元素浓度足够高的情况下，晶核上所有位置都有启动石墨晶体生长的机会，于是出现单晶体在空间辐射状三维生长的情况。单晶体辐射生长时，受到生长着的相邻单晶体限制而不能达到螺旋生长的晶体临界回转半径。但是随着单晶体向外延伸，可容石墨生长的空间增大，将随碳原子在螺位错口上不断沉积，界面的不稳定性增加而导致单晶体侧向生长。最终使球体形成。这种生长模式势必导致球体表面成为不平整的多阶表面，多晶体间有许多倾斜和扭曲的界面。球体表层疏松。

球化元素在影响石墨生长方式方面的主要行为是：球化元素被吸附在晶体缺陷提供的生长台阶上。旋转孪晶生长台阶上的碳原子运动首先受到阻挡，甚至完全堵塞，导致其上的生长减缓或停止，石墨生长的过冷度随之增大。由于碳原子在螺位错旋出口上的沉积需要较大的结合能，过冷度增大会给碳原子提供沉积能量。也就是说，球化元素通过增大晶体过冷度使基面上的螺位错生长台阶活化，导致石墨晶体以［0001］晶向沿螺位错台阶出现螺旋生长，导致球状石墨生成。表面活性高的干扰元素硫和氧以及砷、锑、铋、碲、钛等，在生长台阶上有选择性吸附作用，吸附在螺位错口上的杂质原子可以堵塞部分螺位错生长台阶，破坏了球状石墨生长模式。

球化元素另一重要作用是在铁水中首先与硫、氧等干扰元素化合，消除其干扰作用，其中镁、铈和镧消除干扰作用最有效。特别是稀土元素，能在较长时间内保持凝固界面过冷度，因此在厚壁铸件生产中，抑制干扰的作用更加显著。

4 混合稀土合金对球状石墨生成的影响

探讨铸铁中石墨球化机制时，我们看到干扰元素的存在是抑制球化过程的重要因素。控制一般干扰元素影响的措施已经见诸于不少文献。这里要研讨的是在我国应用比较广泛的混合稀土合金中钛元素的影响。

我国许多工厂采用混合稀土合金与金属镁配制的稀土硅铁镁球化剂处理铁水制取球墨铸铁。国产混合稀土硅铁合金是未经最终提纯的产物，其中多种稀土族元素共存，而且含有较多钛元素。钛元素的存在，减少干扰元素与球化元素互相化合而形成非干扰性化合物的量，因而砷、锑、铋、铅等元素的干扰作用未见明显减弱。我们知道，球状石墨生长过程中，钛原子不均匀沉积在球状石墨生长台阶上，导致多晶体中的一些单晶体生长速度高于或低于其他多晶体正常生长速度。当它的速度高于多晶体平均生长速度时，这些单晶体最终将凸出于球体表面；反之，则将凹入球体表面，形成不规则外形。甚至促进蠕虫状石墨的形成。

我们曾经观察了以稀土硅铁镁合金球化剂处理的通用机械球墨铸铁件金相组织。主要炉料为 Q10 生铁 + 废钢，采用石油焦炭作为增碳剂。铸件为近（过）共晶成分，观察断面厚度为 65mm 左右。在球化元素残留量完全符合球化所需情况下，90% 以上球状石墨显示出不完整球形，有很多畸形石墨出现。石墨圆整度低于镁球墨铸铁。以基体近似的两种球墨铸铁相比较，稀土镁合金处理的球墨铸铁抗拉强度比镁硅铁合金处理的球墨铸铁低10 ~ 30MPa。

金属铈、镧、钇等稀土元素的球化能力是不容置疑的。世界上第一次看到的球状石墨就是经金属铈处理后得到的。然而采用含有混合稀土合金的球化剂却导致球状石墨完整度下降。一般干扰元素受制于稀土元素，干扰作用显著弱化；只有钛是个例外。因此有理由质疑这种现象可能与混合稀土合金中钛的存在相关。为此我们在生产现场条件下进行了一次非常简单的试验。企图通过试验找到制取球墨铸铁时合理使用混合稀土合金的途径。

我们按照工厂现行工艺，以 Q10 低磷生铁 + 废钢作为基本炉料，分别采用 QRMg6RE2 稀土镁合金（Mg：5.0% ~7.0%，RE：1.5% ~2.5%，Si：35.0% ~44.0%，Ca：2.0% ~3.0%，Ti：0.5%）、QRMg6RE2 稀土镁合金 + 钛铁、镁硅铁合金（Mg：5% ~7%、Si：45% ~50%）分别处理铁水，浇出 3 组试样。铸件化学成分列于表 2。铸件上 60mm 厚断面基体组织为 50% 铁素体 +50% 珠光体。

表 2 3 组试样的铸件化学成分

组 别	球化剂	试样化学成分/%					
		C	Si	S	Mg	RE	Ti
1 组	QRMg6RE2 稀土镁合金球化剂	3.65	2.12	0.006	0.035	0.016	0.015
2 组	球化剂为稀土镁合金 100%。另加入钛铁，提高试样含钛量	3.58	2.06	0.0090	0.040	0.012	0.0480
3 组	球化剂：镁硅铁合金 70% + 稀土镁合金 30%	3.52	2.19	0.0075	0.045	0.006	0.0046

将此3组成分的铁水浇入图6所示的阶梯试样，试样的3个断面厚度分别为20mm、60mm、100mm。

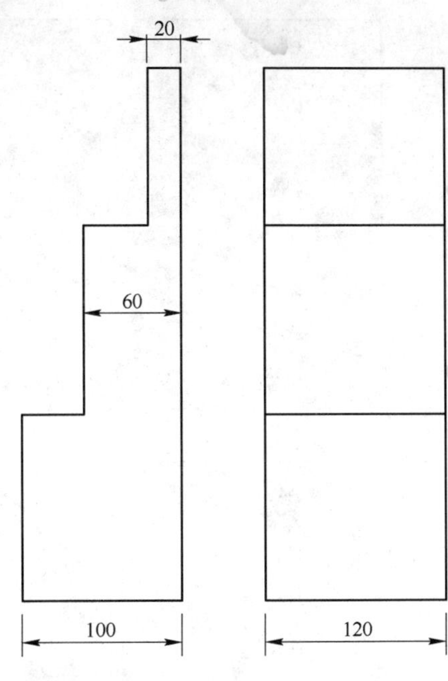

图6 阶梯试样

第1组试样20mm断面上石墨较为完整（图7a）。60mm及100mm断面上的石墨球体均不完整，但未出现片状石墨（图7b）。硫含量由原铁水的0.021%降低到0.006%，可以代表稀土元素已经发挥了中和干扰元素的作用。但因铁水中干扰元素和0.015%钛的作用，厚壁中的石墨生长仍然受到干扰。第2组因人为加入钛铁，含钛量为0.0480%。虽然硫含量只有0.0090%（反映干扰元素含量显著下降），稀土含量0.012%，试样20mm薄断面内的石墨仍有畸变，（图7c），厚断面内基本上未发现完整球状石墨，并有片状石墨及蠕虫石墨出现（图7d）。说明含钛量达到这样水平时，镁和稀土的共同作用仍不能控制对石墨生长的干扰。第3组试样含钛量降到0.0046%，稀土含量虽只有0.006%，球状石墨的完整度大为改善，20mm断面内的95%以上石墨球体保持完整（图7e），仅100mm断面上出现少量完整度较差的球状石墨(图7f)。为了进一步观察提高铸件冷速后球状石墨形貌的变化，我们在100mm厚铸件的铸型内放置隔砂冷铁（隔砂层厚度10mm，冷铁厚60mm），铸件断面内石墨均呈现完整球形。60mm厚断面中球状石墨的完整度大体上在20mm断面和100mm断面之间。

由以上并不十分严谨的简单试验可以看出，采用混合稀土镁合金制取球墨铸铁时，适当控制混合稀土在球化剂中的含量是必要的。在适当增加镁条件下，通过减少球化剂中混合稀土硅铁合金含量来改善石墨球化情况应当是可行的。这不单只是为了改善球化质量，也是减少战略性物资稀土金属消耗、降低球墨铸铁生产成本的有益措施。

根据上述试验结果，作者认为在不改变炉料条件下根据铸件厚度调整稀土镁合金和镁硅铁合金用量比例获得良好效果。浇注断面厚度在80mm以下的铸件时，建议改用不含混合稀土合金的硅铁镁合金球化剂，断面厚度在80~150mm铸件，改用20%~30%混合稀土镁合金加70%~80%镁硅铁合金作为球化剂处理球墨铸铁原铁水，在加入量和回收率合适情况下，均可以使90%以上石墨成为完整球形。根据上述建议，我们在现场跟踪检测观察了81炉产品，证实这项建议合理可行，可以用于生产。但是如要在更大范围推广，还有进一步研究探讨的空间。

经过提纯的稀土金属几乎都是当前开发尖端科技产品所需的原料。当前是国际上紧缺的战略资源。这些并不丰富的资源应该尽量用于更需要它们的地方。采用未进行终提纯的混合稀土合金制取球墨铸铁占用了我国相当数量的稀土资源。这种情况是否合理，是需要我们全面考虑、认真研究的问题。

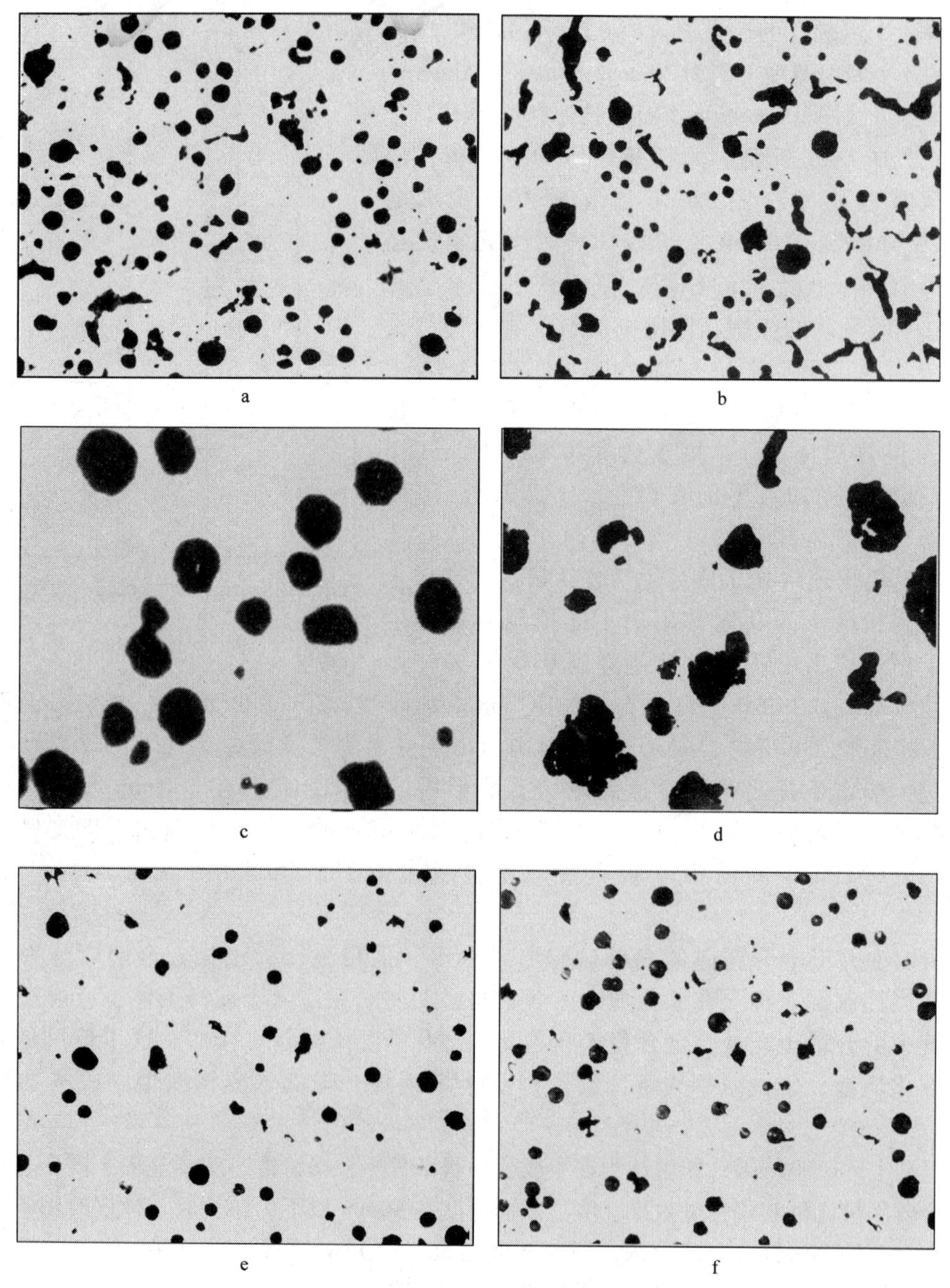

图7 含钛量对石墨球化的影响

a，c，e—20mm 断面；b，d，f—100mm 断面

5 小结

（1）球状石墨形成过程符合一般晶体结晶规律，经过形核和生长两阶段。当铁水内具备一定数量的石墨形核基质，而且铁水的碳活度达到一定程度时，碳原子移向形核基质并沉积其上，形成石墨微晶。这种微晶以及铁水中残留的未溶石墨微粒达到一定尺寸后，成为有效的石墨结晶核心。

（2）球状石墨是由多个石墨单晶体组成的多晶体。石墨晶体开始析出时，吸附在生长台阶上的球化元素原子浓度足够高而且能在吸附状态下形成新的生长台阶，为晶体生长提供高能量的有效生长台阶。这些单晶体以一个共同核心为基点，在螺位错的生长台阶上以盘旋方式向空间辐射延伸。[0001] 晶向是单晶体优先生长方向。与此同时，旋转孪晶生长台阶的 $[10\bar{1}0]$ 晶向生长也以较低速度进行。

（3）在熔液中加入镁、铈等球化元素是启动石墨球化的基本原因。球化元素的作用是：1）促进碳原子沉积在螺位错的生长台阶上，导致石墨晶体盘旋生长；2）提高石墨生长界面过冷度，为碳原子在螺位错生长台阶上沉积提供较高能量；在高过冷度下熔液的凝固界面变得不稳定。新相析出倾向增加。在碳原子浓度足够高的情况下，晶核上所有位置都有启动石墨晶体生长的机会，促使单晶体在空间三维辐射状生长；3）促使石墨晶格基面与铁水间界面能低于棱柱面与铁水间界面能，使 [0001] 晶向的生长速率将高于 $[10\bar{1}0]$ 晶向的生长速率，为形成球状石墨创造了条件。

相反地，高度活性的干扰元素堵塞螺位错提供的生长台阶并且消耗球化元素，阻碍石墨球化。

（4）单晶体辐射生长的基本模式是围绕自身轴线盘旋生长。生长时受到相邻单晶体限制而不能达到螺旋生长的晶体临界回转半径。但是随着单晶体向外延伸，可容石墨生长的空间增大，将随碳原子在螺位错口上不断沉积，界面的不稳定性增加而导致单晶体侧向生长，最终使球体形成。

（5）目前没有证据显示，球状石墨中存在可导致球状石墨晶体生成的特异性结晶核心。

（6）铈、镧及一些稀土族元素能有效消除干扰元素的有害作用，球化作用稳定而且保持时间较长，是优质球化元素。但是我国工厂常用的混合稀土合金除含有球化元素外，还含有干扰元素，影响球化效果。特别是其中的钛原子不均匀沉积在球状石墨生长台阶上，导致多晶体中的一些单晶体生长速度高于或低于多晶体正常生长速度，最终将使球体表面局部凸出或凹入，形成不规则外形，显著降低球墨铸铁的球化率，并能降低铸件性能。建议中等厚度（例如 100mm 以下）的球墨铸铁件在适当调整（提高）热节冷速前提下，采用不含混合稀土合金的镁合金球化剂或少含混合稀土合金的稀土镁合金球化剂来处理铁水。这样可以改善石墨球化质量，更重要的是减少战略物资稀土元素资源的消耗量。

致谢： B. Lux 博士发表于 AFS Cast Metals Research Journal 的综述性文章 *On the Theory of Nodular Graphite Formation in Cast Iron* 列举出许多有关铁碳合金中球状石墨生成的理论根据和实验数据，为本文提供了可贵的参考资料，作者特表谢忱。

参 考 文 献

[1] 郝石坚. 现代球墨铸铁 [M]. 北京：煤炭工业出版社，1989.

[2] Fados H. Effect of Composition and Cooling Rate on Nodular Graphite Morphology in S. G. Iron[J]. AFS International Cast Metals Journal, Mar. 1980:23 ~ 29.

[3] McSwain R H, Bate C E. 铸铁冶金学（译文集）：控制铸铁中石墨形成表面能与界面能的关系［J]. 褚海明译. 北京：机械工业出版社，1983：280 ~ 291.

[4] Lux B. On the Theory of Nodular Graphite Formation in Cast Iron(Part Ⅰ) [J]. AFS Cast Metals Research Journal, Mar. 1972;25 ~ 38.

[5] Minkoff I. The Physical Metallurgy of Cast Iron[M]. John Wiley and Sons Ltd. ,1983.

【**编者按**】 本文介绍作者及其科研团队开发的聚合组织基体高铬铸铁组织特点、材料性能以及采用该种材料制造的水泥球磨机研磨体（磨球）的工作性能、使用情况，并介绍新型磨球制造工艺。聚合组织高铬铸铁以其优良的抗磨料磨损能力、良好的强韧性和抗冲击疲劳性能成为高铬耐磨铸铁中的优良新品种。由于产品使用寿命长、破碎率低，聚合组织高铬铸铁磨球已在国内广泛应用。十余年来已有数十家铸造厂生产此种产品，累计产量数十万吨。获得巨大经济效益。

本文原载于1996年《机械工程材料》第20卷第5期，并曾被EI期刊收录。本次发表前作者对原文作了补充和修改。

有关高铬铸铁磨球的一些问题

郝石坚

西安公路交通大学

摘　要：本文简要叙述有关球磨机磨球运行中的一些问题以及近年来西安公路交通大学抗磨材料课题组对高铬铸铁磨球材质的研究，并介绍了所开发的具有聚合组织基体高铬铸铁。实践结果显示，聚合组织高铬铸铁的耐磨性和冲击疲劳韧性都有优越表现，用于制造磨球，获得良好使用效果。

关键词：铬白口铸铁，磨球，高铬铸铁

Some Problems of High Chromium White Cast Iron Grinding Balls

Hao Shijian

Xi'an Highway University，Xi'an，710064，PRC

Abstract: Based on research and field investigation, this paper analyzes the effects microstructure, composition and processing on durability of chromium white cast iron grinding balls and recommends the high chromium cast iron with ($\alpha + Cr_{23}C_6$) aggregation structure to be used to the grinding balls in cement production.

Key words: white cast iron, aggregation structure, grinding ball

球磨机磨球是水泥、火电生产中消耗量很大的易损件。国内年需用量达数十万吨。磨球质量不但影响粉磨作业的易耗品费用，而且影响球磨机产量、能耗和水泥质量。如何提高磨球耐用性，包括改进现有磨球材质、开发新的耐磨材料和制造工艺，优化磨球使用条

件，是值得深入探讨的问题。

本文就球磨机磨球的一些问题，简要叙述近年来我们所进行的有关磨球材质的研究和所开发的具有聚合组织基体高铬铸铁。实践结果显示，聚合组织高铬铸铁的耐磨性和冲击疲劳韧性都有优越表现，用于制造磨球，获得良好使用效果。

1 磨球的失效

磨球在球磨机中不断对被磨物料进行冲击、挤压、碾磨。磨球表面被磨料切削和凿削，发生磨损。磨球的耐用性除取决于本身的抗磨能力外，还与磨球在运行中发生破碎、表面剥落、偏磨失形等早期失效有关。

（1）磨料切削损伤。对磨球表面施力并与磨球发生相对运动的物料在磨料产生的法向力作用下嵌入表面，切向力则推动磨料沿表面运动。低硬度磨料使磨球表面产生浅划痕，磨料硬度高时则造成切削沟。划痕和切削沟中被切除的金属形成磨屑而流失。大多数情况下，沟中金属发生塑变，堆积在两侧及前端。高应变率使已发生塑变的金属内部位错塞积，形成胞状结构，性质变脆。再经反复碾压，产生应变疲劳裂纹，扩展至表面，导致磨屑脱落。磨料横向磨球表面的法向力很大时，发生凿切作用，形成凿削坑。金属或被直接凿掉或发生塑性流变，流变金属最终因应变疲劳而形成磨屑。

（2）脆性相脱落。在合金白口铸铁或高碳钢中，碳化物是硬质脆性相。当其周围较软组织被磨掉而失去对它的维护作用时，它将裸露出来，在磨料的切削和撞击下断裂并从表面脱落，造成金属流失。

（3）冲击疲劳剥落。磨球在正常工作寿命期内，它与球磨机筒体衬板、被磨物料以及磨球之间受到反复撞击，撞击次数可达百万次以致数百万次；除了反复撞击外，相互之间滚动与滑动，在交变的压力和剪切力作用下引起赫兹接触应力，在亚表层产生最大交变切应力，接触区边缘产生峰值拉应力，可使亚表层的脆性相、夹杂物或孔洞处产生冲击疲劳裂纹，导致表层金属发生微观剥落，形成磨屑，从而发生磨料磨损。

（4）宏观剥落。它是指磨球表面出现肉眼可见的凹坑。宏观剥落一般起源于磨球内的疲劳裂纹。裂纹常在脆性相、铸造缺陷（缩松、气孔、夹杂物）上形核，并在外力作用下不断扩展。与微观剥落不同之处在于裂纹产生于较深部位，并沿脆性相和缺陷向内部扩展，形成范围较大的纵深裂纹。裂纹会合并延及表面，就使磨球表面金属成块脱落，形成宏观剥落凹坑。

2 铬白口铸铁磨球

铬白口铸铁是具有共晶碳化物和金属基体（奥氏体或其转变产物）复相组织的抗磨金属材料。碳化物硬度很高，能抵抗磨料侵入铸件表面，阻挡磨料对表面进行切削，被认为是材料的抗磨骨架相。碳化物的存在是合金白口铸铁抗磨料磨损能力优于钢材的基本因素。除此之外，围绕碳化物的基体金属对碳化物起支撑和保护作用，基体金属硬度越高，对碳化物的支撑能力越强，越有助于改善白口铸铁抗磨能力。

铬白口铸铁中含有多种结构的碳化物，主要的共晶碳化物是 $(Fe, Cr)_7C_3$，也存在

$(Fe, Cr)_3C$ $(Fe, Cr)_{23}C_6$型碳化物。$(Fe, Cr)_7C_3$碳化物硬度高达HV1200~1800，赋予铸铁以很强的抗磨能力。这种碳化物以集束状板条存在，板条之间互不交连，对基体割断程度低，使材料冲击韧性优于非合金或低合金白口铸铁。这种铸铁的基体组织中含铬量6%~10%，淬透性良好，淬火后可获得很高硬度。随着铸铁中铬含量和铬碳比降低，碳化物结构发生变化，由$(Fe, Cr)_7C_3$型逐步向$(Fe, Cr)_3C$（渗碳体型）转化。转化过程中，两种碳化物还可能共同存在。$(Fe, Cr)_3C$硬度HV840~1100，低于$(Fe, Cr)_7C_3$。$(Fe, Cr)_3C$在铬白口铸铁中呈莱氏体共晶或离异共晶形态存在。碳化物间互相交连，呈网状分布，割裂基体金属，使材料韧性显著降低。其抗磨能力和抗冲击能力远逊于高铬铸铁。

高铬铸铁淬火后能获得马氏体或回火马氏体基体。马氏体硬度随其C、Cr含量不同而在HV500~1010之间变化。马氏体高铬铸铁硬度高，耐磨性能良好，长久以来，许多球磨机都使用马氏体高铬铸铁磨球。

我们在对磨球使用情况进行调查时得知，江苏某大型水泥厂长期使用马氏体高铬铸铁磨球。据反映该厂马氏体高铬铸铁磨球的碎球率较高，而且碎球大都发生在使用了一段时间以后（工作寿命后期）。磨球含碳量一般为2.10%~2.30%，含铬量15%~17%。内部硬度分布均匀，未发现铸造缺陷和淬火微裂痕迹。我们判断磨球的失效可能与冲击疲劳损伤有关。在河北某大型水泥厂了解到，该厂所用磨球基本未发生过破碎。两厂磨球的磨耗率大体相同。

我们对两厂磨球进行了化学分析、金相检验、力学性能测试，并在此基础上开展磨球材料的研究工作。

文献记载，Basak等人对一组$w(Cr)=11\%$、$w(Mn)=0.51\%\sim3.0\%$高铬铸铁试样进行1100℃加热淬火，并在不同温度下回火。测试了试样显微硬度。淬火前试样基体为奥氏体。试样硬度随回火温度上升而提高，并在500℃出现峰值硬度。发现500℃回火后富铬奥氏体已经全部转变，有亚显微尺寸富铬碳化物相从奥氏体中析出[1]。试样硬度接近HV900，冲击韧性和冲击疲劳强度均优于高铬铸铁。F. Maratray认为过冷状态的富铬奥氏体经过亚临界回火后铬向碳化物偏聚，并发生$\gamma\rightarrow\alpha$相变，回火后产生高度弥散分布的$(\alpha+M_{23}C_6)$聚合组织[2]。

3 改进铬白口铸铁性能的一项试验研究

高铬奥氏体钢经过亚临界温度回火后，奥氏体中析出高度弥散分布的合金碳化物，材料的冲击疲劳强度提高，其他力学性能也有改善。我们沿着这一思路进行了一项试验，探讨改善高铬铸铁力学性能，提高球磨机磨球耐用性的途径。

为了便于和磨球用户直接联系，这项工作是作者与科研协作单位共同进行的。首先在陕西临潼某厂熔铸了一批高铬铸铁ϕ50mm棒料作为试样。试样基准成分为：$w(C)=3.0\%$、$w(Cr)=15.0\%$、$w(Mn)=0.7\%$、$w(Si)=0.6\%$。试样加热到1050℃保温2.5h进行奥氏体化。然后淬入水玻璃水溶液（水玻璃模数$M=2.42$），加水调整其密度达到$\gamma=1.15g/cm^3$。淬火后试样基体组织含有90%奥氏体。试样分为7组，其中6组分别在200℃、300℃、400℃、500℃、600℃、700℃回火2.5h。回火后各组试样基体显微硬度分别为$HV_{0.1}$525(200℃)、$HV_{0.1}$543(300℃)、$HV_{0.1}$579(400℃)、$HV_{0.1}$889(500℃)、$HV_{0.1}$

561（600℃）、$HV_{0.1}$411（700℃）。另外1组未回火，直接测得基体硬度为$HV_{0.1}$530。以上数据说明500℃以下温度回火，铸件基体硬度随回火温度提高而上升。500℃回火出现硬度峰值。超过500℃温度回火，铸件基体硬度随回火温度提高而逐步下降。回火温度对试样基体硬度的影响示于图1。

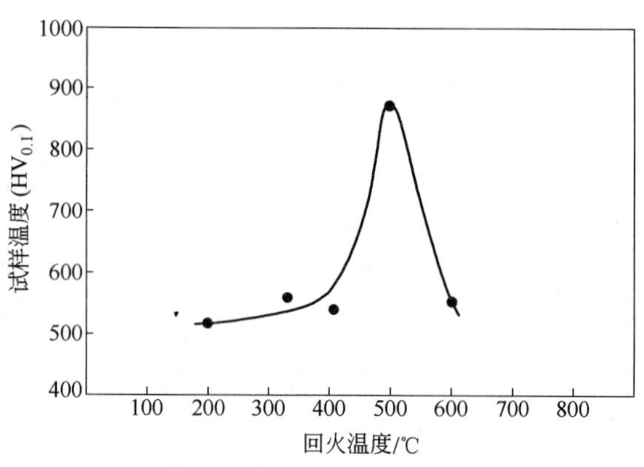

图1 回火温度对试样基体显微硬度的影响

为了探查回火时间对试样基体显微硬度的影响，我们将试样加热到500℃，并保温不同时间。硬度也出现峰值。峰值出现在2.5h回火以后。高铬铸铁件通常透热时间为每25mm直径需1h，ϕ50mm棒料透热到500℃需时2h，说明奥氏体转变过程需时应为0.5h。我们根据这个试验结果确定本试验的磨球回火时间。

富铬奥氏体的亚临界回火组织在光学显微镜下难以分辨。扫描电镜下可以看到羽状组织形貌（请参阅《高铬铸铁亚临界温度回火组织形成的热力学分析》一文）。对这种组织进行了热力学分析，确认富铬奥氏体基体在亚临界回火过程中析出Cr_7C_3型合金碳化物，并形成高度弥散分布的Cr_7C_3与α相组成的聚合组织（$\alpha+Cr_7C_3$）。这种组织我们称之为（$\alpha+Cr_7C_3$）聚合组织。

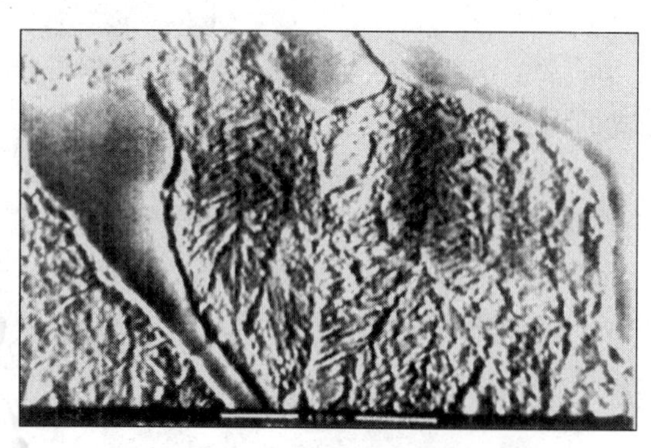

图2 （$\alpha+Cr_7C_3$）聚合组织（SEM）

高铬铸铁基体中的（$\alpha+Cr_7C_3$）聚合组织如图2所示。

从理论上说，聚合组织基体显微硬度可达到$HV_{0.1}$889（500℃回火），基体高铬铸铁宏观硬度应该约在HRC60，但是在生产条件下，获得100%铸态奥氏体是很困难的，即便高温淬火后也难以获得。我们铸造的聚合组织基体高铬铸铁磨球宏观硬度一般只达到HRC52～56。ϕ100mm磨球表面与半径*R*25mm处的硬度差小于2～3个洛氏硬度单位。

聚合组织基体高铬铸铁磨球冲击疲劳强度在现有设备拼组而成的磨球跌落试验装置上进行。以磨球发生破裂前最大跌落次数评定磨球的冲击疲劳强度（相对值）。磨球是在地面上放进斗子提升机的斗子中，提升机将磨球提升到6.5m高度，并在此高度使磨球自由落下，撞击到地面的铁砧上，再由提升机提上进行下一次跌落。如此反复进行，直到磨球破碎，记录跌落次数以评价冲击疲劳强度。ϕ100mm聚合组织基体高铬铸铁磨球和马氏体高铬铸铁磨球跌落试验结果如表1所列。

本项目系由生产单位委托，按生产性试验方式进行。使用方根据材料力学性能及磨球跌落试验结果认为可以提供现场应用并在生产100000t水泥后确定使用效果。

表1 高铬铸铁磨球跌落试验结果

磨球材料	磨球化学成分/%	磨球宏观硬度 HRC	破碎前跌落次数	球耗率/$g \cdot t^{-1}$（水泥熟料）
聚合组织高铬铸铁（500℃亚临界回火 2.5h）	w(C)=2.92%，w(Cr)=14.3%，w(Si)=0.51%，w(Mn)=0.78%，w(Cu)=0.89%	53.5	5607	70.6
马氏体高铬铸铁（980℃淬火+480℃×2.5h 回火）	w(C)=2.2%，w(Cr)=16.8%，w(Si)=0.48%，w(Mn)=0.73%，w(Cu)=1.02%	55.6	4278	68.4

注：1. 两种磨球的球耗率分别在两台结构相同的 ϕ2.2m 双仓筒式球磨机的粗磨仓内进行试验，所磨物料为水泥熟料。

2. 磨球硬度为10件磨球硬度值平均数。

3. 生产100000t左右水泥后清仓，聚合组织高铬铸铁磨球未见破碎球，马氏体高铬铸铁球有占总球数2%～3%的碎球及苹果球。

4 磨球生产工艺

根据近些年调查，国内外水泥球磨机磨球所用材料均以制造质量优良的马氏体高铬铸铁为最佳。聚合组织高铬铸铁磨球也正以其优良的耐磨性和抗冲击疲劳能力而逐渐得到推广。下面简要介绍这两种磨球的合理制造工艺。

4.1 磨球化学成分的选择

高铬铸铁化学成分是制造优质磨球的基础。选择马氏体高铬铸铁化学成分时需要注意以下几方面问题。

（1）碳和铬的质量分数应控制合金碳化物的体积分数在合理范围内；

（2）合理确定铬碳比；

（3）在保证磨球工作性能前提下，尽可能降低合金元素加入量。

多年实践告诉我们，无论是哪种尺寸的球磨机，高铬铸铁磨球中共晶碳化物体积分数是需要严格控制的。超过一定限度后，磨球热处理工艺难以掌握，热处理不当的磨球使用中的破碎率可能显著增加。

为了确定铸铁磨球中适宜的碳化物量，我们曾在 ϕ2.2～3.5m 球磨机上对不用含铬量的磨球进行了抗磨性试验，并用图像分析仪测定后再计算出相应的碳化物的体积分数。结果表明，马氏体高铬铸铁中共晶碳化物的含量为22%～23%、聚合组织高铬铸铁中为30%时，磨球的抗磨性和抗破碎能力均保持较佳水平。

高铬铸铁共晶碳化物体积分数（ϕ,%）与碳、铬含量的关系如下，可以按下式计算铬和碳含量：

$$\phi\ (\text{碳化物}) = 12.33 \times w(\mathrm{C}) + 0.55 \times w(\mathrm{Cr}) - 15.2$$

由此式可看出，碳含量对共晶碳化物体积分数影响最显著，远超过铬的影响。

铬碳比是决定高铬铸铁淬透性和淬火硬度、共晶碳化物类型及性质、马氏体含碳量及淬火微裂出现几率等方面的重要因素。优质马氏体高铬铸铁磨球的铬碳比通常不低于6，最高可达9～10。

合金元素是高铬铸铁不可或缺的成分组成。除了铬以外，常用的还有钼、铜、镍等，这些元素都是比较贵重的。应该适当控制其加入量，加入量过多会引起相反效果。

钼改善材料的淬透性、提高磨球淬火硬度都很有效。图3显示铬白口铸铁铬碳比与空冷条件下获得马氏体的试棒直径、加钼量和铬碳比关系。但是加钼显著提高高铬铸铁磨球的材料费用。我们曾经做过试验，如果 $w(\mathrm{Cr})=17\%$，$w(\mathrm{C})=2.2\%$，$w(\mathrm{Cu})=1.0\%$，不含钼情况下，碳化物体积分数为21%～22%，淬火后 $\phi100$mm 磨球宏观硬度可达到HRC53～55。与 $w(\mathrm{Cr})=17\%$ 含钼的磨球工作性能不相上下，但是材料费用会有所下降。铜和镍也都有助于提高淬透性，根据我们的试验，单独加入铜或镍时，它们的合适加入量为0.9%～1.2%。加入量超过此限度，组织中的奥氏体量将增加，铸件抗磨能力下降。

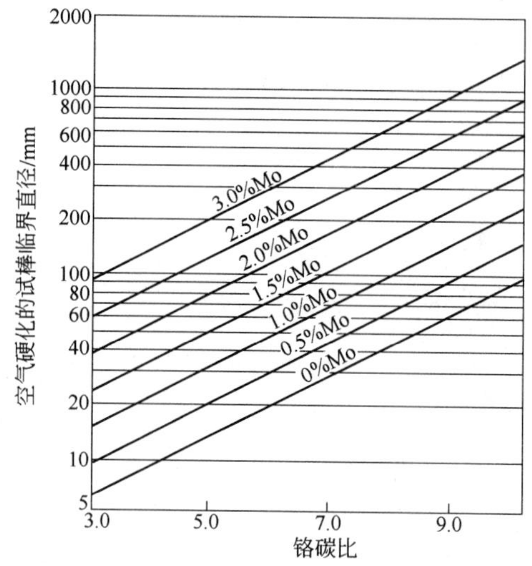

图3 铬白口铸铁铬碳比与空冷条件下获得马氏体的试棒直径、加钼量和铬碳比关系

过量加入合金元素是导致高铬铸铁磨球中残余奥氏体显著增加的重要原因。残余奥氏体确有助于改善材料韧性，但也有不利的一面。奥氏体为面心立方点阵结构，层错能低，难以产生交滑移，磨球表面受力变形时不能通过交滑移机制使变形带扩展以迅速分散和吸收冲击能量，导致位错塞积，局部应力升高，促使亚表层萌生裂纹，最终产生表层金属剥落。我们测定过剥落较严重的磨球，其中残余奥氏体含量一般都在25%以上。另外，奥氏体组织受力后发生形变硬化，在马氏体转变中，相变应力也会导致磨球破碎。锰有稳定奥氏体的作用，但同时降低 M_s 和 M_f 点，也能导致残余奥氏体量增加。马氏体高铬铸铁中锰的含量不宜过高，一般以0.5%～0.8%为宜。我们认为，经过回火的磨球已经具有了一定强韧性，无需借助奥氏体增加韧性。所以，残余奥氏体量应尽量控制在较低水平[3]。

经过多次试验，我们认为聚合组织高铬铸铁磨球的化学成分可在下述范围选取：$w(\mathrm{C})=2.9\%\sim3.1\%$，$w(\mathrm{Cr})=12\%\sim15\%$，$w(\mathrm{Mn})=0.9\%\sim1.2\%$，$w(\mathrm{Si})=0.4\%\sim0.6\%$，$w(\mathrm{Cu})=0.9\%\sim1.1\%$。采用金属型铸造时，铬含量按低限选取。聚合组织高铬铸铁所采用的铬碳比远较马氏体高铬铸铁为低，这是因为希望铸态组织中含有尽可能多的奥氏体组织并且能在较短时间内完成 $\gamma\rightarrow\alpha+\mathrm{M_7C_3}$ 的转变。

在亚临界回火过程中，高铬铸铁中的奥氏体已充分转变为聚合组织，不存在残余奥氏体的影响，这在很大程度上消除了磨球发生剥落、失圆等潜在危险。

4.2 铸造

中小批量生产磨球时，通常采用砂型或金属型铸造。小批量生产采用手工造型。大批量生产时，则宜在造型线上采用压实造型工艺造型，在浇注线上浇注。磨球一般是成组造型，一箱多铸。铸件采用侧冒口补缩，铁水由内浇口流经冒口再进入一组磨球的型腔。这样做的目的是形成冒口与铸件之间的温度梯度，在同一时间内，冒口、冒口颈、磨球铸件的温度依次下降，达到充分补缩的目的。一组磨球铸件在铸型内的布置如图4所示。各部分尺寸列于表2。

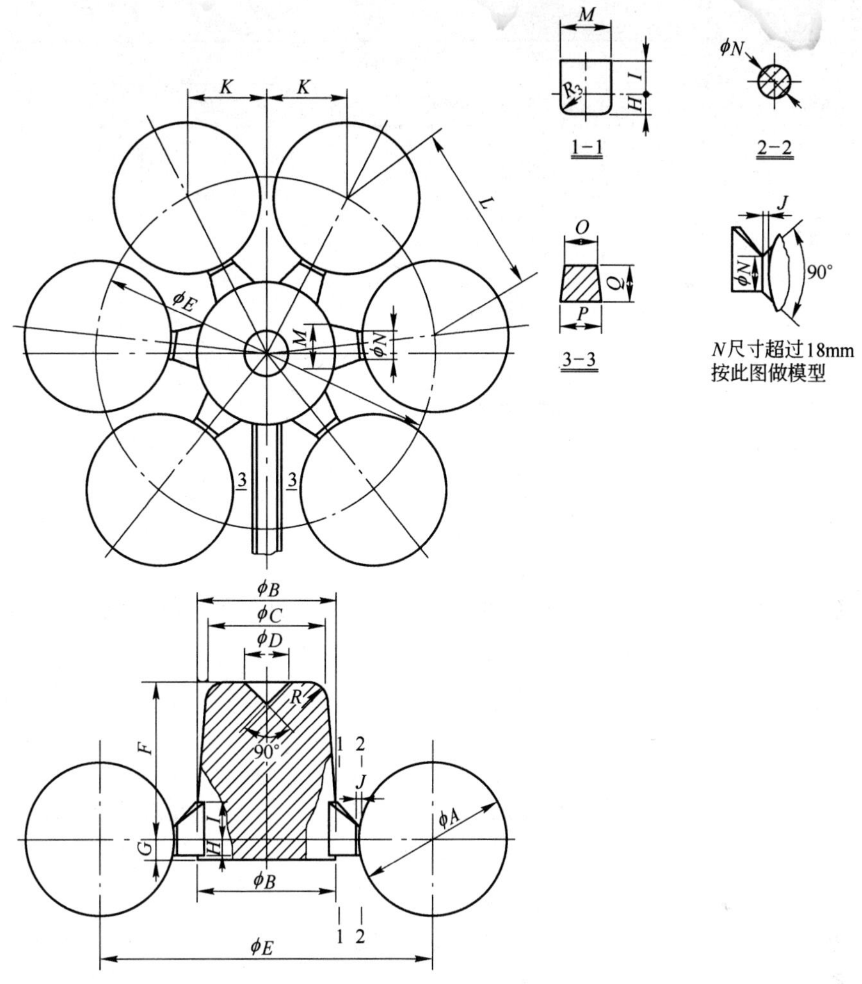

图4 一组磨球铸件在铸型内的布置

表2 各部分尺寸

符号	尺寸/mm							
	$\phi30$	$\phi40$	$\phi50$	$\phi60$	$\phi70$	$\phi80$	$\phi90$	$\phi100$
A	30	40	50	60	70	80	90	100
B	40	50	62	72	85	95	105	115
C	36	40	58	67	80	87	92	107
D	12	20	22	25	30	35	40	45
E	85	105	127	148	172	192	215	239
F	40	60	75	80	95	110	125	145
G	7	7	10	11	12	14	14	17
H	5	6	8	9	10	11	12	14
I	10	12.5	20	20	25	25	30	35
J	1.5	2	2	2.5	2.5	2.5	3	3

续表2

符号	尺寸/mm							
	ϕ30	ϕ40	ϕ50	ϕ60	ϕ70	ϕ80	ϕ90	ϕ100
K	20.5	24	29.5	35.5	41.5	46.5	52	—
L	41	48	59	71	83	93	104	126
M	14	18	25	28	30	35	40	45
N	10	12	16	18	20	22	24	28
O	7	7	10	11	12	13	14	15
P	9	9	12	13	14	15	16	17
Q	8	8	10	11	13	14	15	16
R	6	6	10	10	12	12	15	20

注：1. ϕ30 ~ 90mm 磨球每组 6 件，ϕ100mm 磨球每组 5 件。
2. 按图制造模型时均需使用 2/1000 铸造缩尺。

铸造缺陷是引起磨球早期失效的重要原因，最常见的缺陷是缩孔、气孔和夹杂物。当铁水为远共晶成分、浇注温度低、含硅量偏低（≤0.4%）、熔炼工艺不当导致铁水含有铬、硅、锰的氧化夹杂物或凝固过程中有气体侵入铸件时，都可能产生铸造缺陷。

磨球破碎和偏磨失圆是反映铸造质量差的主要表现。当磨球材料韧性不足或内部存在铸造缺陷时，常在运行早期发生整体破碎。破碎的残体还会继续破碎成更小的碎块。偏磨失圆表现为磨球一侧的磨损超过其他部位会使之失去圆整外形。这种现象常发生在表面硬度不均匀或局部组织异于其他部位的磨球。例如有些工厂在金属型中加保温冒口砂套，虽然有利铸件补缩，但更加大冒口颈处与磨球本体温度差异。冒口颈处常局部出现大尺寸碳化物，工作中在该处容易发生宏观剥落，使磨球成为“苹果球”，或者局部抗磨能力降低而导致提前磨损，造成偏磨失圆。

4.3 热处理

所有磨球铸坯都要进行热处理以达到所需的工作性能。马氏体高铬铸铁主要进行淬火、回火。聚合组织高铬铸铁则需亚临界回火。

马氏体高铬铸铁的淬火工序是影响磨球耐用性的重要环节。磨球断面尺寸较大，加热和冷却时更应避免热应力和相变应力造成的开裂。加热速率一般不宜超过 100℃/h。

铸态奥氏体含碳量比较高时，淬火容易出现微裂纹，处理后残留奥氏体多。要注意奥氏体化温度不要过高。另外，需在奥氏体化温度保持足够时间充分完成脱稳处理过程。所谓脱稳处理是将铸件加热到高温，保持一定时间，使奥氏体中碳和铬以二次碳化物形式析出，降低奥氏体中碳、铬浓度。二次碳化物呈点状或薄片状存在。940 ~ 980℃是高铬铸铁比较适宜的奥氏体化温度。

我们曾采用稀释的水玻璃溶液作为冷却介质进行高铬铸铁磨球淬火。红热铸件浸入后，工件表面被遍布水玻璃泡的蒸汽膜所包围，冷却速度相对缓慢，一般不会产生淬火裂纹。所用水玻璃的模数（$M = SiO_2/Na_2O$）为 2.2 ~ 2.6，加水配成 $\gamma = 1.14$g/mL 的水溶液。最佳使用温度30～70℃。淬火后铸件应尽快在480℃回火，以避免残余奥氏体转变产生的相变应力导致铸件开裂。淬火回火后铸件硬度可达到HRC54～57。

高铬铸铁磨球含钼量合适时可以采用空气淬火。空气淬火时加钼量与所需铬碳比的关系列于表3。但是，钼的价格很高，对于消耗量很大的磨球来说，需要控制加钼量。

表3 高铬铸铁空气淬火所需要铬碳比与加钼量的关系

磨球直径/mm	加钼量					
	0%	0.5%	1.0%	1.5%	2.0%	2.5%
	铬碳比					
100	10	9.2	8	6.9	5.7	4.3
60	9	8	6.7	5.5	4.2	3.1

高铬铸铁磨球获取聚合组织基体的热处理工艺相对简单，如果磨球中奥氏体体积分数超过80%，全部过程只是亚临界回火处理。为此，浇注后的磨球应在高温（不小于950℃）开箱，立即在空气中快速冷却（风冷或雾冷）。当铸件成分合适时，ϕ100mm以下磨球能获得含大于80%奥氏体基体。金属模浇注的铸态磨球高温开箱可获得90%以上奥氏体。

需要注意磨球的加热速度。通常加热速度为75～100℃/h。亚临界回火处理时，铸件加热到500℃开始保温。保温时间为铸件透热时间和相变时间之和。铸件透热时间按磨球直径大小而定。每25mm直径需1h透热时间。因此根据前述试验数据，相转变时间只需25～30min。含锰较高的铸件回火时间可适当加长。

化学成分相同的磨球经过亚临界回火处理后的硬度与组织中过冷奥氏体量几乎呈正比。过冷奥氏体量在90%以上时，处理后硬度HRC52～56。通过硬度测定可以推测热处理过程是否完美。

5 小结

观察测定了水泥球磨机研磨体（磨球）运行状况和影响磨球工作寿命的诸多因素，在此基础上研究了适合制造磨球的抗磨材料。在此项研究中，一方面完善了常用的马氏体高铬铸铁磨球铸造、热处理的整套工艺。通过反复试验，又开发出基体为（$\alpha + Cr_7C_3$）聚合组织的高铬铸铁磨球。聚合组织高铬铸铁具有足够的耐磨性和强韧性。组织中不存在奥氏体，冲击疲劳强度优于马氏体，因此磨球在运行中极少出现剥落现象。另一方面，此种铸铁化学成分为近共晶的，易于铸造成健全的磨球，磨球制造成本和售价较低。使用中很少发现破碎球和失圆球。采用这种高铬铸铁磨球时，磨机一般2～3年内无需清仓拣球；设备较易维护。

研制、开发并在国内推广（$\alpha + Cr_7C_3$）聚合组织高铬铸铁磨球的工作，前后共花费了近十年的时间。多年来，聚合组织高铬铸铁磨球已在国内生产了数十万吨，装入国内许多个水泥厂的ϕ2.2～5.0m球磨机进行生产。测定大型球磨机内的磨球消耗平均为75～85g/t（水泥），很少见到破碎球，运行效果良好。可以预测这种磨球将逐渐成为水泥球磨机磨球中的主流品种[4]。

参考文献

[1] Basak A, Penning J, Dilewijns J. Phase transformations in Cr-Mn white cast iron[J]. Materials Science and Technology, Jan. 1988:4.

[2] Maratray F. Transformation Mechanisms of the Austenitic Matrix of Chromium and Chromium-Molybdenum White Iron[J]. Printed at ASM Materials Engineering Congress, 1970:7 ~ 10.

[3] 郝石坚. 高铬耐磨铸铁 [M]. 北京：煤炭工业出版社，1993：168 ~ 171，188 ~ 190.

[4] 西安公路交通大学抗磨材料课题组. 水泥球磨机研磨体使用情况. 1991 [内部资料].

【**编者按**】 本文作者通过计算冶金反应活化能的途径探讨了高铬铸铁中奥氏体基体组织在亚临界回火过程中形成的亚显微组织的组成相特征。初步认识这种被称为"聚合组织"的基体组织是由α固溶相与奥氏体析出的M_7C_3型细微碳化物构成。随后进行的微区成分分析佐证了热力学分析结果。

亚显微尺寸碳化物对α相的固溶强化作用显著提高了高铬铸铁基体组织的宏观强度和硬度，也改善了高铬铸铁抗冲击疲劳性能，扩展了高铬铸铁的应用范围。具有聚合组织基体的高铬铸铁耐磨件已经在我国工业领域应用了20余年，获得了显著的经济效果。

本文为首次公开发表。

高铬铸铁亚临界温度回火产生"聚合组织"的热力学分析

(Study on the Thermodynamics of Polyblend Structure in Cast Iron after Subcritical Tempering)

郝石坚

长安大学

本文对高铬铸铁中奥氏体在亚临界温度回火过程中的转变及其产物进行了初步探讨。在笔者撰写的《有关高铬铸铁磨球的一些问题》一文中，已经介绍了具有一定化学成分和奥氏体基体的高铬铸铁经过亚临界温度回火后，奥氏体中有高度弥散分布的细微碳化物析出，基体组织转变为（$\alpha+M_7C_3$）聚合组织。高铬铸铁的强韧性显著提高，但是转变产物属性还不清楚。在本文中作者借助在不同温度下测定试样硬度得到的数据，通过计算冶金反应活化能量值的方法，初步分析和认证了这种被称为"聚合组织"的基体金属是由α固溶相与奥氏体析出的M_7C_3型细微碳化物构成。随后进行的微区成分分析佐证了热力学分析结果。

本文对冶金反应所作的热力学分析及其论证都是作者的初步探讨和尝试，其目的是为今后进一步探索和改善聚合组织基体高铬铸铁件的性能和制造工艺提供依据。

1 引言

高铬铸铁中铸态奥氏体强烈地被碳、铬所过饱和。如果高铬铸铁件以超过临界冷速降温时，基体中的奥氏体能够比较顺利地越过共析转变温度区而在低于M_s温度发生马氏体转变，或在受控条件下进行等温转变。这些转变已被人们所熟知，并作过大量研究。近些年人们关注到直接过冷到室温的奥氏体存在状态，因为高度过冷组织集聚了可作为相变驱动力的潜在能量。

F. Maratray 和 A. Basak 等人对铸态奥氏体和再加热淬火产生的奥氏体进行了研究[1,3]。他们致力于利用高度过冷组织中的潜在能量促使奥氏体在亚临界温度范围内发生相变，探查相变规律以及相变产物。具体来说，他们分析、研究了在不同的亚临界温度回火时发生的组织转变以及力学性能变化。

研究者一致认为过冷奥氏体在亚临界温度回火过程中最主要的组织变化是析出高度细微碳化物并导致铸件宏观硬度显著变化，但是对析出碳化物的属性和结构却有着不同的观点和认识[1,3]。

笔者已经在电镜下看到这种在亚临界温度回火后的过冷奥氏体转变产物的影像，这种类似羽状的显微组织被称为“聚合组织”。聚合组织电镜照片已经在笔者撰写的《有关高铬铸铁磨球的一些问题》一文中的图 2 中展示；不同温度回火后的显微组织硬度测定值于该文图 1 中展示。

本项研究的目的是采用热力学分析方法探讨聚合组织的组成和结构。

2 实验

我们选择了成分为：$w(C)=2.52\%$，$w(Cr)=11.8\%$，$w(Mn)=0.98\%$，$w(Si)=0.60\%$ 的高铬铸铁浇注试样。为了使基体获得尽可能多的奥氏体，试验前先把试样加热到 1100℃，保温 2.5h 进行奥氏体化，然后淬入油中。在衍射仪上测定淬火后基体的奥氏体分数为 87%。光镜下观察试样组织主要为 M_7C_3 型共晶碳化物加近似等轴晶粒奥氏体，奥氏体晶粒间还存在少量共析组织。

我们参考 A. Basak 等人对铬锰白口铸铁所做的试验，对淬火后试样在不同温度下回火，然后测定回火后的显微组织硬度，并在扫描电镜下观察基体组织形貌。

不同温度回火后的试样硬度值描绘出的曲线以及扫描电镜下共晶碳化物加奥氏体转变形成的类似羽状的显微组织分别示于笔者撰写的《有关高铬铸铁磨球的一些问题》一文中的图 1 和图 2。试样 500℃ 回火后出现一个峰值硬度，与之对应的金相是呈羽状的显微组织。

羽状显微组织显然是奥氏体相变产物中存在某种析出物。X 衍射试验提出其中存在极细微碳化物，但未能证实碳化物的类型和结构。据分析所存在的析出物尺寸十分微细，在奥氏体转变产生的固溶相中呈高度弥散分布。

为了进一步认识这种碳化物，我们首先计算反应活化能。活化能的量值就是把普通反应物分子增强为能够直接参加反应的活化分子所需的能量。在受扩散制约的反应中，只当反应活化能达到或相当于析出物的扩散活化能和化学结合能之和时，析出物的析出反应才能完成。因此，获得反应活化能数据后，可借此数据与已知扩散活化能和结合能的物相比较，分析析出物结构属性。

反应的活化能由 Arrhenius 提出的下列经验式所表述，此式表明反应速率常数与反应温度与活化能的关系。

$$k = A\exp\left(-\frac{E}{RT}\right) \tag{1}$$

式中 k——反应速率常数；

T——反应温度（绝对温度），K；

E——活化能，kcal/mol（1cal = 4.1868J）；

R，A——均为常数。

对式 1 取对数，则

$$\ln k = \ln A - \frac{E}{RT} \tag{2}$$

以 ln$k$ 对$\frac{1}{T}$作图，可得到一条直线（Arrhenius 线），此线反映反应速率常数与反应温度的关系。此直线的斜率应等于$-\frac{E}{2.303R}$，即

$$E = -2.303R \times 斜率 \tag{3}$$

如果得到 Arrhenius 线斜率，即可计算出反应活化能数值。

在我们所研究的反应中，式 2 中的 ln$k$ 采用在不同温度下回火达到最大硬度所需时间 τ（以 min 计）的对数值，式中的 T 为反应的绝对温度。Arrhenius 线出现在 ln$\tau-\frac{1}{T}$的坐标系中。

为求得 lnτ 值，我们选定在 450℃、480℃、500℃、550℃对试样进行回火。将 450℃、480℃、500℃、550℃ 折算为以绝对温度显示的$\frac{1}{T}$值，此值分别为 1383、1328、1294、1215。

不同温度下回火达到最高硬度所需时间的实际测定值（min）列于表 1。

表 1　不同温度下回火达到最高硬度所需时间的实际测定值

各温度下达到最高回火硬度所需时间/min							
450℃（1.383）		480℃（1.328）		500℃（1.294）		550℃（1.215）	
τ	lnτ	τ	lnτ	τ	lnτ	τ	lnτ
1252	7.132	304	5.717	130	4.87	16.2	2.79

将表 1 所列数据置于 lnτ 值和$\frac{1}{T}$构成的坐标图中，绘成图 1 所示的 Arrhenius 线。各个坐标点均位于这条直线上。

我们采用文献［1］提出的计算活化能相关参数，计算出 Arrhenius 线的斜率（即回火后

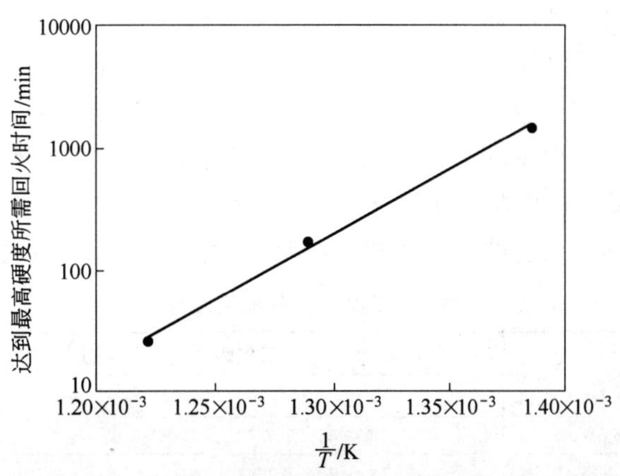

图 1　高铬铸铁回火温度和时间参数构建的阿伦尼乌斯线图

达到最高硬度所需时间与$\frac{1}{T}$的比值），在相关系数取值为 1 条件下，我们计算得到的由奥氏体中析出含铬第二相的反应活化能 $E = 50.36$kcal/mol。

如果由固溶相中析出的第二相属于化合物，那么析出第二相的反应活化能应该相当于化合物的化学结合能和析出原子扩散活化能之和。这里的析出原子是指控制扩散过程的元素，对于铬奥氏体来说，应该是铬原子。若已知某种化合物的化学结合能和析出原子扩散活化能数值，并与反应活化能数值相比较，则可大致判别反应物属性。

Elliott 和 Gleiser 在他们的著作中提出了钢铁材料中一些物相的化学结合能和扩散活化能数据[2]。M_7C_3碳化物的化学结合能为 13kcal/mol，铬原子在奥氏体中的扩散活化能为 37kcal/mol，两者之和约为 50kcal/mol。与我们计算得到的反应活化能 50.36kcal/mol 的数值非常接近。此外，我们查阅有关文献，探寻铬奥氏体亚临界回火后是否还存在反应活化能类似 M_7C_3的析出物。结果是否定的。从各方面情况看，有理由认为回火析出的碳化物属于 M_7C_3型，与高铬合金钢回火析出的碳化物类型相同。

这个试验结果与 F. Maratray 提出的铬奥氏体经过亚临界回火后析出物大部分为 $M_{23}C_6$[3]型化合物并形成（$\alpha + M_{23}C_6$）组织的研究结果不同。究其原因，可能与两个试验所用的回火试样化学成分不同有关。试样的含铬量和铬碳比都较高时，铬碳化合物的化学结合能和铬原子扩散活化能都比较高，而反应活化能也偏高，因此会析出含铬更高的碳化物，如 $M_{23}C_6$。

回火析出 M_7C_3碳化物的过程中虽然发生铬、碳原子扩散和铁原子自扩散，但是形成 M_7C_3碳化物基本上还是即位反应。随着析出反应的进行，$\gamma \rightarrow \alpha$ 反应也在进行，最终产生（$\alpha + M_7C_3$）组织，这种组织我们称为（$\alpha + M_7C_3$）聚合组织。

以上是从热力学角度判定 500℃附近亚临界回火产生的聚合组织中含有 M_7C_3型碳化物。但是我们希望进一步利用现有检测手段直接测定碳化物化学成分，以便确认热力学判定结果是否合理。

从金相上看，已经很难从聚合组织中分辨出 α 相和碳化物。这是因为碳化物的构建和析出需要一定的热力学驱动力。驱动力随温度提高而增强。高铬铸铁加热到 500℃时，因温度相对较低，热力学驱动力相对较弱，析出的碳化物可能只达到亚显微尺寸。固溶相中存在的亚显微尺寸碳化物是很难分辨相间界限的。

我们把回火后的试样再加热到 A_1附近的温度，并在此温度（800℃）保温 2h。我们认为在 500 ~ 800℃之间，碳化物尺寸会有所增长，但是化合物结构不会发生变化。有理由确信二次碳化物是在加温过程中聚合组织中亚显微尺寸碳化物尺寸增长后的产物。预计在 800℃保温 2h 后，可以通过检验二次碳化物成分来确认亚显微尺寸碳化物成分。

我们采用 EPMA 测定了这种碳化物的铬和铁含量。三处二次碳化物测定结果列于表 2。

表 2 二次碳化物测定结果

项 目	二次碳化物成分（质量分数）/%	
	Cr	Fe
A	41.27	49.20
B	43.14	48.52
C	38.92	51.70

三个试样的二次碳化物成分平均值为：$w(\mathrm{Cr}) = 41.11\%$，$w(\mathrm{Fe}) = 49.81\%$。Maratray 和 Usseglio-Nanot 对 $w(\mathrm{Cr}) = 11.65\%$、$w(\mathrm{C}) = 2.19\%$、高铬铸铁共晶碳化物测定的成分为 $w(\mathrm{Cr}) = 40.07\%$，$w(\mathrm{Fe}) = 51.19\%$[3]。他们确认这些碳化物为 M_7C_3 型碳化物。我们的测定结果与 F. Maratray 的测定结果相当近似。由于实验条件限制，我们未能萃取出单体碳化物并测定其中含碳量，而是从相关文献找到成分十分接近的试样单体碳化物的测定结果[3]，这些单体碳化物中含碳量为 8.1%。据此计算出本试验的碳化物中铬、铁、碳摩尔分数是：

$$x(\mathrm{Cr}) = (40.07/51.996) \times 100\% = 77\%$$

$$x(\mathrm{Fe}) = (51.19/55.847) \times 100\% = 91.7\%$$

$$x(\mathrm{C}) = (8.1/12.011) \times 100\% = 67\%$$

铬碳摩尔分数比（铬与铁的相对原子质量接近，合并计算）应为：

$$[x(\mathrm{Cr}) + x(\mathrm{Fe})]/x(\mathrm{C}) = (0.77 + 0.917)/0.67 = 1.68/0.67 = 2.507$$

理论上，M_7C_3 碳化物的铬碳摩尔分数比值应为 7/3 = 2.333，与我们测定结果很接近。这从另一方面佐证了聚合组织中碳化物是 M_7C_3 型碳化物。

下面来讨论亚临界回火温度与相应的组织硬度变化关系（参照本文集中《有关高铬铸铁磨球的一些问题》一文中图 1）。

在亚临界回火期间发生的组织转变属于奥氏体相的脱溶分解。在较低温度下，奥氏体中的碳原子发生迁移，由于铁原子自扩散困难，碳原子迁移速度很低。虽然呈现许多不均匀分布的富碳区，但对奥氏体性能的影响并不显著，宏观硬度尚无明显变化。温度进一步上升后，富碳区中碳和铬原子聚合，使相邻的区域碳和铬含量降低，发生 $\gamma \rightarrow \alpha$ 变化。即在碳铬原子聚合区周围出现 α 相区。

碳铬原子聚合处能否出现化合物应该取决于系统自由能变化。影响系统自由能变化的主要因素有相变驱动力、新相出现增加的表面能、碳化物与奥氏体之间因质量体积不同而产生的弹性应变能。回火温度上升使构建碳化物所需的能量（相变驱动力）减少，最终导致系统自由能下降，碳化物得以析出。

在亚临界温度下，系统自由能变化有限，析出物的尺寸和析出速率都受到很大限制。M_7C_3 碳化物只能达到亚显微尺寸。正是因为具有亚显微尺寸第二相，才使 α 相受到强化，聚合组织硬度显著提高。根据前述试验结果，我们认为在富碳富铬固溶相中与最高强化效果相对应的回火温度为 500℃。

当回火温度提高或回火时间超过临界时间时，M_7C_3 碳化物将以较快速度生长，成为散布于高铬铸铁基体中相界明显的二次碳化物。析出强化效果随聚合组织的消失而消失，宏观硬度也将随之显著降低。

3 小结

（1）富碳富铬奥氏体在亚临界温度及有限时间的回火过程中析出亚显微尺寸的碳化铬。经过热力学分析，并经 EPMA 测定，证实当共晶碳化物为 M_7C_3 型碳化物时，奥氏体析出的碳化物也为 M_7C_3 型。

（2）回火析出的 M_7C_3 高度弥散分布于 α 相中，构成我们称为的“聚合组织”。

（3）亚显微尺寸的 M_7C_3 对 α 相产生析出强化作用，高铬铸铁中的聚合组织基体宏观硬度最高可达到 HV900。

（4）回火温度与回火时间都有合适的临界值。超过临界温度或临界时间都会使亚显微碳化物尺寸增长，强化作用消失。

参考文献

[1] Basak A, Penning J, Dilewijns J. Phase transformations in Cr-Mn white cast iron[J]. Materials Science and Technology, Jan. 1988: 4.

[2] Elliott T E, Gleiser M. Thermochemistry for steelmaking[J]. Reading, Mass., Addison-Wesley, 1960: 1.

[3] Maratray F, Usseglio-Nanot R. Atlas-transformation characteristics of Cr-Mo white cast irons[J]. London, Climax Molybdenum, 1970.

【编者按】 本文原载于西安公路学院学报，1993 年第 4 期（第 13 卷）。高铬铸铁喷焊粉末历经 18 年的实际应用以及后续研究试验，又有不少改进。本次发表前作者根据新的情况，对原文作了修订补充。

高铬铸铁等离子喷焊粉末研究与应用

(Research and Application of High Chromium Cast Iron Plasma Spraying Powder)

郝石坚 张长军

西安公路学院机械系

摘 要： 本文阐述一种高硼高铬耐磨铸铁等离子喷焊粉末的成分设计、组织状态、制粉过程、焊层磨损试验、使用性能和工业性试验结果。这种铬钼硼硅合金粉末在工艺性能和抗磨能力方面优于国内常用的铁基喷焊粉末，制造成本较低，有广阔的应用前景。

关键词： 高铬铸铁，等离子喷焊，喷焊粉末

1 喷焊粉末的技术要求与成分选择

1.1 喷焊粉末技术要求

我们受中国煤矿机械装备公司（原煤炭工业部机械制造局）委托，研制等离子喷焊粉末，主要用于煤矿井下采煤、煤炭输送设备的耐磨表面。委托方要求喷焊粉末必须易于在矿山施焊，耐磨层坚硬耐磨，与母材结合牢固，且有一定耐蚀能力，减少喷焊面在潮湿气氛中的腐蚀。喷焊后显著延长设备大修周期。

根据以上要求，我们确定了喷焊粉末的研制目标：粉末用于煤矿井下刮板输送机中部槽。喷焊层表面宏观硬度不低于 HRC60。在工艺性能方面，喷焊粉末要具有良好的自熔性，熔点低，在喷焊层形成过程中能自行成渣，对被焊母材表面有良好润湿性能。合金还应有合适的凝固温度范围，熔液能够顺利铺展流动，形成平整光滑、形状规则、焊接过渡区中合金元素冲淡率低、能与母材表面形成冶金结合的无缺陷喷焊层。此外，合金还需要良好抗裂能力，降低喷焊或使用过程中开裂倾向。粉末颗粒形状、粒度、粒度分布、粒内孔隙度也都有一定要求。其松装密度及固态流动性应能保证粉末在喷炬中顺利流动，稳定地进行喷焊。

为了有别于其他喷焊粉末名称，本项目所研制的喷焊粉末定名为“GL01 耐磨合金粉末”。

1.2 合金粉末成分选择

我们首先对煤矿井下环境和设备使用条件进行调研，根据调研结果，认为铁基合金喷焊粉末可以满足使用要求，而且粉末原料来源广泛，制造成本较低。因此确定在已有高铬

铸铁研究基础上进行研制。

铬是一般抗磨耐蚀合金的首选合金元素。在 Fe-C-Cr 三元系中，铬含量超过 11%，铬碳含量比超过 3.5 时，碳和铬形成 Cr_7C_3 化合物，硬度高达 $HV_{50}1800$。成为合金中的抗磨骨架相。铬也存在于奥氏体中，推迟珠光体转变，提高合金淬透性。图 1 为 Fe-C-Cr 三元合金液相面投影图[1]。图 1 中 U_2-U_3 线是 $Cr_7C_3+\gamma$ 共晶线。位于共晶线上的各共晶合金凝固温度低，熔体流动性好，而且具有最佳抗磨料磨损能力。因此选用共晶高铬铸铁碳铬含量作为喷焊粉末基础化学成分。

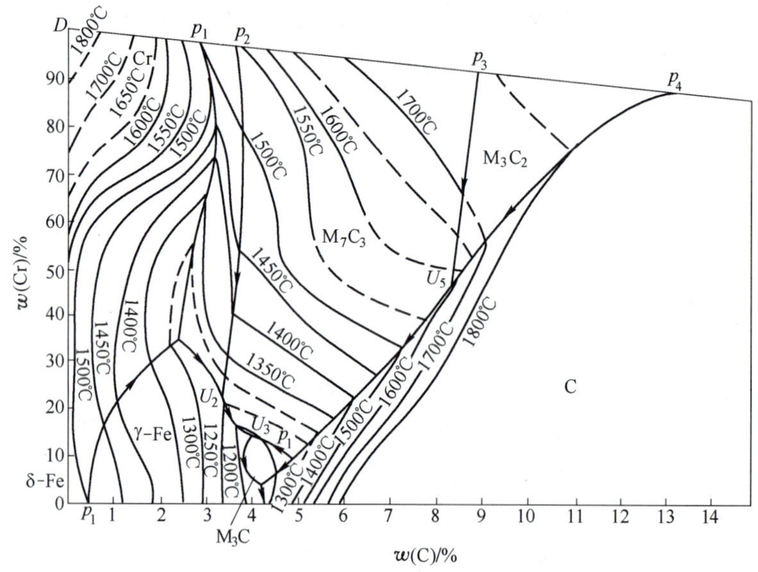

图 1 Fe-C-Cr 三元合金液相面投影图

在合金中加入硼并提高硅含量。含硼 3.75% 的 Fe－B 共晶合金熔点 1175℃。加入一定数量的硼后，合金熔点将显著降低。有效提高喷焊合金自熔性。硼的氧化物 B_2O_3 生成自由能负值较大，与 SiO_2 近似，是稳定的氧化物。因此硼是很好的脱氧元素。加硼使喷焊粉末含氧量显著降低，熔液的铺展性、流动性随之提高。B_2O_3 和 SiO_2 以及其他氧化物共同形成低熔点（720～800℃）硅酸盐，浮于喷焊层表面，成为玻璃状熔渣，保护熔体免受空气中各种气体侵入。

硼的另一重要作用是改变合金熔液的表面张力。加入少量硼即能减少一次出粉中非圆形和条索状颗粒[2]。

铬的碳硼化合物，如 $Cr_{23}(C,B)_6$、$Cr_7(C,B)_3$ 等都有很高的硬度。因此，加硼以后，能使喷焊层硬度提高。不利之处是硼的复化合物增加合金脆性，需要适当限制其含量。

硅固溶于合金奥氏体，有与硼近似的脱氧能力，也有利于提高合金硬度，改善粉末自熔性及弱化硼的不利影响。

我们同时着眼于喷焊层的性能和粉末的工艺性能，初步确定了在以下化学成分范围内通过试验优选合适的粉末成分。

$$w(C)=3.0\%\sim4.0\%$$

$$w(Si)=2.0\%\sim3.0\%$$

$$w(Mn)=1.0\%\sim1.5\%$$

$$w(Cr)=15.0\%\sim17.0\%$$

$$w(Mo) = 1.0\% \sim 2.0\%$$
$$w(B) = 3.0\% \sim 4.0\%$$
$$w(P) \leqslant 0.15\%$$

2 制粉

为了得到成分准确的喷焊粉末，制粉前应将配制合金的炉料进行预熔。所用的炉料有本溪低磷生铁、低碳钢、碳素铬铁（FeCr55C1000，GB5683—87）、钼铁（FeMo60，GB3649—87）、硼铁（FeB22C0.1，GB5682—87）、稀土硅铁合金（FeSiRE21）、硅铁（FeSi75Al0.5-B，GB2272—87）。

采用 50kg 中频感应炉先将炉料预熔成坯料，在 ES750-CA 直读光谱分析仪分析成分并对配料调整后，即可将坯料进行第二次熔炼及雾化，在雾化装置中制取粉末。

雾化装置有水雾化和气雾化两种类型。国内制粉企业多数采用水雾化制粉工艺。本项研究选用企业现有的水雾化装置制粉[3]。图 2 为水雾化装置示意图。熔化好的合金熔液注入雾化装置最上端的进口，在液流下降经过雾化仓的过程中，受到高压水冲击。高压水从多个方向由液流侧面冲击液流，使之分散、碎化而成为细粒状，然后落入雾化筒下部的水中。高压水来自 3DS-12/100 柱塞式高压泵，出口水压不低于 10MPa，水量不少于 $12m^3/h$。正常情况下，按上述配料熔成的高铬铸铁水经过雾化后，一次出粉粒度平均值为：

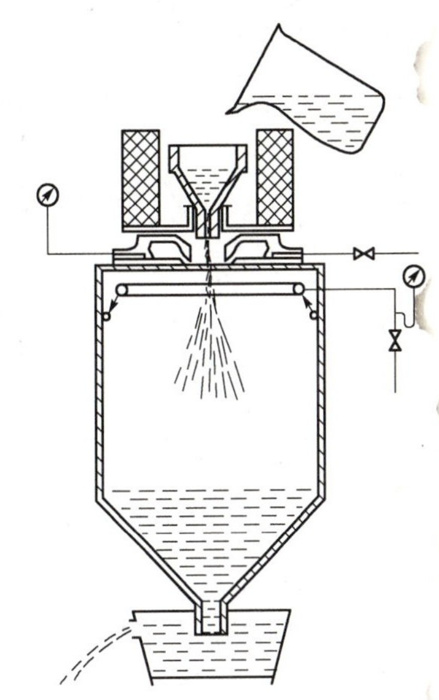

图 2　雾化装置示意图

大于 0.175mm（80 目）颗粒	33.52%（30% ~35%）
0.078 ~0.175mm（80 ~180 目）颗粒	42.76%（40% ~45%）
0.044 ~0.078mm（180 ~320 目）颗粒	16.52%（15% ~20%）
小于 0.044mm（<320 目）颗粒	5.64%（5% ~8%）

制成的粉末首先经过离心机脱水，然后烘干、筛分、检测。筛余及不合格粉末可以作为配料再次重熔。

在低倍率体视显微镜下观察合金粉末形态。粉末基本上呈圆粒状，也有部分呈条状及杆状。颗粒形状是喷焊粉末的一项技术指标。优质粉末要求圆粒状颗粒占 95% 以上，条状及杆状粉末尽量减少。这项技术指标的意义在于保持粉末在喷炬内顺利流动和均匀熔化。在多次试验中，我们发现所研制的高铬铸铁粉末形状与化学成分有关。特别是硼、硅、碳含量有较大影响。但碳量的变化将使喷焊层组织性能发生改变。

3 化学成分对喷焊层性能的影响

我们熔铸了一批高铬铸铁喷焊合金坯料。坯料成分为：$w(Cr) = 16\%(\pm 0.5\%)$，$w(Mo) = 1.5\%(\pm 0.3\%)$，$w(Mn) = 1.0\%(\pm 0.2\%)$。改变碳、硼、硅含量，观察这些

元素对喷焊层性能和一次出粉质量的影响。

当粉末含碳量为3.54%，含硅量为2.65%时，硼含量对喷焊层硬度的影响示于图3，对非圆颗粒百分数（在300个0.078～0.175mm（80～180目）颗粒中捡出非圆颗粒，计算百分数）的影响示于图4。

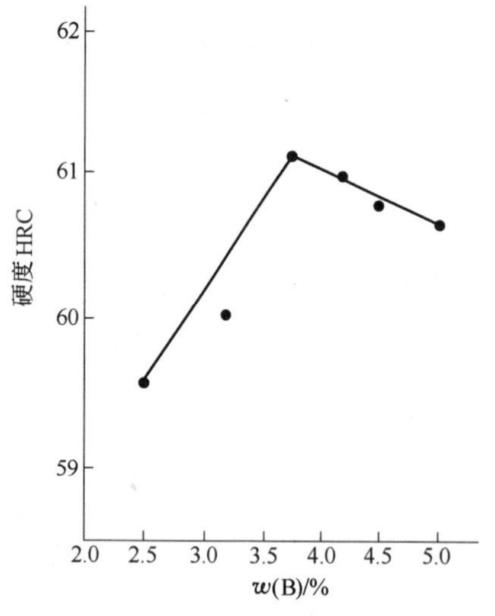

图3 硼含量对喷焊层硬度的影响

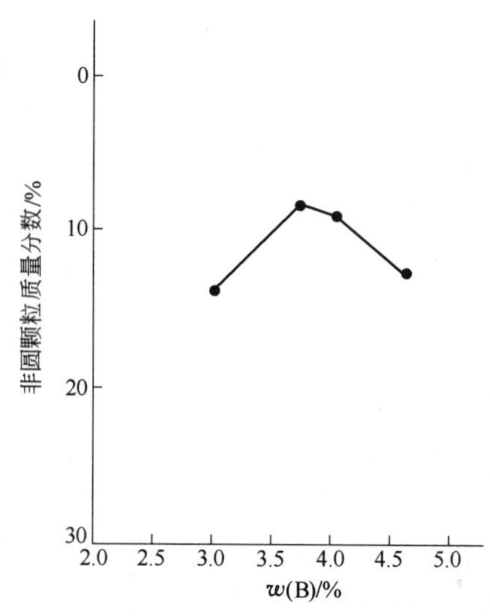

图4 硼含量对非圆颗粒百分数的影响

当粉末含碳量为3.54%时，硼硅比对喷焊层硬度的影响示于图5。

当粉末含硼量为3.54%时，含碳量对喷焊层硬度的影响示于图6。

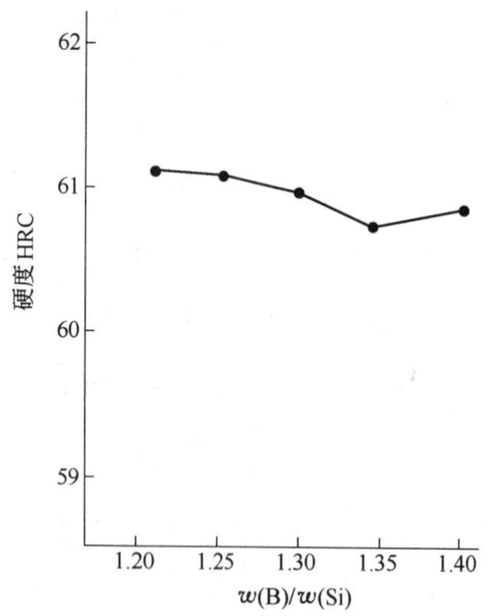

图5 硼硅比对喷焊层硬度的影响

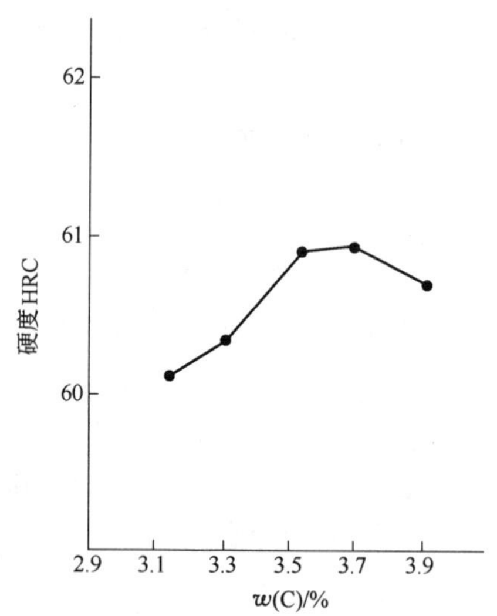

图6 含碳量对喷焊层硬度的影响

4 喷焊层组织

制粉坯料（50mm×50mm×200mm）金相组织如图7所示。坯料化学成分为：$w(C)=3.22\%$，$w(Si)=2.75\%$，$w(Mn)=1.05\%$，$w(Cr)=16.3\%$，$w(Mo)=1.75\%$，$w(B)=3.52\%$，

$w(P)=0.08\%$。

金相组织中显示许多近似六角形的白色块状物，是Cr_7C_3型初生碳化物。初生碳化物具有六方棱柱体形状，其横断面呈六角形。视场下方条状物为六方棱柱体形碳化的纵断面。碳化物横断面上硬度$HV_{0.1}1750$，纵断面上硬度$HV_{0.1}1420$。

初生碳化物被共晶组织所包围。共晶组织主要由Cr_7C_3共晶碳化物与合金奥氏体转变产物构成，也含有$Cr_7(C,B)_3$复合化合物$+\gamma$共晶以及$F_2B+\gamma$共晶。

图8显示采用上述坯料制成的粉末喷焊成的耐磨层金相组织。比较图7和图8，可以看出经过喷焊的合金组织仍保持过共晶组织特点，初生碳化物清晰可见，但是初生相和共晶相都显著细化。这显然是细小高铬铸铁液滴在高过冷度下快速凝固的结果。

图9显示高铬铸铁喷焊层与45号钢结合面的过渡区组织。紧邻钢材表面的熔液冷却太快，该处的共晶组织显著细化。

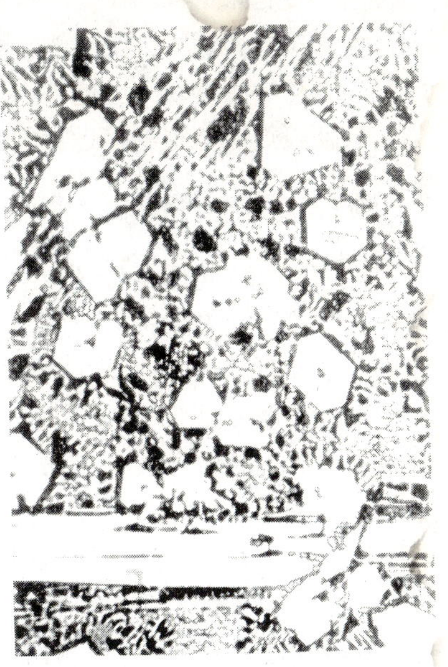

图7 制粉坯料金相组织（630×）

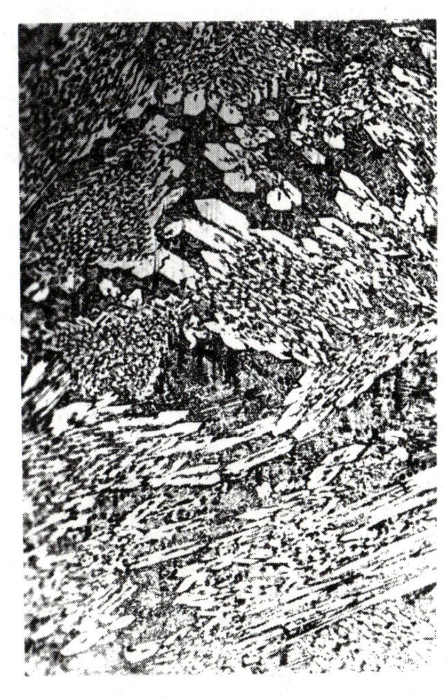

图8 喷焊产生的耐磨层金相组织（630×）

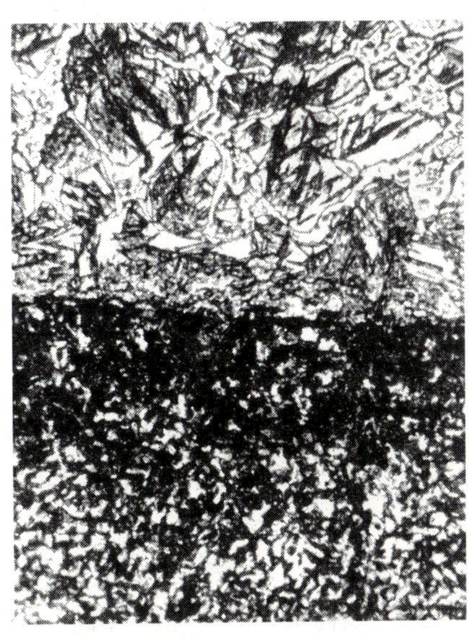

图9 高铬铸铁喷焊层与45号钢结合面的过渡区组织（630×）

由图9可以看出，结合面附近由于元素扩散，母材表层由结合面向内，碳和合金元素浓度是逐渐变化的。而喷焊层内，碳、铬元素被冲淡，大部分初生相几乎消失。由成分变化来看，喷焊层与母材已经实现了冶金结合。

对母材还做了压弯试验，检验结合牢度。当试样弯曲后喷焊层裂开，继续压弯至90°，喷焊层与母材未分离。

作为抗磨合金，共晶组织具有最佳性能。粗大的初生碳化物在磨料作用下，可能发生碎裂、剥落导致磨损失重增加。元素冲淡现象使过共晶变为共晶组织，相应改善了抗磨能力。即使喷焊层磨损到接近界面，也能保持良好抗磨能力。

5 喷焊层耐磨性试验

在 MLS-225 型湿砂橡胶轮磨损试验机和 ML-10 型销盘磨损试验机上对喷焊层进行了磨料磨损试验。前者的试验结果反映喷焊层在半自由磨料磨损条件下的抗磨性能，后者则反映喷焊层在高应力条件下的抗磨性能。

橡胶轮磨损试验参数为：胶轮正向压力 F 为 40N、80N、120N、160N，磨料为 70/100 天然石英砂，胶轮转数 181r/min。对比试样为国内广泛应用的铁基喷焊合金 Fe60 及 20 碳钢。合金粉末喷焊层试样在不同正向压力下的磨损失重见图 10。显示胶轮正向压力较高（大于 50N）时，高铬铸铁喷焊层的磨损失重小于 Fe60，随着正向压力增加，差别增大。Fe60 及高铬铸铁喷焊层的磨损失重均远小于 20 碳钢。

销盘磨损试验参数为：圆盘直径 ϕ260mm，试样直径 ϕ4mm，磨料为 0.147mm（100 目）SiC 砂纸和 0.175mm（80 目）玻璃砂布。试样负荷：30N、70N、120N、170N。试样进给量 3mm·（r·min^{-1}）$^{-1}$，磨损行程（螺线长度）4.4mm。对比试样也为铁基喷焊合金 Fe60 及 20 碳钢。各种试验负荷下三种试样的销盘磨损失重示于图 11。

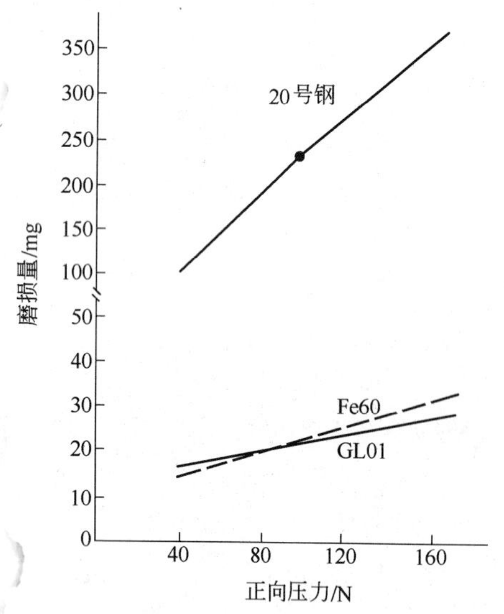

图 10 三种试样在不同胶轮正向压力下的磨损失重

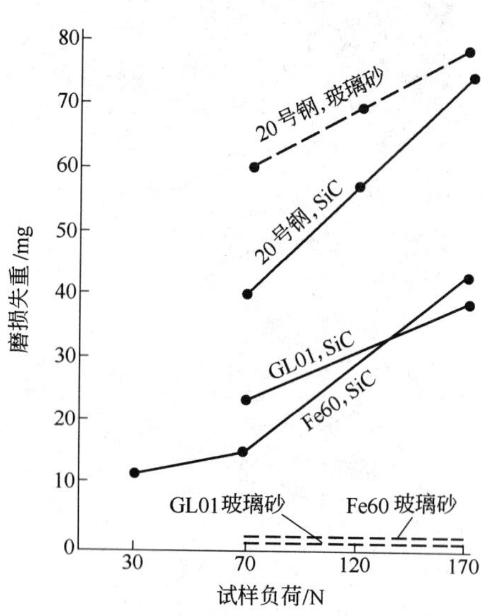

图 11 不同试验负荷下三种试样的销盘磨损失重

图 11 显示试验负荷较小时，硬磨料（SiC）使高铬铸铁喷焊层磨损失重大于 Fe60 耐磨层，试验负荷较大时，两者失重近似。采用软磨料（玻璃砂布）试验时，两种喷焊层的磨损失重很接近，而且都很低。例如压力 170N 时，高铬铸铁喷焊层磨损失重仅 0.5mg，其抗磨能力远远优于未喷焊的 20 碳钢。

图 12a、b 分别显示高铬铸铁喷焊层和 Fe60 耐磨层销盘磨损试验后试样表面形貌。

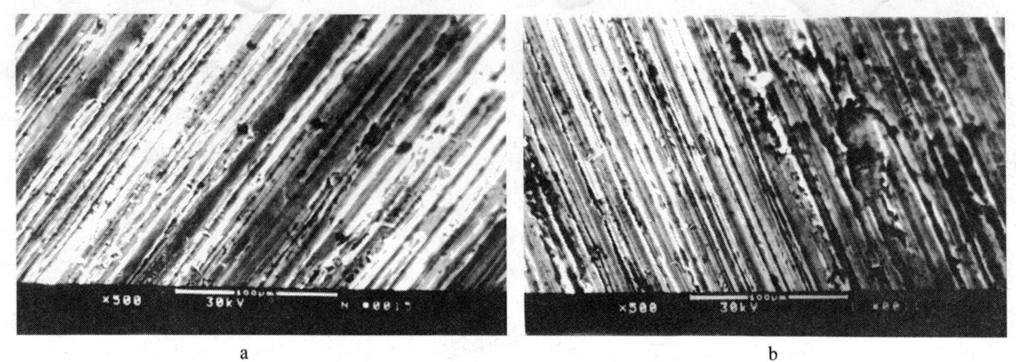

a b

图 12 销盘磨损试验后试样表面形貌

a—高铬铸铁喷焊层；b—Fe60 耐磨层

两者磨损面有相似之处。磨损特征是磨料切削形成的沟槽都很浅，未出现过度犁皱。Fe60 耐磨层显示较轻犁皱，可能是因为材料内部尚存有一些残留奥氏体。高铬铸铁耐磨层犁皱更轻，但在磨损面上看到少量碳化物剥落的迹象。我们利用电子探针探测几处将要剥落但尚未脱离母体的碳化物，确认碳化物有不同化学成分。有的是铬的碳化物，有的含有大量硼或钼，说明合金中存在几种碳化物。曾经有一种说法，认为多种碳化物共存的脆性合金在高应力磨损条件下碳化物容易剥落。这种说法能否得到确认，尚待进一步研究试验。

从以上磨损试验结果来看，采用本课题所研制的高铬铸铁喷焊粉末制取的耐磨层，可以达到不低于 Fe60 耐磨层的抗高应力磨损效果。对于半自由中软磨料（例如原煤）在钢铁材料表面造成的磨损，高铬铸铁喷焊层有更强的抵抗能力。因此，在煤矿井下运行的刮板输送机易磨损部位喷焊高铬铸铁粉末，形成硬度达到 HRC60 左右的耐磨防护层应该是有效的技术措施。

6 高铬铸铁等离子喷焊层井下运行试验

我们研制的高铬铸铁等离子喷焊粉末首先试用于安装在煤矿井下的刮板输送机。对喷焊层进行工业性试验。

刮板输送机一般是由驱动滚筒带动输送链（通常为圆环链）在中部槽底板上前进。输送链每隔一定距离装有刮板，输送链运动时刮板便推动原煤沿中部槽向前移动，实现物料输送。在运输过程中，机器的中部槽、刮板、槽帮、输送链都要发生磨料磨损。由于中部槽需随起伏不平的工作面铺设，导致中部槽端头与输送链接触处局部磨损较重，局部磨损常导致中部槽提前失效。为了解决这一问题，因此对局部磨损较重处实行喷焊，形成高铬铸铁耐磨层是有益的。

井下工业性试验分别在山西潞安矿务局王庄煤矿 6111 综采工作面和陕西韩城矿务局下峪口普采工作面的 40t 小型刮板输送机上进行。

王庄煤矿的试验采用等离子喷焊工艺，将高铬铸铁粉末喷焊于 SGZ764/500 刮板输送机（900t/h，250kW×2）中部槽中板两端双链道部位。煤质为瘦煤（$f=3$）。试验期 269 天，运煤总量 716300t。试验期结束后进行磨损量测定。测定结果表明：每运输 10000t 煤喷焊层磨损量为 0.008mm，比该矿曾用牌号 Fe314 粉末喷焊层降低 27%。焊层与母材结合牢固，试验期末发现焊层剥落[4]。

下峪口矿采用氧乙炔焰喷焊工艺将高铬铸铁粉末喷焊于40t小型刮板输送机中部槽联结处的链道磨损部位。煤质为中硬度烟煤。试验期345天，试验期内运煤总量125122t。试验结束后测量喷焊层厚度，发现磨损量沿煤运动方向逐渐减少，但磨损最重部分仍留有0.65mm厚的喷焊层[5]。

目前已有一些工厂采用上述高铬铸铁喷焊粉末进行了喷焊。这些工厂的反映主要有以下几点[6~8]：

（1）所用的高铬铸铁粉末工艺性能良好。成形性和自熔性能保证喷焊层顺利成形，而且易于操作。

（2）喷焊层硬度高，抗磨能力强，与国内常用喷焊粉末相比，喷焊层质量有可靠保证。

（3）节能效果较好。多数工厂反映，等离子喷焊高铬铸铁粉末所需电能较原用的Fe314粉末喷焊电能减少20%。并提高喷炬及喷嘴使用寿命。

（4）高铬铸铁喷焊粉末价格低于国内工厂常用的Fe314粉末，综合生产成本约降低20%。

7 小结

（1）本项课题研究成功的等离子喷焊用高铬铸铁粉末，经多次试验、验证后化学成分确定为：$w(C)=3.2\%\sim3.5\%$，$w(Si)=2.5\%\sim3.0\%$，$w(Mn)=1.0\%\sim1.2\%$，$w(Cr)=15.0\%\sim17.0\%$，$w(Mo)=1.5\%\sim2.5\%$，$w(B)=3.5\%\sim4.0\%$，$w(P)\leqslant0.1\%$。

（2）喷焊层具有以$Cr_7C_3+\gamma$为主体的共晶组织。宏观硬度HRC60~64。实验室进行的模拟试验和煤矿井下试验都证明本项课题所研制的高铬铸铁耐磨层的抗磨料磨损能力优于国内广泛应用的Fe60耐磨合金。适用于在刮板输送机中部槽链道易磨损部位喷焊耐磨保护层。已喷焊耐磨保护层的中部槽大修周期显著延长，提高了矿井生产率。

（3）所研制的高铬铸铁粉末（GL01）在实验室及现场试验中表现出良好的工艺性能。喷焊时，粉末的自熔性、铺展性、对母材的润湿性都能满足施焊要求。喷焊层与母材能达到冶金结合。结合牢度高。

（4）GL01合金不含镍、钴等贵重元素，材料成本较低，其价格比Fe60低20%左右。采用等离子喷焊时，节电15%~20%。

后记：GL01喷焊粉末已通过中国煤矿机械装备公司于1993年组织的科学技术成果鉴定。该公司并于1993年10月19日颁发“GL01耐磨合金粉末”科学技术成果鉴定证书（证书编号：93中煤机鉴字第250号）。鉴定委员会在全面审查了公路学院本项科研课题组提供的科研报告以及有关煤矿机械厂、煤矿的制造、应用总结报告后，认为GL01喷焊合金粉末成分设计属国内首创，工艺性及综合机械性能指标优良，经济效益显著。同意通过鉴定、定型，并建议在煤机制造及维修企业推广应用。

致谢：本文作者对曾参加本项研究试验工作的同志表示感谢。他们是公路学院陈文威、董大军、康占奎、郝建民、彭晓春、晁建兵以及西北煤矿机械一厂张晓哲、栗学治；

潞安矿务局王庄煤矿王振湖；韩城矿务局下峪口煤矿刘海柱、宁永杰。

参考文献

[1] 郝石坚. 高铬耐磨铸铁［M］. 北京：煤炭工业出版社，1993：25～86.

[2] GL01 喷焊合金粉末研制报告. 西安公路学院. 1993 年 8 月（内部资料）.

[3] 兰州热喷涂合金粉末厂. 高铬合金粉末喷焊现场试验记录，1991 年 11 月 20 日（内部资料）.

[4] 潞安矿务局王庄煤矿. 铬钼硼硅合金喷焊耐磨层工业试验报告，1993 年 8 月（内部资料）.

[5] 韩城矿务局下峪口煤矿. 喷焊耐磨层 40t 中部槽工业试验报告，1993 年 6 月（内部资料）.

[6] 山东兖州煤机厂. 合金粉末喷焊试验记录，1991 年 8 月 24 日（内部资料）.

[7] 西北煤矿机械一厂工艺处. Cr-Mo-B-Si（GL01）喷焊用合金粉末在框架式刮板机中部槽应用试验情况报告，1991 年 8 月（内部资料）.

[8] 西安胜昔电力科技有限责任公司开发部. 铬钼硼硅合金喷焊粉末研制报告，2003 年 8 月（内部资料）.

第2篇 郝石坚教授学生的部分优秀论文

【编者按】 本文原载于《材料科学与工艺》2008 年第 16 卷第 6 期 855 ~ 857 页。

铸态 Cu20Ni35Mn 合金的直接时效强化研究

张长军　俞　剑　何向华

长安大学工程机械学院，西安，710064

摘　要：制备成分为 Cu20Ni35Mn 的合金试样，对铸态锰白铜合金直接进行时效处理，研究了不同的时效工艺对锰白铜合金的强化效果，分析了时效强化机理。实验结果表明，锰白铜合金在铸态下可以直接进行时效处理，最佳时效工艺为：时效温度 400 ~ 470℃，时效时间为 60 ~ 72h，硬度可达到 HV400 以上。并发现 MnNi 相的析出是合金时效强化的主要原因。

关键词：铸态 Cu20Ni35Mn 合金，时效工艺，时效机理

Study on Aging Hardening of Cast Cu20Ni35Mn Alloy

Zhang Changjun　Yu Jian　He Xianghua

School of Engineering Machinery, Chang'an University, Xi'an, 710064, China

Abstract: The cast Cu20Ni35Mn alloy was manufactured, the aging hardening for the cast Cu20Ni35Mn alloy was experimented, the hardening effect of different casting technology on the Cu20Ni35Mn alloy was researched, the aging hardening mechanism was analyzed. The result shows that the cast Cu20Ni35Mn alloy can be strengthened through aging hardening, the best technology was: aged at 400 ~ 470℃ for 60 ~ 72h, the hardness can reach HV400 and above. The reason for the aging hardening of Cu20Ni35Mn alloy was the precipitation of MnNi.

Key words: cast Cu20Ni35Mn alloy, aging technology, aging mechanism

1　引言

Cu-Ni-Mn 合金又称为锰白铜，具有比较高的工作温度、高的电阻率和低的电阻率温度系数，适于制作标准电阻和精密电阻元件，广泛应用于仪器仪表、弹性元件、导电传热元件等行业中。

铜合金是一种典型的热处理强化合金，时效是它的主要强化方法。传统的时效强化工艺有两种：淬火时效和形变时效[1~4]。但是对于大型复杂的工件来说，淬火会导致工件出现难以矫正的变形，甚至开裂[5]。本文研究了对铸态锰白铜合金直接进行时效处理，采用不同的时效工艺对锰白铜合金的强化效果，并分析了时效强化机理。

2 材料制备和实验方法

制备名义成分为Cu20Ni35Mn的合金试样，所用原料为2号电解铜、3号电解镍及JMn97金属锰，中频感应电炉熔炼，砂型浇铸，熔炼温度1200~1250℃，浇铸温度为1150℃左右，试样尺寸为ϕ20mm×200mm的圆棒。合金的化学成分为：Ni19.78%，Mn34.87%，Fe0.41%，其余为铜。经过测量，铸态Cu20Ni35Mn合金试样的维氏硬度为HV146。

从铸态的Cu20Ni35Mn合金棒料上分别截取足量的小试样，用中温箱式电阻炉进行时效处理。分别选用350℃、400℃、450℃、470℃、500℃及520℃六种时效温度，时效时间为6~96h，时效后测量各试样的维氏硬度（HV），用扫描电镜观察显微组织。

3 实验结果

图1是铸态Cu20Ni35Mn合金时效硬度与时间的关系曲线。从图1中可以发现，铸态Cu20Ni35Mn合金在试验所研究的时间段内没有出现过时效现象，与文献［1］所研究的淬火态及形变态的Cu20Ni20Mn合金具有类似的时效硬化特性，可见淬火及形变处理并不是Cu-Ni-Mn合金时效硬化的必要条件。

从图1可以看到：

（1）在350℃和520℃时试样硬度有所上升，但是幅度不大；

（2）在500℃时，有时效效应，试样硬度有所提高，但不能达到峰值；

（3）当时效温度为400~470℃时，时效效果非常显著，经过60h，试样的硬度可从铸态的HV146上升至HV400左右，然后随着时间的延长，直至96h硬度进一步升高，但趋势缓慢，最终试样的硬度约为HV420。

由图1还可以发现，在470℃，合金的时效反应速度比400℃及450℃的都要快。因此选用时效温度为400~470℃，时间为60~72h。

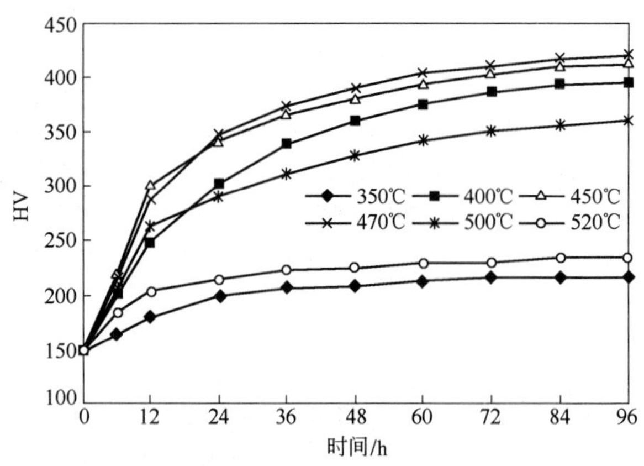

图1 铸态Cu20Ni35Mn合金的时效曲线

4 分析与讨论

本文所研究的铸态Cu20Ni35Mn合金的时效结果与文献［1］的研究结果相比，在相同的时效温度下，铸态Cu20Ni35Mn合金的时效硬化速度比淬火态及形变态Cu20Ni20Mn

合金的时效硬化速度低，而且硬度也要比淬火和形变淬火后再时效的硬度低。这主要是由于在淬火状态下，基体组织具有很高的过饱和度，在时效过程中，析出强化相的速度以及数量都要超过铸态，所以铸态的时效速度和硬度都要比淬火和形变淬火后再时效的低。

从图 2 中我们可以看到在铸态冷却试样的晶界上位错线十分清晰。此外，存在有析出物，析出物尺寸十分粗大，大小约有 150nm。从图 3 原始状态基体的衍射花样上看，可以看到一组十分规则的衍射斑点。通过对衍射斑点的标定，我们可知该点阵属面心立方点阵，与铜的面心立方点阵结构相同。因此可以认定此时并没有析出相，Ni、Mn 元素固溶于 Cu 中。即在铸态冷却时晶内没有相析出，而在晶界有析出相，所以只有固溶强化作用，因此硬度较低。

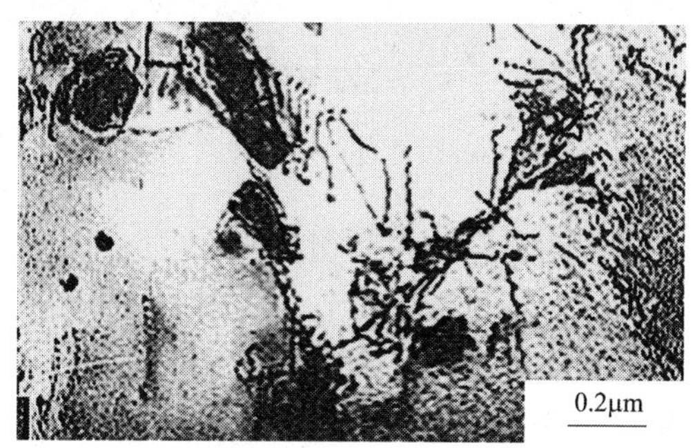

图 2　原始组织晶界明场像（50000 ×）

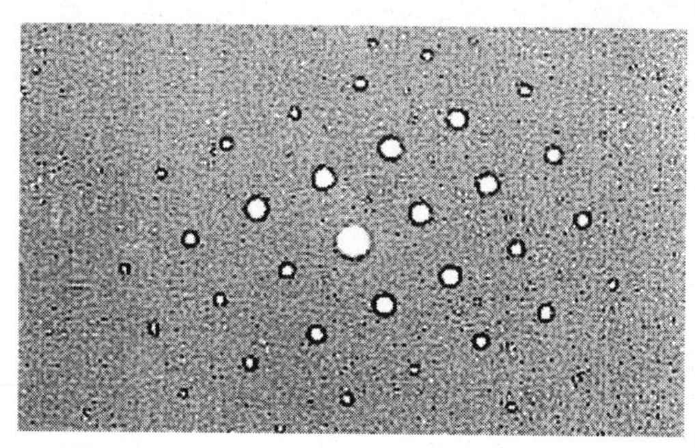

图 3　原始状态基体衍射花样（50000 ×）

图 4 和图 5 分别为时效 9h 后基体的明场像和衍射花样。与铸态原始组织相比，基体中的明场像中出现了许多均匀分布的黑色条纹。与此对应的是在衍射花样上，在较亮的斑点周围出现了一些亮度较淡的衍射斑点，这是原始组织基体衍射中所没有的。这说明晶体内部的原子或离子产生有规律的位移或不同种原子产生有序排列。由此，可以断定此时出现的额外的斑点为 Cu-Ni-Mn 合金中的溶质原子的有序转变所造成的。这说明在时效初期基体首先进行有序化转变，有序化程度逐渐升高。因此我们可以推测 Cu-Ni-Mn 合金在时效初期的硬度升高主要是溶质原子的有序转变引起的，即溶质原子的扩散产生的有序强化。

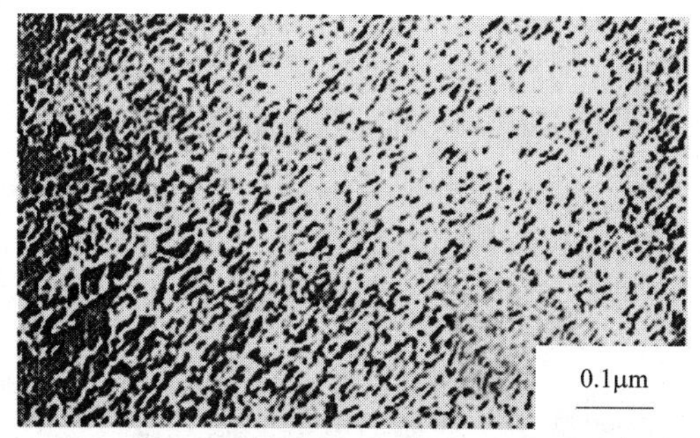

图 4　时效 9h 后基体明场像（100000 ×）

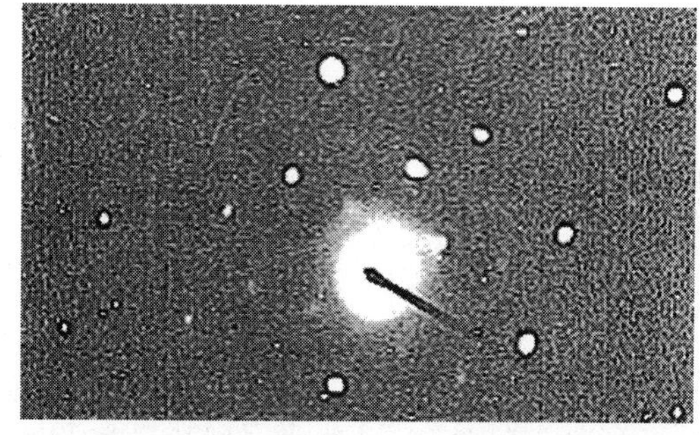

图 5　时效 9h 后基体的衍射花样（100000 ×）

图 6 为时效 36h 后基体的衍射花样，与前面的衍射花样不同的是，在该衍射花样中出现了多晶衍射环，多晶衍射环的出现表明之前合金中一定有脱溶反应发生，产生析出相。从图 7 我们可以看到许多黑色的细小弥散分布的析出物。这些析出物是由于铸件在快速冷

却时，合金的晶粒细小，合金元素来不及从合金液中析出，经时效后从过饱和的基体中析出弥散分布的第二相粒子，使得合金强化，硬度得到较大提高。由成分分析可知该析出物为 MnNi，因此可以断定 MnNi 的析出是合金时效后期硬度升高的原因。

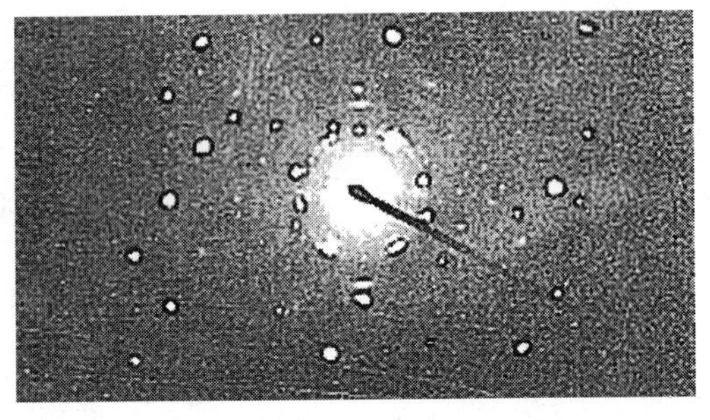

图 6 时效 36h 后基体衍射花样（100000 ×）

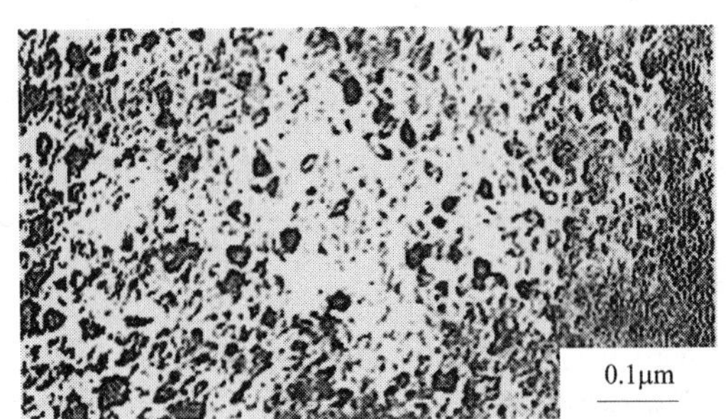

图 7 时效 36h 后基体的明场像（100000 ×）

图 8 为时效 96h 后基体的衍射花样，此时衍射花样中也存在多晶衍射环，在衍射强度上比 36h 的试样有所增强。从图 9 可以看到基体中分布有大量的弥散分布的细小白色析出物，与 36h 相比，析出物数量有所增加，但是与 36h 形成的析出相相比，在尺寸上并没有发生变化，即未出现长大现象。由此也可以证明 Cu-Ni-Mn 合金中的 MnNi 析出相的尺寸十分稳定，长大倾向小。

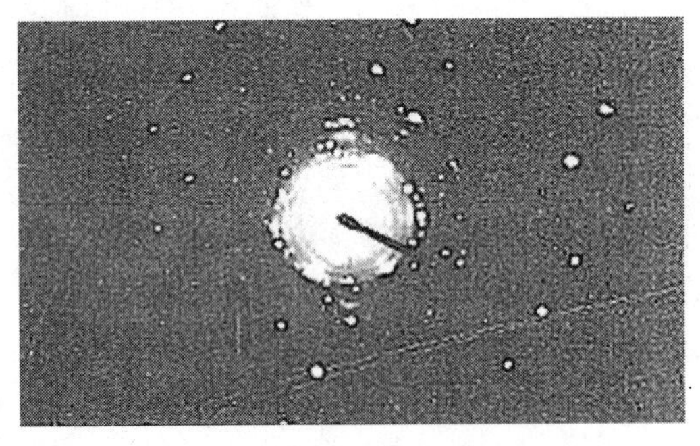

图 8 时效 96h 后基体衍射花样（100000 ×）

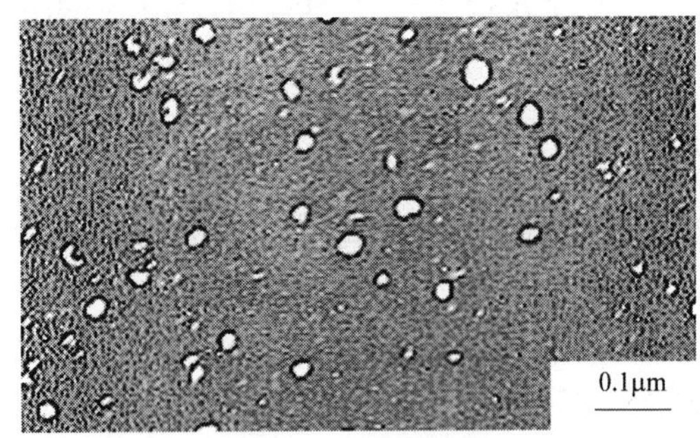

图 9 时效 96h 后基体暗场像（100000 ×）

由上面的时效析出过程的分析，我们可以得出铸态 Cu20Ni35Mn 合金的直接时效强化机理为：铸态下时效具有较长的孕育期，在孕育期主要进行溶质原子的有序化，在后期以 MnNi 的晶内析出为主，MnNi 相的析出是合金时效强化的主要原因。

5 结论

（1）Cu20Ni35Mn 合金可以在铸态下直接进行时效处理，在所研究的时间范围内没有出现过时效现象。最佳时效工艺为：时效温度为 400 ~ 470℃，时间为 60 ~ 72h，硬度可达 HV400 以上；

（2）铸造锰白铜合金的铸态时效机理是：较长时间过程的溶质原子有序化加上晶内 MnNi 相的析出。

参考文献

[1] 潘奇汉. 高弹性 Cu-20Ni-20Mn 合金 [J]. 中国有色金属学报，1996，6（4）：91～95.

[2] 雷静果，刘平，赵冬梅，等. 高强度 CuNiSiCr 合金的时效特性 [J]. 有色金属，2003，55（4）：17～20.

[3] 徐洪辉，杜勇，张云河，等. 铜基合金沉淀硬化研究 [J]. 金属热处理，2003，28（11）：25～28.

[4] ZHAO Dongmei，DONG Q M，LIU P，et al. Aging behavior of Cu-Ni-Si alloy [J]. Materials Science and Engineering：A，2003，361（1～2）：93～99.

[5] 谢春生，刘和法. CuNiTiBe 合金铸态快冷直接时效强化试验研究 [J]. 金属热处理，1999，23（2）：9～11.

【编者按】本文原载于《长安大学学报（自然科学版）》2008 年第 28 卷第 3 期 105 ~ 107 页。

铸造碳化铬增强锰白铜基复合材料磨料磨损机理

张长军 俞 剑

长安大学材料科学与工程学院，西安，710064

摘 要：采用真空熔铸法制备铸造碳化铬增强锰白铜基复合材料，对铸造锰白铜时效处理后，在 ML10 型磨损试验机上选用不同粒度的 SiC 砂纸和不同载荷，进行磨损试验；研究了材料的二体磨料磨损机理。结果表明，铸造碳化铬增强锰白铜基复合材料的耐磨性随着载荷和磨料粒度的增加而降低。在相同试验条件下，耐磨性随着碳化铬颗粒体积分数和碳化铬颗粒尺寸的增大而提高。碳化铬颗粒尺寸相对较大时，其磨损以局部断裂为主；碳化铬颗粒尺寸相对较小时，这时碳化铬颗粒的磨损主要以整体脱落形式进行。

关键词：铸造碳化铬增强锰白铜基复合材料，磨料磨损机理，体积效应，尺寸效应

Abrasion Wear Mechanism of Cast Chromium Carbide Reinforced Mn Copper-nickel Alloy Matrix Composite

Zhang Changjun Yu Jian

School of Materials Science and Engineering, Chang'an University, Xi'an, 710064, China

Abstract: Vacuum infiltrating casting method was adopted to produce the Mn copper-nickel alloy matrix composite. After the aging treatment, the wear test was carried out on the ML10 model wear tester. The abrasion wear mechanism of Cast chromium carbide reinforced Mn copper-nickel alloy matrix composite has been studied. The results show with the increasing of loading and abrasive grain size, the wear resistance of the material opposite drops. The results also show with the increasing of volume fraction or grain size of cast chromium carbide respectively, the wear resistance of the material opposite was improved. When the cast chromium carbide size is larger, the wear of cast chromium carbide is mainly in the form of localized fracturing, while it is smaller, he wear of cast chromium carbide is mainly in the form of departing from the matrix.

Key words: cast chromium carbide reinforced Mn copper-nickel alloy matrix composite, abrasion wear mechanism, volume fraction effects, size effects

1 引言

铸造碳化铬（Cr_3C_2/Cr_7C_3）增强锰白铜基复合材料是一种新型的以抵抗磨料磨损为

主要目的的金属基复合材料。早期的研究结果表明，这种复合材料的磨料磨损耐磨性与合金白口铸铁相比具有巨大的优势[1]，特别是锰白铜基体的采用使得这种材料可以作为钢质背底构件的表面强化层，因而会具有重要的实用价值[2]。但有关这种材料的磨料磨损机理的研究则很少[3~5]，致使其应用范围受到了很大的限制。本文针对这种复合材料，在不同的磨损条件对其进行二体磨料磨损，研究了它的磨料磨损机理，为要求更高可靠性、更长使用寿命的耐磨件的选材提供了依据。

2 试验方法

2.1 试样的制备

所选锰白铜合金的名义成分为 Cu - 20Ni - 20Mn，选用该成分是由于其具有强烈的时效硬化特性及低熔点的特点。合金采用电解铜、电解镍及金属锰配制，中频感应电炉熔炼，铸造出铸态锰白铜合金坯料试样。合金的实际化学成分（%）为：19.85Ni，20.15Mn，0.28Fe，其余为 Cu。铸造碳化铬的粒度为 0.246 ~ 0.37mm（ - 40 ~ + 60 目），其松装密度约为 8.6g/cm^3。

铸造碳化铬增强锰白铜基复合材料试样采用真空熔铸法制备。在模具中装入铸造碳化铬粉末，在其上面放置铸态锰白铜合金坯料，将模具放入真空炉内加热使合金坯料熔化而渗入铸造碳化铬粉体中，得到复合材料试样。由上述方法制备的复合材料试样中锰白铜基体的硬度为 HV90 ~ 95。为了提高抗磨料磨损性能，将铸态试样在 470℃时效处理 72h，使基体得到强化，得到时效态锰白铜基铸造碳化铬复合材料试样，这时锰白铜基体的硬度达到 HV410 ~ 430。

2.2 二体磨料磨损试验

磨损试验在模拟高应力磨料磨损的 ML10 型二体磨损试验机上进行。试样直径为 6mm，磨料选用不同粒度的 SiC 砂纸。试验时试样每次在砂纸上运动的总距离为 18.37m。采用 0.122mm（120 目）SiC 砂纸在 35N 载荷下预磨。正式磨损前后试样用丙酮清洗并烘干，用精度为 0.1mg 的光电分析天平测量试样的失重，并根据材料密度换算成材料的体积损失。

3 试验结果和分析

3.1 载荷与磨料粒度对试样耐磨性的影响

图 1 为试样在不同磨损条件下磨损体积损失与颗粒尺寸为 128μm 的碳化铬颗粒体积分数的关系，图 2 表示含碳化物共晶体颗粒 45%（体积分数）的试样磨损体积损失与碳化铬颗粒尺寸之间的关系。比较图 1 和图 2 可以发现，相同碳化铬颗粒体积分数和碳化铬颗粒尺寸的试样，载荷和磨料粒度越大，试样磨损体积损失也越大。

图 3 是试样在不同磨损条件下单个铸造碳化铬颗粒的磨损表面与纵剖面。由图 3a 可以看出，试样在大载荷、粗磨料即 75N、0.189mm（70 目）磨损条件下，铸造碳化铬颗粒表面被压碎、破裂。在粗大磨料的切削下，基体表面形成了宽而深的犁沟，基体表面与铸造碳化铬颗粒表面基本在同一个平面上。而在低载荷、细磨料即 35N、0.064mm（240 目）条件下，SiC 磨料对高硬度碳化铬颗粒的整体破坏作用相对较弱，只发生了局部断裂，铸

造碳化铬颗粒逐渐突出基体表面，如图3b所示，这时复合材料的磨损体积损失主要取决于碳化铬颗粒的体积损失，因此，铸造碳化铬/Cu-Ni-Mn复合材料在低载荷、细磨料条件下表现出更好的磨料磨损耐磨性。

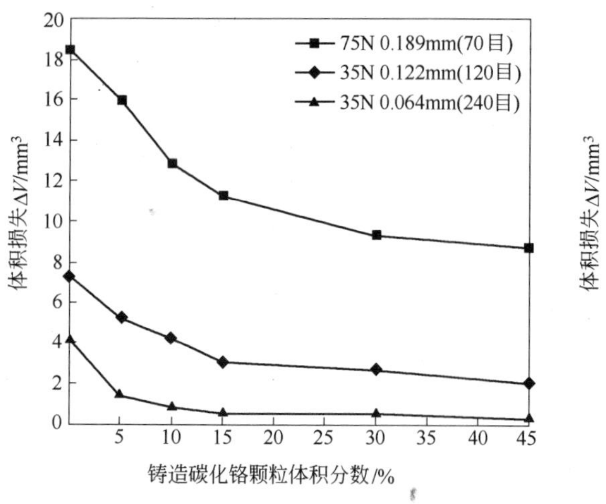

图1 试样磨损体积损失与碳化铬颗粒体积分数的关系

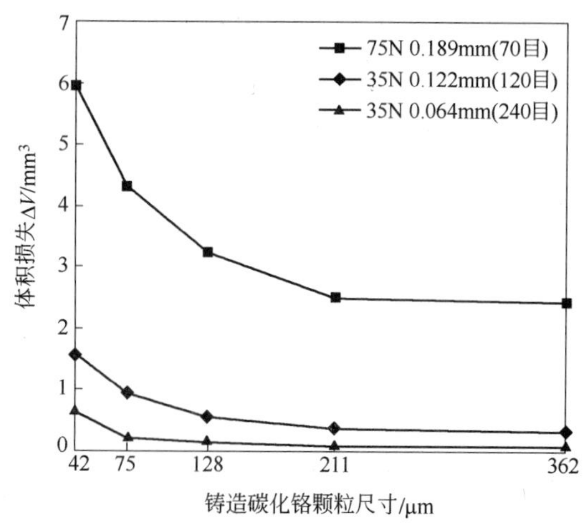

图2 试样磨损体积损失与碳化铬颗粒尺寸的关系

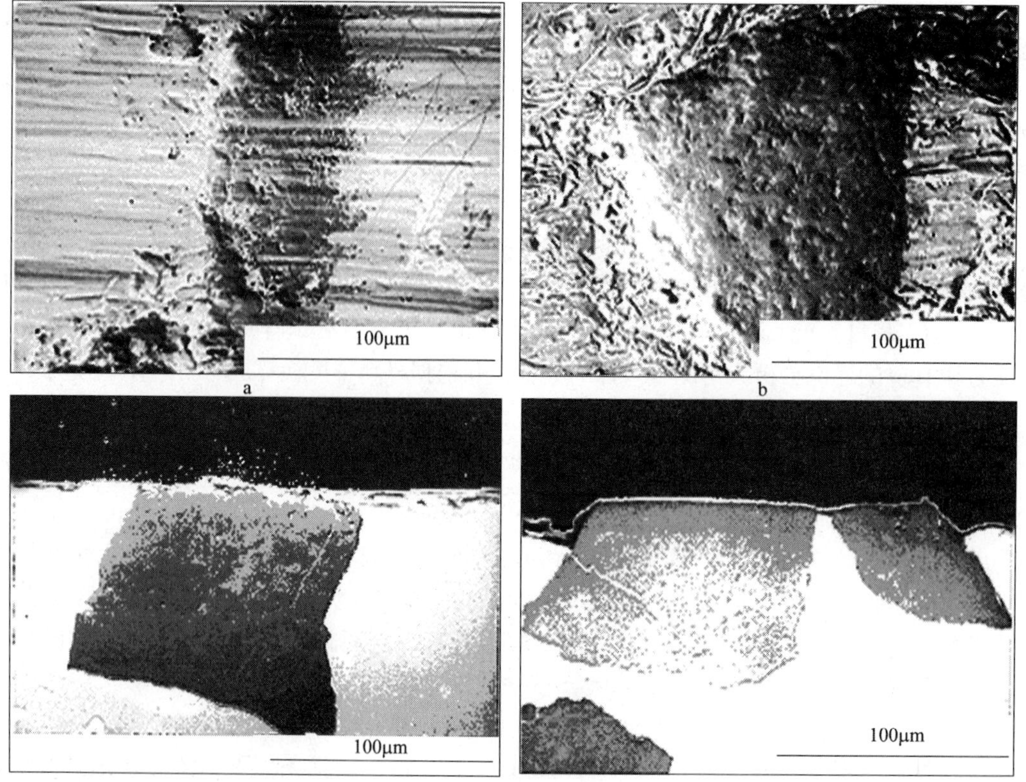

图3 碳化铬颗粒尺寸为128μm试样的磨损表面（a、b）与纵剖面（c、d）

a，c—75N、0.189mm（70目）；b，d—35N、0.064mm（240目）

3.2 碳化铬颗粒体积百分数对试样耐磨性的影响

由图1可以看出，在相同的试验条件下，铸造碳化铬颗粒尺寸一定时，试样的体积损失随着铸造碳化铬体积分数的增大而减少。也就是说，增强体体积分数越大，耐磨性越好，此现象可以从体积效应[6]来解释。

一方面，由图4可以看出，增强颗粒体积分数对复合材料耐磨性的影响主要体现在磨粒尺寸与铸造碳化铬颗粒之间平均距离的关系上。由文献［7］，硬质颗粒体积分数，颗粒尺寸 d 及颗粒之间的平均距离 λ 之间有如下的关系：

$$f^{1/2} = c\frac{d}{\lambda}$$

式中，f 为硬质颗粒体积分数；d 为颗粒尺寸；λ 为颗粒之间的平均距离；c 为修订系数。

当铸造碳化铬颗粒的尺寸一定时，其体积分数越小，如图4a所示，铸造碳化铬颗粒之间的平均距离越大，磨粒越容易对基体产生切削；颗粒体积分数越大，如图4b所示，颗粒之间平均距离越小，磨粒越不容易对基体产生切削，而是从密排的铸造碳化铬颗粒表面滑过，这时铸造碳化铬增强颗粒能有效地保护基体表面并减小其磨损。

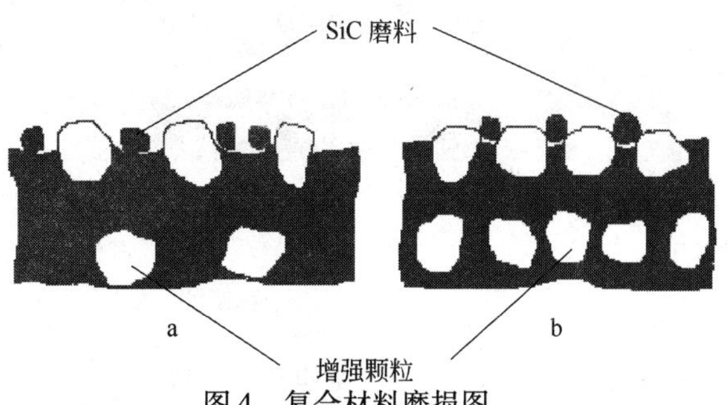

图4 复合材料磨损图
a—增强颗粒之间距离大；b—增强颗粒之间距离小

另一方面，在载荷一定的条件下，单个硬质增强颗粒所承受的载荷与增强颗粒体积分数也有很大关系。铸造碳化铬颗粒尺寸相同的试样，铸造碳化铬颗粒体积分数越小，则铸造碳化铬颗粒在同一平面上同时出现的几率越小，铸造碳化铬体积分数越大，同一平面上铸造碳化铬颗粒同时出现的几率越大。因此在载荷恒定时，铸造碳化铬颗粒体积分数小的复合材料磨损表面由于碳化铬颗粒个数少，单个铸造碳化铬颗粒承受的载荷就较大，磨损程度就会比较剧烈；铸造碳化铬颗粒体积分数大的复合材料磨损表面由于铸造碳化铬颗粒个数较多，因而单个颗粒分担的载荷相对较小，磨损程度也会相对较轻。

3.3 碳化铬颗粒尺寸对试样耐磨性的影响

由图2可以看出，在相同载荷和磨料粒度的试验条件下，随着碳化铬颗粒尺寸的增大，试样的磨损体积损失减小，也就是耐磨性提高。

强化相的失效形式有整体脱落和局部断裂两种[8]。强化相的失效形式决定于尺寸效应因子 f_1、f_2，而

$$f_1 = \frac{x}{x + D_M}, \quad f_2 = \frac{D_M}{x + D_M}$$

式中，f_1、f_2 是尺寸效应因子；x 是指磨料压入深度；D_M 是指强化相的平均粒径。

当 $x \ll D_M$ 时，即硬质强化相颗粒相对较大时，$f_1 \approx 0$，$f_2 \approx 1$，这时强化相的磨损以局部

断裂为主，尤其是沿基体相与硬质强化相结合部位的局部断裂非常明显，见图5a。由于这种局部断裂是一种耗时的、逐渐的过程，每颗在复合材料表面的硬质强化相颗粒都能发挥其保护基体、承担载荷的骨干作用，这时复合材料的整体耐磨性自然也就上升了。

a

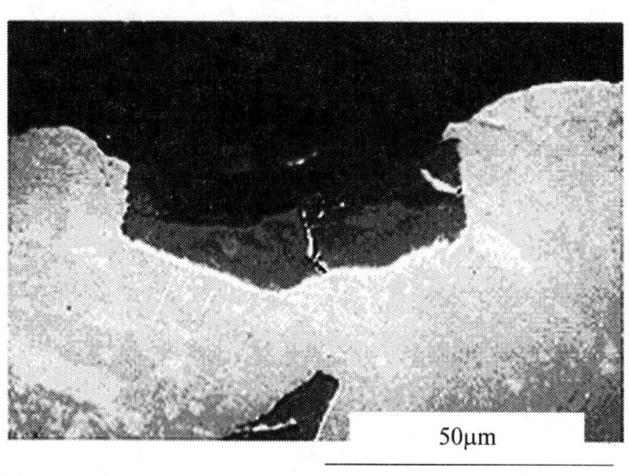

b

图5 试样磨损表层纵剖面

a—颗粒尺寸为362μm；b—颗粒尺寸为42μm

当$x \gg D_M$时，即硬质强化相颗粒相对较小时，$f_1 \approx 1$，$f_2 \approx 0$，这时硬质强化相的磨损主要以整体脱落形式进行，见图5b。如果发生了整体脱落，它对复合材料基体相的保护作用也就不存在了，自然地，基体相的磨损也随之加快，复合材料的整体磨损率增大。

4 结论

（1）相同碳化铬颗粒体积分数和碳化铬颗粒尺寸的试样、载荷和磨料粒度越大，试样磨损体积损失也越大。

（2）在相同载荷和磨料粒度的试验条件下，试样的耐磨性随着碳化铬颗粒体积分数的增大而提高。

（3）在相同载荷和磨料粒度的试验条件下，试样的耐磨性随着碳化铬颗粒尺寸的增大而提高。硬质强化相颗粒相对较大时，这时强化相的磨损以局部断裂为主；硬质强化相颗粒相对较小时，这时硬质强化相的磨损主要以整体脱落形式进行。

参考文献

[1] Hans Berns. Comparison of wear resistant MMC and white cast iron[J]. Wear, January 2003, 254(1~2): 47~54.

[2] 张长军，贺林．锰白铜基铸造碳化钨复合材料的二体磨粒磨损特性［J］．西安公路交通大学学报，2000，20（4）：105~108.

[3] Mondal D P, Das S, Jha A K, et al. Abrasive wear of Al alloy-Al_2O_3 particle composite: a study on the combined effect of load and size of abrasive[J]. Wear, December 1998, 223(1~2): 131~138.

[4] Lee Gun Y, Dharan C K H, Ritchie R O. A physically-based abrasive wear model for composite materials[J]. Wear, February 2002, 252(3~4): 322~331.

[5] Zum Gahr K H. Modelling of two-body abrasive wear[J]. Wear, May 1988, 124(1): 87 ~ 103.
[6] 张梦贤，张长军，晁建兵．铸造 WC/Ni 基合金复合材料二体磨料磨损性能的研究［J］．热加工工艺，2004（11）：34 ~ 35.
[7] 谭业发，王耀华．硬质 WC 粒子增强镍基合金喷熔层耐磨粒磨损性能的研究［J］．摩擦学学报，1996，16（3）：202 ~ 207.
[8] 张长军，张晓峰．基于拉宾诺维奇公式的复合材料磨料磨损模型［J］．长安大学学报（自然科学版），May 2004，24（3）：88 ~ 91.

【编者按】 本文原载于《机械工程材料》2005年第29卷第11期35~38页。

27%Cr高铬铸铁组织及性能研究

彭晓春 张长军

长安大学工程机械学院，西安，710064

摘 要：对不同碳、钼含量的27%高铬铸铁的组织、硬度及耐磨性等进行了试验。结果表明：高铬铸铁的淬火硬度及抗磨料磨损能力随含碳量增加而提高。但当铬、碳含量比低于7时，宏观硬度降低。钼对改变大量析出奥氏体的临界含碳量有一定影响，铬、碳含量比低于7时，加钼量不应低于2%。无论含钼或不含钼，过共晶高铬铸铁（3.7%C）抗磨料磨损能力均优于亚共晶高铬铸铁，冲击韧度与后者相近。

关键词：高铬铸铁，过共晶碳化物，钼含量

Microstructure and Properties of 27%Cr High Chromium Cast Irons

Peng Xiaochun Zhang Changjun

School of Engineering Machinery, Chang'an University, Xi'an, 710064, China

Abstract: A series of 27% Cr high chromium cast irons with different carbon and molybdenum contents were made for microstructure and hardness inspection and abrasion resistance testing. The quenching hardness and abrasion resistance raised as the C content increased. When the Cr/C ratio was lower than 7, the macro hardness decreased. There were some effects of Mo on the changing of critical C content of austenite precipitation. So the Mo content should be higher than 2%. Wear resistance of hypereutectic high chromium cast iron(3.7% C) with or without Mo was better than that of hypoeutectic high chromium iron, and the impact toughness was approximate to the latter.

Key words: high chromium cast iron, hypereutectic carbide, molybdenum content

1 引言

火力发电厂中速磨煤机的衬板、辊套是易磨损件，工作过程中经受着煤块及矸石的强烈磨损，尤其当煤块中矸石比例较大或混有硫化铁矿时，磨损更加严重。如果磨损件不耐磨，对电厂的安全运行、经济生产影响很大。这些部件在国外大多采用硬度较高的镍硬铸铁，由于大量用镍不符合我国国情，所以在国内多采用不含镍或少含镍的其他合金白口铸铁，常见的如高铬铸铁。

高铬铸铁的成分范围较宽，目前用得最多的是亚共晶成分高铬铸铁，铬质量分数大多在

13% ~18%,只有在特殊情况下(耐热、耐蚀铸件),才达到 25% 以上,由于亚共晶高铬铸铁组织中碳化物数量较少,如果基体再不能保证获得充分的马氏体,其实际使用中耐磨性仍不够理想。考虑到中速磨煤机的工况以磨损为主,而受到的撞击力相对较小[1],因此提高碳含量可有效提高高铬铸铁耐磨性。以前多数的 27% Cr 高铬铸铁主要用于抗腐蚀磨损方面[2~4],目前具有过共晶成分的 27% Cr 高铬铸铁已成功地用于中速磨煤机衬板、辊套等零件。尽管如此,仍需对其组织与性能之间的关系做进一步探讨。作者主要研究具有较高碳含量的 27% Cr 铸铁的显微组织特点及抗磨料磨损能力。

2 试样制备与试验方法

2.1 试样制备

高铬铸铁碳含量提高,必然导致大量的铬形成碳化物而使基体中铬含量降低,造成基体淬透性下降。因此,为了保证基体有足够的淬透性,需要将铬的含量提高;另外,高铬铸铁的共晶含碳量随铬含量提高而降低,如含铬分别为 15%、20%、25%、28% 的合金,其共晶点含碳量分别为 3.6%、3.2%、3.0%、2.8%[5]。所以当铸铁碳含量不变,而将铬量提高时,由于共晶点左移,则铸铁组织可获得更多碳化物,同时也不致因含碳量过高而降低韧性。为此,试验将铬含量选择在 27%。按预定的铬、碳含量比,碳设计含量分别为:2.7%,3.2%,3.7%,4.0%。每种碳含量的试样又分别加入 0%、1.5%、2.5% Mo。硅、锰设计成分分别为 1.0% 和 0.6%。试样编号及化学成分见表 1。

表 1 试样的化学成分(质量分数,%)

编号	C	Si	Mn	Cr	Mo
A_1	2.70	0.67	0.70	27.10	—
A_2	2.67	0.92	0.67	27.11	1.41
A_3	2.70	1.01	0.55	26.65	2.45
B_1	3.22	1.04	0.69	26.65	—
B_2	3.18	1.12	0.64	27.08	1.36
B_3	3.15	1.03	0.71	26.67	2.60
C_1	3.72	0.89	0.67	27.22	—
C_2	3.66	1.11	0.64	26.81	1.47
C_3	3.78	1.01	0.76	27.10	2.53
D_1	4.03	0.86	0.75	27.33	—
D_2	4.13	1.00	0.56	27.04	1.52
D_3	4.00	0.78	0.62	27.24	2.52

在 150kg 中频感应炉熔化炉料。炉料由高碳铬铁、钼铁、75 硅铁、电炉锰铁、钢和低磷生铁组成。在干砂型中浇出冲击试样毛坯,然后加工成 20mm ×20mm ×110mm 的无缺口冲击试样,并在其上用线切割机制取 ϕ4mm 的磨损试样。每种试样都分成三批。分别在 900℃、950℃、1000℃保温 2h 后空冷,然后在 250℃保温 3h 回火。只讨论经 950℃空冷 + 回火的一批试样的试验情况,这批试样热处理后硬度和韧性配合较好。

2.2 试验方法

用 Olympus 光学显微镜、JEOL Superprobe 773 型扫描电镜观察试样组织，用 X 射线衍射仪分析基体残余奥氏体量。硬度测定用 HR-150A 型洛氏硬度计，冲击韧度值在 JB30A 型摆锤式冲击试验机上测定，均取三次试验结果的平均值。在 ML-10 型销盘磨损试验机上进行二体干磨料磨损试验，磨料采用 0.189mm（70 目）及 0.122mm（120 目）绿碳化硅砂纸，正压力为 2kN 及 4kN，试样质量在感量为 0.1mg 的天平上测得。

3 试验结果与讨论

C_3 试样的显微组织（热处理态）见图 1，属于典型的过共晶组织。由图 2 可见，共晶碳化物是呈内部交联的集束状晶体，而过共晶碳化物（初生碳化物）是具有近似六方棱柱体形貌的单个晶体。

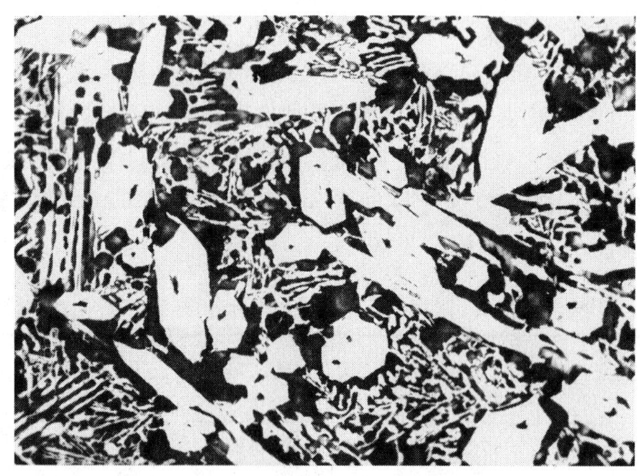

图 1 高铬铸铁的显微组织（500×）

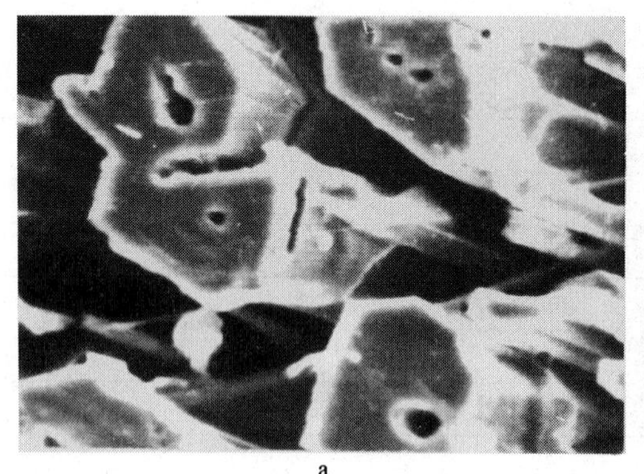

a

b

图 2 过共晶高铬铸铁中碳化物的 SEM 形貌（1000×）

a—过共晶碳化物；b—共晶碳化物

A_3 试样和 B_3 试样的组织中，几乎都是共晶碳化物（B_3 试样中有极少量六方形过共晶碳化物），分别属于亚共晶和近共晶组织，D_3 试样是过共晶组织，其过共晶碳化物较 C_3 试样更多。

由图 3 可见,3.2% C 时,无论含钼与否均可获得较高铸态宏观硬度,含碳量提高到 3.7%,各组试样硬度均呈下降趋势。4.0% C 试样,仅当钼含量为 2.5% 时,硬度略有上升,其他两试样硬度继续下降。

热处理后,含碳量由 3.2% 增加到 3.7% 时,不含钼试样硬度略有下降,而含钼试样硬度有所上升,含碳量超过 3.7%,不含钼及 1.5% Mo 试样宏观硬度均显著下降,而 2.5% Mo 试样硬度上升到 66.5HRC。

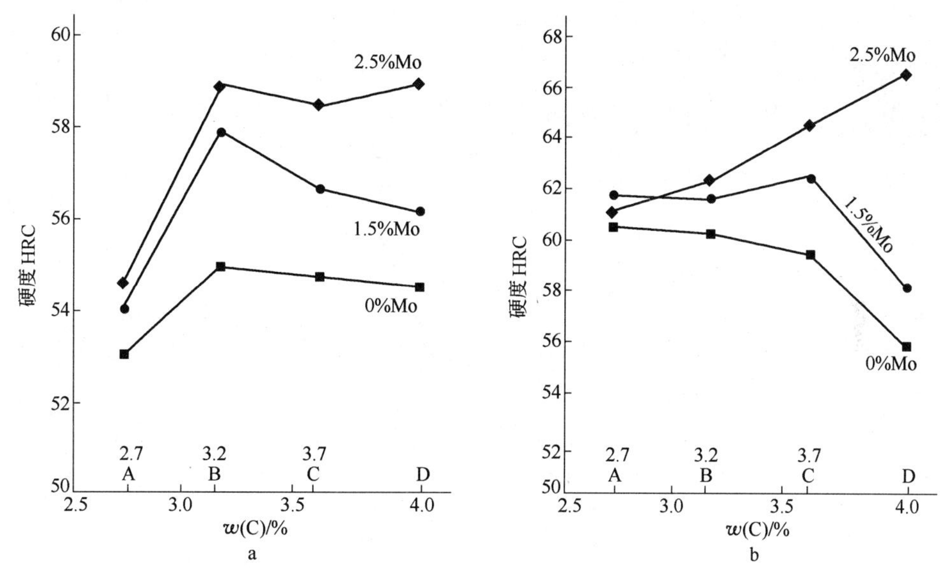

图 3　碳、钼含量对试样硬度的影响

a—铸态;b—950℃ ×2h 空淬 +250℃ ×3h 回火

决定高铬铸铁宏观硬度的基本因素是合金碳化物的硬度、体积分数以及基体组织的类型。前一个因素与含铬量及铬、碳含量比值密切相关,后一个因素则与奥氏体转变过程有关。影响试样奥氏体转变的最主要因素是基体的碳浓度。碳浓度提高(铬、碳含量比减小),M_s温度下降,基体中残留奥氏体量增大,是导致宏观硬度下降的一个因素。碳化物硬度随着高铬铸铁铬、碳含量比减小而降低。在碳化物基面(六方面)上测定,B_1 和 D_1 试样的显微硬度分别为 1475$HV_{0.5}$和 1380$HV_{0.5}$。从铸态试样看,B 试样硬度高于 A 试样的主要原因是碳化物体积分数增大,C 试样硬度低于 B 试样可归因于基体组织中因铬、碳含量比降低而增加了残余奥氏体量的缘故(XRD 证实了这一点)。钼的影响表现在含碳 4.0% 试样。只有 2.5% Mo 试样的硬度上升,说明 2.5% Mo 在铸件冷却条件下促进了基体金属的部分马氏体转变。

4.0% C 试样经过空气淬火后钼的作用更为明显,2.5% Mo 试样硬度提高到 66.5HRC,而 1.5% Mo 和不含钼试样淬火后硬度都急剧下降。XRD 证实这完全是钼对奥氏体转变的影响。在探讨硬度急剧变化的临界含碳量时,发现临界含碳量与淬火温度和保温时间有一定关系。C 组试样(3.7% C)在低于 950℃淬火时,硬度急剧转变的含碳量有显著减少趋势,950 ~ 1000℃淬火时与 950℃淬火没有显著差别,而超过 1000℃淬火则几组试样的硬度普遍降低4～7HRC。金相观察证实1000℃以下保温2h促使基体中二次碳化物析出，使基体含碳量降低，而加热超过1000℃则二次碳化物溶解，基体碳浓度增加，导致残余奥氏体量增加。

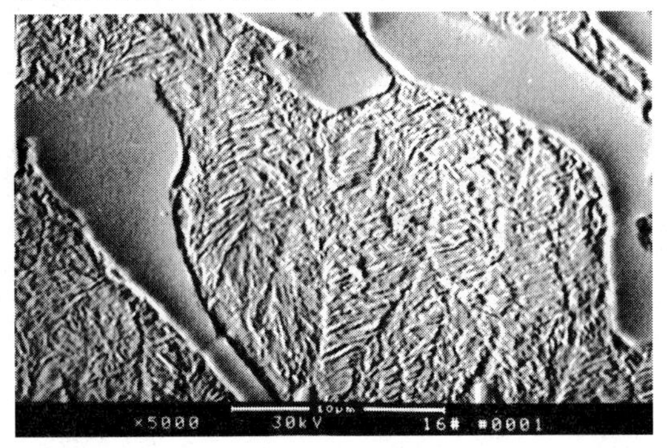

图4 C_1试样经亚临界处理后的SEM形貌

鉴于过共晶高铬铸铁产生奥氏体基体倾向较强，250℃回火不能充分消除残余奥氏体，以致铸件淬火后或使用过程中可能发生部分马氏体转变导致铸件开裂。对C_1试样实行了亚临界处理。在500℃保温5h，然后空冷，获得具有良好综合力学性能的基体组织，显微硬度为550$HV_{0.5}$（图4）。初步分析认定，这是由高度弥散分布的M_7C_3型碳化物和α相聚合而成的组织[6]。亚临界处理后C_1试样的宏观硬度为62.5HRC。其硬度虽不及2.5%Mo试样，但其优点是使用中的可靠性和处理工艺简单。

图5表明，a_K值与试样硬度和含钼量有关。加钼有降低冲击韧度的倾向。

图6两曲线分别表示2.5%Mo、950℃淬火+250℃回火试样的磨损数据。上曲线为采用0.189mm（70目）碳化硅磨料、4kN正向压力时的磨损量，下曲线表示采用0.122mm（120目）碳化硅磨料、2kN正向压力时的磨损量。可见磨损量随含碳量增加而减少。磨损负荷较大时，含碳量对磨损量的影响较为显著。不含钼试样（3.7%C）的磨损数据在图中以“×”表示，其磨损量高于2.5%Mo、3.7%C试样。

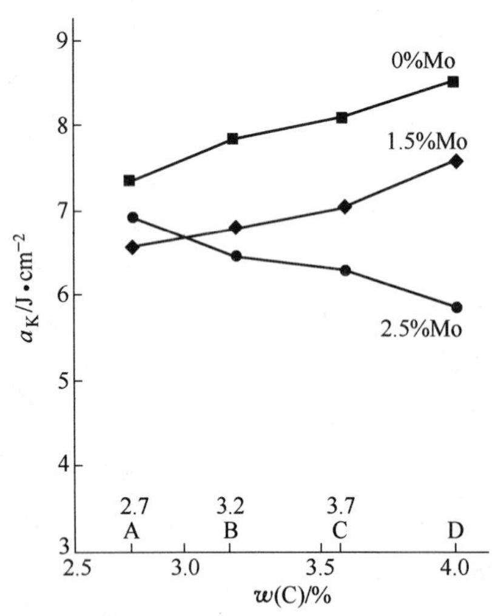

图5 过共晶高铬铸铁的碳、钼含量对冲击韧度的影响

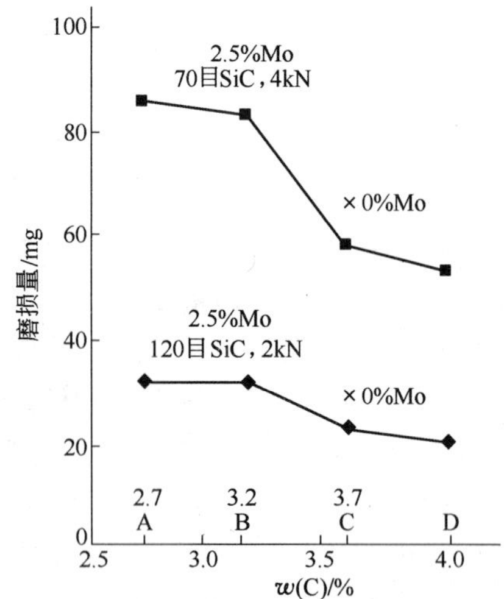

图6 销盘磨损试验中磨损量与含碳量的关系

含碳较高的过共晶高铬铸铁之所以表现出高的抗磨能力，经分析认为有以下几个原因：

（1）呈六方棱柱形的过共晶碳化物因形体粗厚，即使基体被磨损而失去支撑也不容易发生断裂或剥落，所以与呈集束状而自身较细且单薄的共晶碳化物相比，能更好地抵抗磨料冲击和切削，并减少自身剥落。

（3）文献[5]指出，高铬铸铁M_7C_3型碳化物的硬度与该碳化物中的含铬量有关，含铬量越高则硬度也越高。在铬、碳含量比相同情况下,过共晶$(Cr,Fe)_7C_3$比共晶$(Cr,Fe)_7C_3$含铬量高2%左右,导致前者硬度高于后者,这也使前者具有更高的抗磨能力;此外过共晶棱柱状碳化物硬度有明显的各向异性,棱柱面硬度950~1000$HV_{0.5}$,六方基面硬度1400~1500$HV_{0.5}$[5],所以当有较多的过共晶碳化物以六方基面平行于磨损面时,其抗磨能力更强。

(3)与亚共晶和共晶高铬铸铁相比,过共晶高铬铸铁组织中同时具有共晶$(Cr,Fe)_7C_3$和过共晶$(Cr,Fe)_7C_3$,碳化物的体积分数占到近50%甚至更多。由于碳化物数量多、密度大,彼此相距较近,使得分布在碳化物之间面积较小的基体金属能得到碳化物的有效保护,从而有效抵御了磨料侵入,减少了基体磨损。基体得到保护,反过来又可很好地支撑共晶和过共晶碳化物,其结果磨损量明显减少,抗磨能力优于亚共晶和共晶合金。

可见,过共晶碳化物的存在,使高铬铸铁的抗磨能力得到提高。随着试验合金含碳量的增加,由于组织中过共晶碳化物的数量增多,故抗磨性能也随之提高,于是得到以上试验结果。尤其在磨料粒度较大、载荷较大的场合,增加过共晶碳化物数量,更能体现碳化物对基体的保护作用,也更能发挥过共晶碳化物自身的性能优势。所以磨损负荷较大时,含碳量对磨损量的影响更为显著。

过共晶高铬铸铁,还由于其过共晶$(Cr,Fe)_7C_3$呈孤立的单个晶体分布,能使基体金属保持更好的连续性以及减少碳化物周边的应力集中效应,有助于改善材料的力学性能,所以这种铸铁尽管碳化物数量增多、尺寸增大,但仍具有较好的强韧性,这是镍硬铸铁所不及的。目前27Cr-3.8C-2Mo过共晶高铬铸铁已用于火力发电厂中速磨煤机衬板、辊套等零件,其使用寿命比进口的亚共晶高铬铸铁和镍硬铸铁件高25%~30%,获得了良好的经济效益。

4 结论

(1)过共晶高铬铸铁具有M_7C_3型过共晶碳化物,而使材料具有较高的宏观硬度,良好的冲击韧度。

(2)高铬铸铁的淬火硬度随含碳量增加而提高。但当铬、碳含量比低于7时,淬火后有较多残余奥氏体,宏观硬度降低。钼对改变大量析出奥氏体的临界含碳量有一定影响,铬、碳含量比低于7时,加钼量不应低于2%。

(3)在磨料粒度较大、载荷较大的磨损情况下,随碳含量增加碳化物体积分数增大,抗磨能力提高显著。含碳量3.7%的过共晶高铬铸铁有高的硬度(64.5HRC)较好的冲击韧度($6.3J/cm^2$),同等条件下其耐磨性优于亚共晶高铬铸铁。

参考文献

[1] 西安电力机械厂耐磨研究所,西安交大铸造教研室.合金耐磨铸铁辊套的制造工艺[C].In:铬系抗磨铸铁.西安:西安交通大学出版社,1986:181.

[2] 周庆德,贺林.耐磨损耐腐蚀的28Cr白口铸铁——一种适合于铸态使用的耐磨铸铁[C].In:铬系抗磨铸铁.西安:西安交通大学出版社,1986:102~112.

[3] 秦紫瑞.高碳高铬铸铁的组织及其磨蚀行为研究[J].钢铁,1995,(11):42~47.

[4] 唐秉壮.28Cr铸态高铬铸铁叶轮的研制和应用[J].铸造技术,1990,(3):11~13.

[5] 郝石坚.高铬耐磨铸铁[M].北京:煤炭工业出版社,1993.

[6] 彭晓春.奥氏体高铬铸铁组织性能研究[D].西安:西安公路学院,1990.

【编者按】 本文原载于《西安公路学院学报》1994 年 6 月第 14 卷第 2 期 99～104 页。

铸态奥氏体高铬铸铁抗磨料磨损特性的研究

彭晓春

西安公路学院机械系

摘 要:本文通过加适量 Mn,在铸态下获得了奥氏体基体高铬铸铁,并通过冲击试验和 3 种磨损试验比较并讨论了奥氏体高铬铸铁与马氏体高铬铸铁的磨损特性以及在不同磨损条件下的磨损机制。试验结果表明:在有冲击作用的磨损场合下,奥氏体高铬铸铁可表现出较好的韧性与耐磨性能匹配,其耐磨性高于马氏体高铬铸铁,且冲击功越大,磨损失重越少,耐磨性越高。

关键词:奥氏体高铬铸铁,耐磨性,加工硬化

A Study of the Abrasion Characteristics of As-cast austenitic High Chromium White Cast Iron

Peng Xiaochun

Department of Mechanical Engineering, Xi'an Highway University

Abstract: The high chromium white cast iron with austenitic matrix in the As-cast states was obtained by proper addition of manganese. The abrasive wear behavior and mechanism of austenitic and martensitic white cast iron under different condition has been discussed through impact and abrasion tests. Results show that austenitic white cast iron displayed adequate combination of the toughness and abrasion resistance under impact load condition, so the abrasion resistance of it was prior to the martensitic white cast iron. The larger the impact energy, the smaller the weight losses of abrasion, the better the abrasion resistence of austenitic high chromium white cast iron.

Key words: austenitic high chromium white cast iron, abrasion resistance, work hardening

本文以水泥球磨机中 ϕ80mm 磨球为研究对象，通过加入适量 Mn 获得奥氏体基体高铬铸铁磨球，并通过湿砂橡胶轮磨损、销盘磨损和冲击磨损试验，对奥氏体高铬铸铁和马氏体高铬铸铁的耐磨性进行对比性试验，以考察奥氏体高铬铸铁在不同工作条件下的工作能力，为铸态奥氏体高铬铸铁可靠地用于大型球磨机的磨球生产提供一定的参考依据，如果这种铸铁能用于生产，并在特定情况下代替马氏体高铬铸铁，则在经济上、技术上都具有现实意义。

1 试验条件、成分选择及试验结果

1.1 试验条件

试验采用50kg中频炉，用铂铑-铂热电偶配XCZ-101显示仪表测温，熔化温度控制在1500~1550℃，浇注温度约1450℃。

用金属型铸造浇注 ϕ80mm 磨球，3 种磨损试验的试样均采用线切割机从磨球心部切取。

在MLS-225型湿砂橡胶轮磨损试验机上做低应力磨损试验，试样尺寸为20mm×57mm×6mm，正压力70N，磨料用0.294/0.147mm（50/100目）江西黄砂，胶轮转动次数1000r。

在ML-10型销盘磨损试验机上做干磨试验，试样直径为 ϕ4mm，试验载荷分别选1kg、2kg，试验用砂纸为0.147mm（100目）碳化硅砂纸，行程10m（转数78）。

在MLD-10型动载磨损试验机上进行冲击磨损试验，上试样尺寸为10mm×10mm×30mm，下试样材料统一采用45号淬火钢，冲击功选2J、3.5J、4.2J，冲击时间为20min、30min，磨料为0.589/0.175mm（28/80目）江西黄砂。

冲击韧度 a_K 的测定在摆锤式冲击试验机上进行，所用试样为20mm×20mm×110mm的无缺口试样，取3次试验的平均值。

1.2 成分选择

成为选择如下：

（1）C。从铸态获取奥氏体的要求出发，应保证合金有较高的Cr/C比，即如果Cr含量保持不变时，C量宜选得低一些，因为C多了会将大部分Cr结合生成碳化物，使基体中的Cr量减少，不利于生成奥氏体基体。但从磨球的性能考虑，虽然C量低韧性好，但若碳化物数量太少，会影响到磨球的耐磨性，为此本试验选择了2.4%~2.6%C。

（2）Cr。铬含量的高低主要决定碳化物的类型，控制Cr含量，使其共晶碳化物主要为 M_7C_3 型，对于提高材料的抗磨性和韧性是最理想的。由Fe-Cr-C合金系中出现复合富铬碳化物的区域图[2]（见图1）可知，含碳量2.4%~2.6%的合金要得到（Cr，Fe）$_7$C$_3$ 碳化物，Cr含量控制在15%左右较合适。

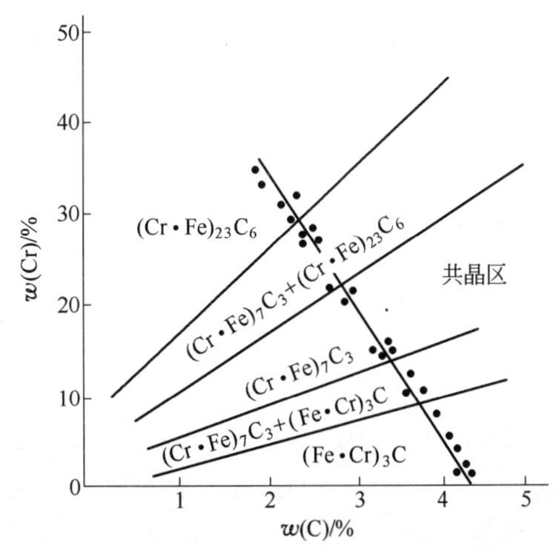

图1 Fe-Cr-C合金系中碳化物存在区域简图

（3）Mn。高铬铸铁在铸态下生成的基体组织，是随合金的成分和冷速而不同的。对于 ϕ80mm 磨球这种厚壁铸件，由于冷却速度较慢，仅靠有限的Cr作用，即使采用金属型铸造也难以使磨球心部直接获得奥氏体基体（铸态下主要生成珠光体及少量残余奥氏体基体），为了使铸态下获得奥氏体基体，本试验选择了加合金元素 Mn。

Mn 是强烈的奥氏体稳定元素，它具有强烈的推迟 C 曲线降低奥氏体在共析区临界转变速率的作用，并显著降低合金的 M_s 温度致使高温奥氏体冷至室温下也可以不发生转变。但含 Mn 量过高会使碳化物和奥氏体枝晶变得粗大，使性能下降[3]。因此，在 Mn 的加入量上参考了文献［3］，其实验表明，在砂型铸造 25 ~75mm 的高铬铸铁阶梯试块中，奥氏体和珠光体的百分数随合金的 Mn 量不同而改变，当 Mn 量增加到 2.26% 时，基体即可全部成为奥氏体。因此，本试验选用了 3 种 Mn 量，即 0.6%、1.7%、3.3%，以考察奥氏体生成量与含 Mn 量的关系，获得奥氏体基体所需的 Mn 量。试验所用的合金成分、组织和性能如表 1 所示。

表 1 试验用合金的成分、组织和性能

组 织		成分/%						金相组织	r/%	HRC	a_K/J·cm^{-2}	热处理
		Cr	C	Mn	Si	Mo	Cu					
奥氏体型	A_1	15.4	2.46	0.60	0.71			K+P+γ	39.8	52	5.2	铸态
	A_2	15.1	2.54	1.70	0.64			K+P+γ	42.7	50.5	4.9	
	A_3	15.3	2.47	3.30	0.66			K+γ	78.4	46.5	6.0	
马氏体型	M_1	15.0	2.51	0.67	0.64	1.5	0.7	K+M		62.5	4.6	950℃，1h 风冷 250℃，1h 回火

注：K—M_7C_3 碳化物，P—珠光体，γ—奥氏体，M—马氏体。

1.3 试验结果

经金相分析，3 种不同含 Mn 量的高铬铸铁组织中除 M_7C_3 型碳化物外，基体组织中珠光体 P 与奥氏体 γ 的比例不同（见表 1），含 Mn 量越高，P 越少，γ 越多，当 Mn 量为 3.3% 时，基体组织完全为 γ，经 X 衍射法测定，3 种合金组织中，奥氏体的量分别为：A_1 合金 $w(\gamma)=39.8\%$，A_2 合金 $w(\gamma)=42.7\%$，A_3 合金 $w(\gamma)=78.4\%$。为了解随基体中 γ 数量的增加合金耐磨性的变化情况，对 A_1、A_2、A_3 3 种高铬铸铁及经淬火回火处理的 M_1 马氏体型高铬铸铁均进行了胶轮磨损、销盘磨损和冲击磨损试验，3 种磨损试验结果列入表 2。

表 2 耐磨性试验结果（失重 mg）

试样编号	胶轮磨损	销盘磨损		冲击磨损		
		压 力				
		1kg	2kg	2J（20min）	3.5J（30min）	4.2J（30min）
A_1	24.5	22	59.6	56.2	30.9	41.3
A_2	26.8	19.5	55.5	62.8	24.7	28.7
A_3	30.6	17.7	52	41.4	23.7	16.2
M_1	10.5	17.4	51.6	51.3	57.8	59.4

2 分析与讨论

经比较，从表 2 的数据中可以看出在不同磨损条件下，奥氏体的作用是不一致的。

（1）低应力胶轮磨损。由于这种磨损的主要机制是切削[4]，所以硬度较低的基体总是优先被磨去，γ量越多，基体硬度越低，越容易磨损。基体磨损后，碳化物失去了支撑而容易产生断裂，断裂的碳化物又变成磨粒，其结果加速了磨损。此时马氏体基体则由于硬度高，不容易被切削，故对碳化物起着强烈的支撑作用，所以在以显微切削为主的条件下它比奥氏体更耐磨。从经湿砂橡胶轮磨损的磨面（见图2）可以看到：奥氏体高铬铸铁的切削沟槽既深又宽，切削十分严重，伴随切削还有犁沟变形，沟槽两侧有金属的堆积，在反复变形中可形成犁屑。马氏体高铬铸铁的磨面上切削沟槽则浅而窄，说明它抵抗切削磨损的能力很强。

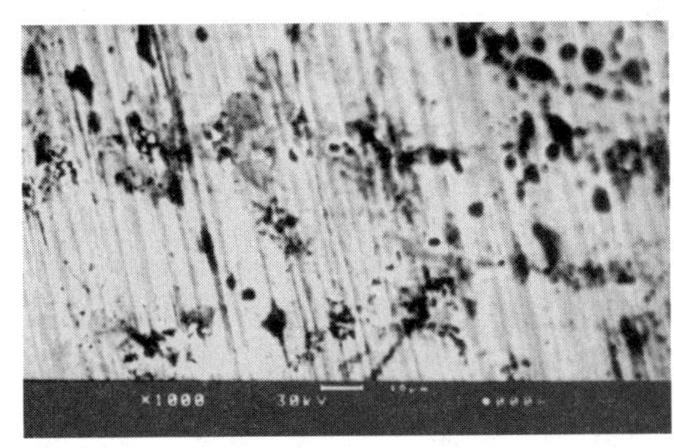

a

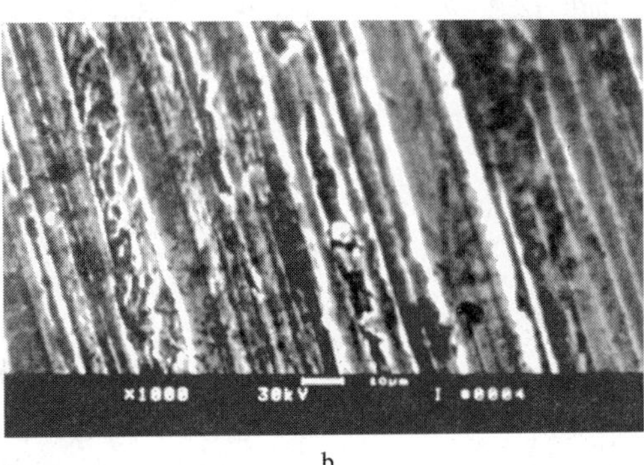

b

图2　湿砂橡胶轮磨损的磨面形貌（1000×）

a—A_3合金（奥氏体高铬铸铁）；b—M_1合金（马氏体高铬铸铁）

对照磨面下亚表层的金相照片图3可看到，由于γ基体不能很好地支撑碳化物，致使碳化物在磨粒切削作用下从距表面一定深度的亚表层折断，反过来较软的基体失去硬质相的保护很快又会被磨去。图3a上可见即将磨掉的基体。再从马氏体合金的亚表层照片图3b看，磨面比较平整，基体和碳化物彼此起着良好的支撑和保护作用，所以磨损量少。

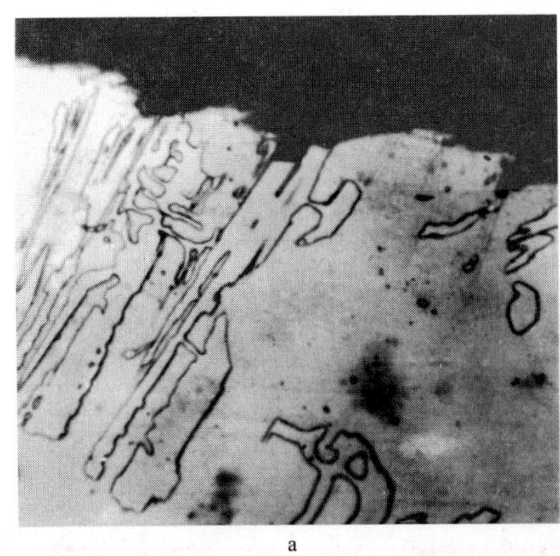

a

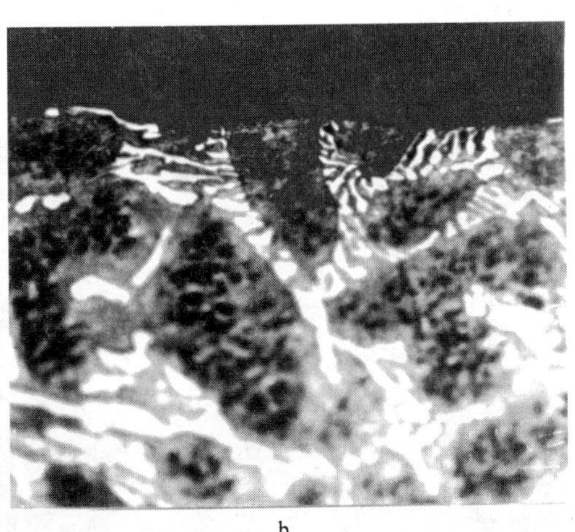

b

图3　湿砂橡胶轮磨损面的亚表层金相照片

a—A_3合金（2000×）；b—M_1合金（600×）

（2）销盘磨损。与低应力胶轮磨损情况相反，在销盘磨损中，随基体中 γ 数量增加，磨损失重减少，而且奥氏体合金与马氏体合金的耐磨性十分接近。这是因为应力状态改变后，磨损机制也发生了改变，在这种二体磨损中可能发生显微切削，也可能发生犁沟变形，这主要取决于材料变形能力的大小[5]。在 A_1、A_2、$A_3$3 种合金中，随 γ 数量增加，变形能力增大，磨损机制也由切削机制为主转变为以变形机制为主。奥氏体有良好的变形能力，使得即使从沟内挖出的材料也不是立即脱离母体变为磨屑，从而减小了失重。另外，销盘磨损时应力较高，奥氏体可能还产生了一定程度的加工硬化，这也使其耐磨性有所提高。马氏体的变形能力很小，所以磨损仍以切削机制为主。由于应力高，切削沟槽就比胶轮磨损时深了也宽了。见图 4b。从图 4a 可以看到，这时奥氏体合金的磨面上的沟槽变得浅了、窄了，说明确实有加工硬化产生，只是硬化效果还不够显著，所以在这种磨损条件下奥氏体合金的耐磨性还是略低于马氏体合金。

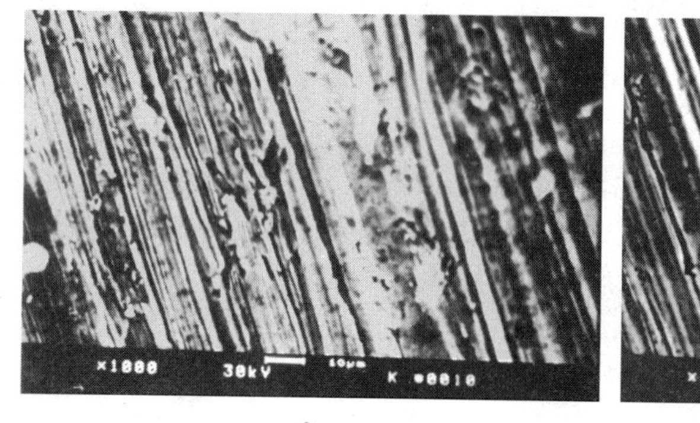

a

b

图 4 销盘磨损的磨面形貌（1000 ×）

a—A_3 合金；b—M_1 合金

（3）冲击磨损。冲击磨损中，磨损表面的情况比较复杂，根据文献［6］用扫描电镜观察得出的结论：在冲击过程中有 3 种磨损机制起作用，即冲击变形磨损、切削磨损与凿削磨损，其结果是在冲击表面上留下变形坑，切削沟槽和脆性剥落。这 3 种磨损机制随外界条件的改变有较大的变化，真正主宰某一特定磨损情况的往往只是个别机制。

从本试验的试样磨损表面的扫描电镜形貌看（见图 5），3 种机制中以冲击和凿削为主，切削较轻。在基体为全奥氏体的 A_3 试样表面可见许多发生塑性变形的冲击和凿削凹坑，在基体为马氏体的 M_1 试样表面则是许多未发生塑性变形或变形轻微的脆性剥落坑。事实上在这种磨损条件下，材料表面局部区域受很大应力，极易使裂纹扩展，对硬脆的碳化物破坏作用很大。因此这种情况下，需要提高材料的显微韧性，增加局部应力集中的缓和能力，才可以提高耐磨性。由于奥氏体塑性变形能力强，韧性好，它与碳化物界面的结合强度较高[4]，同时在冲击力作用下，奥氏体由于产生较强的加工硬化而使材料表面硬度提高，从而起到支撑和保护碳化物的作用。马氏体基体变形能力小，抵抗裂纹扩展的能力差，因此在冲击和凿削作用下极容易产生疲劳剥落和脆性剥落，致使失重量增大。图 6 是与图 5b 相对应的磨面的亚表层组织，可以看见裂纹已经在碳化物上形成，并沿碳化物与基体之间向表面扩展，当裂纹与表面连接，碳化物与基体完全脱离，就会形成脆性剥落坑。因此，在冲击磨损条件下，马氏体基体的耐磨性不如奥氏体好，冲击功越大，冲击时间越长，马氏体的耐磨性会大大下降。

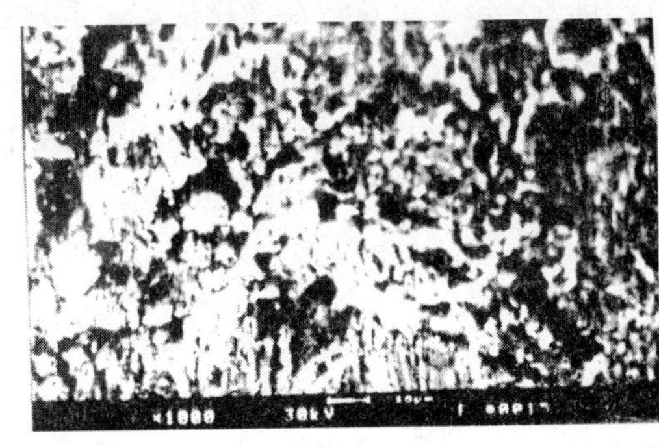

a

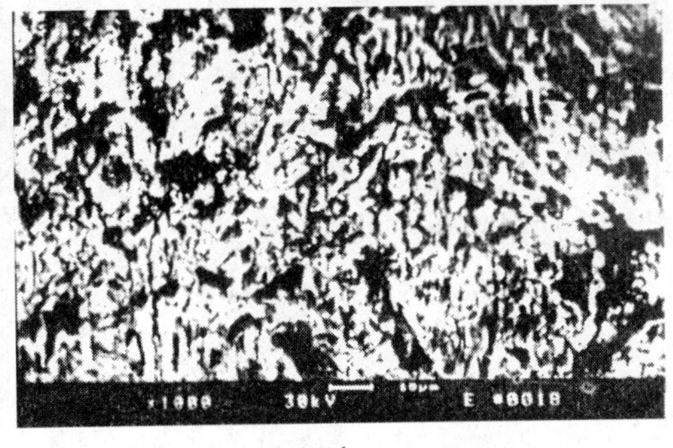

b

图5 冲击磨损的磨面形貌（1000×）

a—A_3合金；b—M_1合金

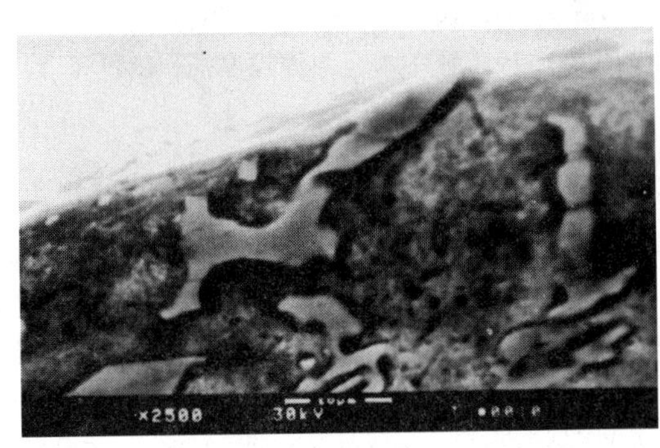

图6 冲击磨损磨面的亚表层组织

M_1合金（2500×）

实验结果还表明，冲击功越大，奥氏体合金的耐磨性越高。这主要是因为冲击功越大，奥氏体的加工硬化程度越高，表面硬化层越深。如本研究还对A_3试样进行了2J和4.2J的15min无磨料冲击，冲击后试样表层基体的显微硬度由原来的HV409分别提高到了HV681和HV824，硬化层深度达到200μm以上，这个高硬度的硬化层显然对耐磨性是有利的，它使得尺寸较大的碳化物凸出基体时不致折断，使碳化物的作用可以像在马氏体基体中那样得到很好的发挥。可见，奥氏体不但韧性好，抵抗裂纹扩展能力强，而且表面因形变强化可以为碳化物提供良好的支撑，因此耐磨性随冲击功增大而增强。

综合以上分析可以看出，在不同磨损条件下，奥氏体高铬铸铁和马氏体高铬铸铁表现出的磨损特性不一样，马氏体铸铁在没有冲击的磨损条件下具有较高的耐磨性，它抵抗切削磨损的能力强，抵抗脆性剥落和疲劳磨损的能力差；而奥氏体铸铁则在有冲击作用的磨损条件下显示出优良的耐磨性，它有较强的抗疲劳和抗脆性剥落的能力，而且冲击载荷越大，抗磨性越高。磨球属于在有冲击载荷工况下工作的易磨损件，根据高铬铸铁磨球的失效分析看[7]，小磨机（ϕ1.83m）中，磨球受到的冲击作用小，磨损机理以切削和变形磨损为主，磨面切削沟槽明显；而大磨机（ϕ3m）中，磨球受冲击较为严重，磨损机理以脆性剥落和疲劳磨损为主，表面常出现开裂和剥落坑。由此可见，马氏体高铬铸铁磨球适宜于在小磨机中工作，奥氏体高铬铸铁磨球则适宜于在冲击载荷较大的大磨机中工作。

3 结语

（1）在ϕ80mm金属型高铬铸铁磨球中，含Mn量从0.6%增加到3.3%时，磨球心部基体组织可由珠光体变为奥氏体。

（2）在不同磨损条件下，马氏体高铬铸铁和奥氏体高铬铸铁表现出的磨损特性不一样，在无冲击作用的磨损条件下，马氏体铸铁具有较高的耐磨性，在有冲击作用的磨损条件下奥氏体铸铁的耐磨性高于马氏体铸铁，且随冲击功增大，奥氏体铸铁的磨损失重减少，马氏体铸铁失重增加。

（3）铸态奥氏体在高应力冲击条件下有强烈的加工硬化特性，经 4.2J、15min 无磨料冲击后，表面硬度可由原来的 HV409 提高到 HV824，硬化层深度可达 200μm 以上，冲击功越大，加工硬化效果越显著。

参考文献

[1] Sare I R. Abrasion Resistant and Fracture Toughness of White Cast Irons[J]. Metals Technology,1979:412.

[2] 张培林，何寿高．无钼高铬白口铸铁抛丸机叶片的研究［J］．上海工业大学学报，1986（2）；175～181.

[3] Rivlin V G. International Metals Reviews[C]. 1984(4).

[4] 周庆德，等．铬系抗磨铸铁（论文汇编）［M］．西安：西安交通大学出版社，1986：58～67.

[5] Murray M J,et al . Int. Conf. On the Wear of Materials[C]. New York(ASTM),1979:58～94.

[6] 李珊，戴枝荣．冲击条件下奥氏体基体中锰球铁的磨粒磨损特性研究［J］．摩擦磨损；1989（3）：41～48.

[7] 磨损失效分析案例编委会．磨损失效分析案例汇集［M］．北京：机械工业出版社，1985：79～96.

【编者按】 本文原载于 Journal of Steel and Related Materials, Steel Grips, 6 (2008) No. 3, p209 ~ 212。

Microstructures and Properties of Coating from Cermet on Surface of H13 Steel by Vacuum Powder Sintering

Zhou Xiaoping

School of Mechanical Engineering, Hubei University of Technology, Wuhan, P. R. China

Abstract: In this paper the microstructures and properties of coating from ternary boride (Mo_2FeB_2) based cermet on the surface of H13 steel by vacuum powder sintering are studied. Effects of sintering technology on the microstructures of the coating are discussed. The interface characteristics between coating and steel substrate, the microhardness distribution and wear resistance in the coating are analysed. The results indicate that coatings from the ternary boride-based cermet with a thickness of 1.5mm, by reaction sintering at 1220℃ is obtained. The coating with microhardness of HV1100 favorable to wear resistance is strongly bonded with the substrate by mutual diffusion and penetration of Fe, Cr, V in steel substrate towards the coating and B, Ni, Mo in the coating towards the steel substrate.

Key words: cermet, ternary boride, vacuum powder sintering, surface coating, H13 steel

1 Introduction

H13 steel widely used for making hot work tool die exhibits high hardenability, high strength at elevated temperature, high wear resistance, good toughness and low thermal fatigue [1,2]. The failure of H13 hot work tool die is mainly attributed to the wear. Research indicates that surface strengthening treatment can effectively prevent from failure resulting in largely elevating service life of tool die. The chemical heatment of soft nitriding and sulfonitriding etc. is often used in productive practice. In this paper the effects of processing parameters on structures and properties of the coating from ternary boride-based cermet on H13 steel surface by vacuum powder sintering.

2 Essential characteristics of ternary boride-based cermet

The ternary boride widely used for wear resistant material exhibits very high hardness and wear resistance. However, its application is largely limited due to difficulties in poor sintering performance and large brittleness[3]. Based on the research on boride-based cemented carbide sintering, the reaction sintering method to obtain sound component is a novel technology, using Ni, Cr, Mo, Fe etc., powders mixed with boron or boride under in-situ reaction at high temperature to generate ternary boride. The structures of sintered product are composed of hard phase of ternary boride and Cr, Ni, Mo containing iron-based bonding phase[4]. During liguid reaction sintering the ternary boride is generated in connection with the elimination of brittle binary boride. The generated sound cermet possesses high strength, hardness and wear resistance. In addition, it also exhibits almost the same thermal expansion coefficient as steel[3,4], resulting in low thermal stress during sintering for bonding of cermet with steel substrate.

3 Experimental procedure

The chemical composition of the coating made of ternary boride based cermet is: 35% FeB, 45% Mo, 3% Ni, 2% Cr, 15% Fe. The raw materials used comprise pure powders of 5 ~ 10μm Mo, 5 ~ 10μm Cr, 5 ~ 10μm Ni, and 10 ~ 15μm Fe, as well as 20 ~ 30μm FeB.

H13 steel with the chemical composition of 0.40% C, 1.05% Si, 0.32% Mn, 5.0% Cr, 1.35% Mo, 1.10% V, 0.02% P, 0.015% S, was used as substrate. Acetose washing was carried out as pretreatment of the substrate.

Sample preparation: The powders are mixed in a ball grinding mill for 30h. The sample was round, diameter was 40 mm, thickness 10 mm. It was coated with the previously mixed powder of 3mm thickness. And then the sample was vacuum dried at 80℃, followed by sintering in a vacuum furnace at a pressure of 1.0 Pa.

Analysis: X-ray diffractometer, electro-probe, hardness tester are used to detect phase constituents, to analyse element distribution, to measure hardness, respectively. The antifriction performance is determined under the following conditions: loading of 60 N, rotation rate of 1102 r/min in dry frictional condition for 2h and 6 repetitions amounting to a total of 12h. Weighing of frictional loss is carried out by an analytic balance.

4 Results and discussion

4.1 Effects of sintering temperature on microstructures in the coating

The sintering cycle diagram is indicated in Fig. 1. A sintered thickness of 1.5 mm in the coating is obtained. Form of coating is shown in Fig. 2. The microstructure is shown in Fig. 3. X-ray diffraction pattern is indicated in Fig. 4.

Based on the chemical constituents selected in this paper, the sintering process for the coating from ternary boride based cermet is divided into three stages[5,6].

At temperature below 1092℃, Fe-Mo-FeB mixed powder under in-situ reaction is transformed into Fe, Fe_2B and Mo_2FeB_2 solid phases. Before liquid phase formation the Mo_2FeB_2 is formed.

$$FeB + Fe = Fe_2B$$

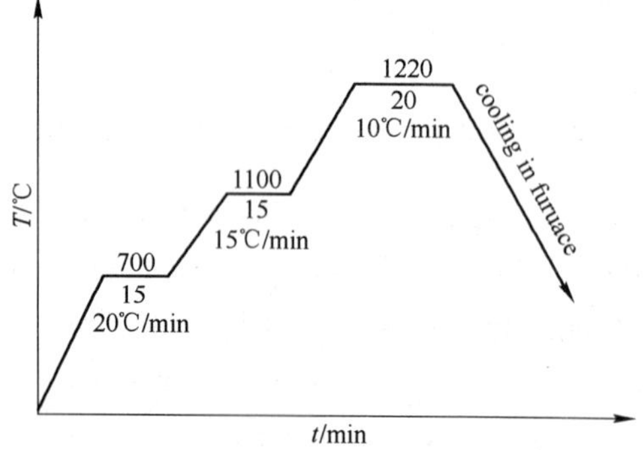

Fig. 1 Sintering cycle diagram

$$2FeB + 2Mo \xlongequal{\quad} Mo_2FeB_2 + Fe$$

$$2Fe_2B + 2Mo \xlongequal{\quad} Mo_2FeB_2 + 3Fe$$

At temperatures ranging from 1092℃ to 1142℃, austenite (A) with Fe_2B is transformed into liquid phase L_1, during eutectic reaction, then after L_1 formation the capillary reaction redistributes and the solid grains of A and Mo_2FeB_2. lead promptly but incompletely to sound structure initial liquid sintering stage.

$$A + Fe_2B = L_1$$

At temperatures above 1142℃, L_1 reacts on A and Mo_2FeB_2 to transform into L_2 which is strongly capable of dissolving Mo_2FeB_2 so as to obtain completely sound structure.

$$A + L_1 + Mo_2FeB_2 = L_2 + Mo_2FeB_2$$

According to sintering cycle the three-stage containing sintering process is conducted completely so as to obtain ideal structure.

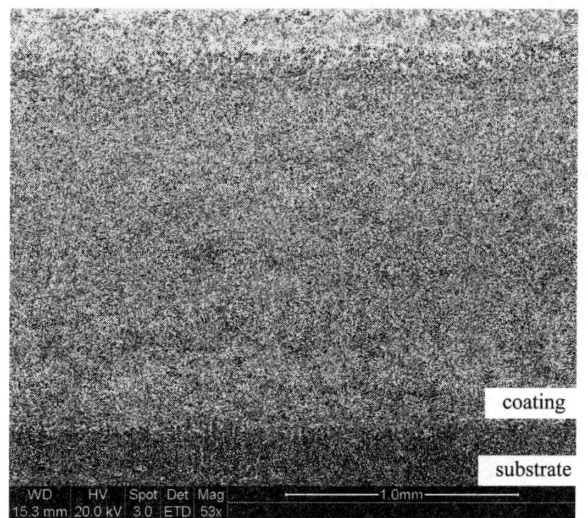

Fig. 2 Form of sintered coating

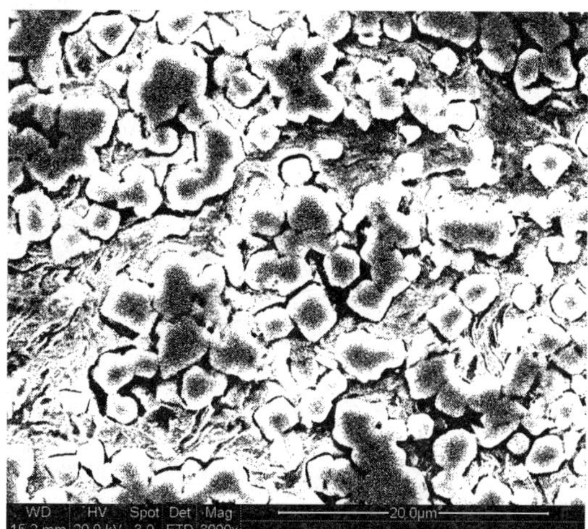

Fig. 3 Microstructure in sintered coating

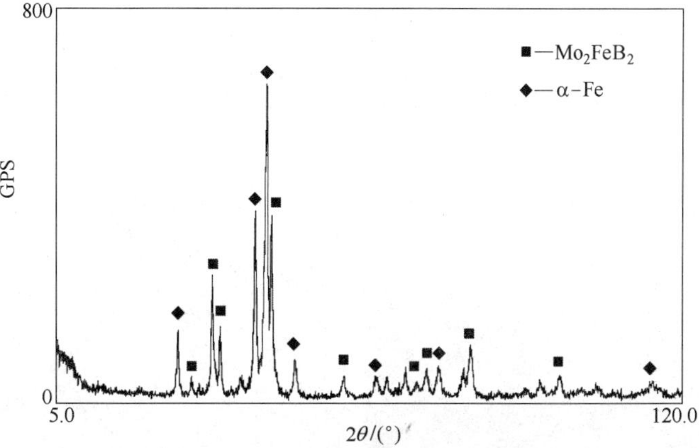

Fig. 4 X-ray diffraction pattern in sintered coating

4.2 Interface microstructures between coating and steel substrate

Interface microstructures between coating and substrate is shown in Fig. 5.

Electroprobe analysis indicates (Fig. 6) that during sintering process elements B, Ni, Mo in coating may diffuse towards steel substrate in connection with Mo_2FeB_2 formation while Fe, Cr, V in steel substrate may diffuse towards coating so as to form diffusion-penetration layer between coating and steel substrate resulting in firmly metallurgical bonding of the substrate with coating from ternary boride-based cermet.

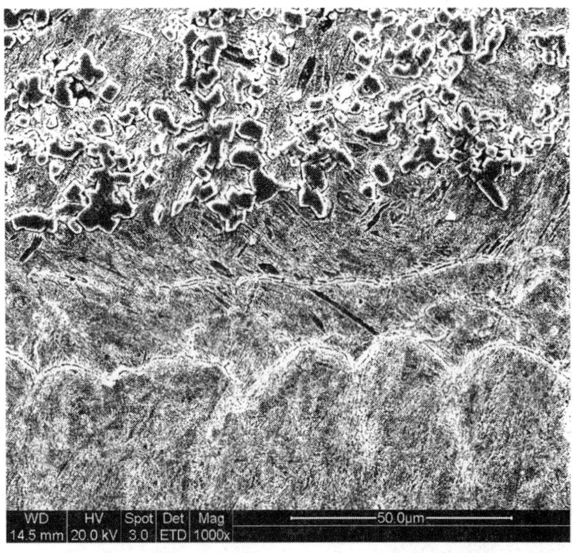

Fig. 5 Interface microstructures between coating and substrate

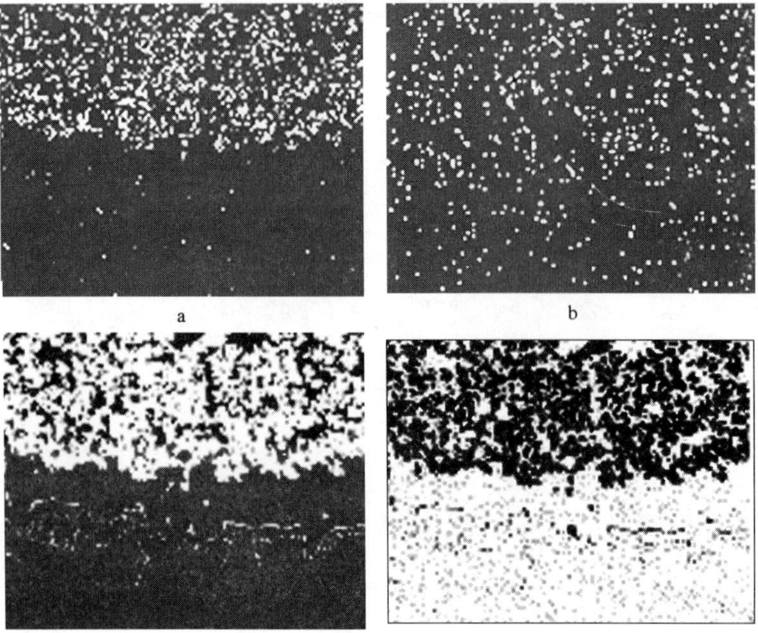

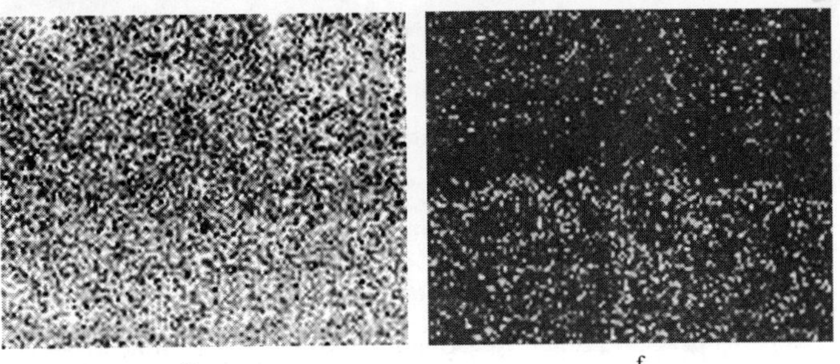

Fig. 6 Essential elements distribution in interface zone

a—B distribution; b—Ni distribution; c—Mo distribution; d— Fe distribution;

e—Cr distribution; f—V distribution

4. 3 Microhardness in the coating

Microhardness distribution in cross section of the sample is shown in Fig. 7, from which microhardness of HV1100 in the coating is seen.

4. 4 Wear resistance in the coating

The wear resistance of the sample coated from ternary boride-based cermet in comparison with that of H13 steel (HRC = 52) is shown in Fig. 8. It is indicated that both materials have no difference in wear loss at initial stage while with time insrease the wear loss of the coating is significantly lower than that of H13 steel. Namely the coating is superior in wear resistance to H13 steel.

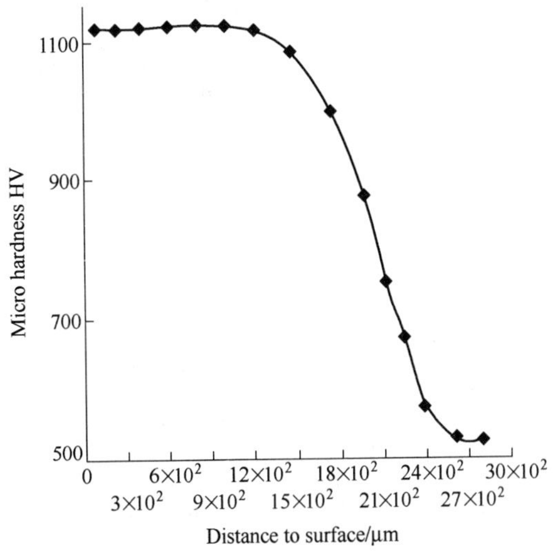

Fig. 7 Microhardness distribution in cross section of sintered coating

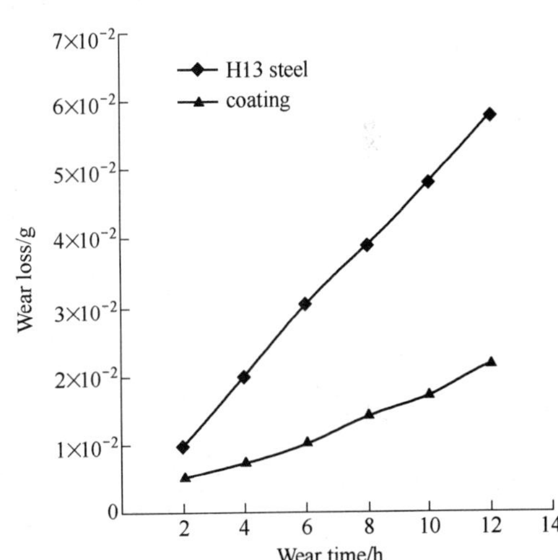

Fig. 8 Curves of wear loss test

During liquid reaction sintering, the in-situ reaction in the mixed powder forms a large number of Mo_2FeB_2 solid phases which has high hardness, the eutectic liquid phase which produced in coating can produce the firmly metallurgical bonding between the substrate and the coating by wetting the substrate and forms the densification coating.

Cause of the addition of Cr, Ni, Mo in the powder and the solid-solution of C, Mo, Cr, V in the coating, the bonding phases has high strength and toughness.

Mo_2FeB_2 solid phases is formed in reaction which do not wet with the substrate can insert into the substrate firmly.

Because of all above, the ternary boride based cermet has higher wear resistance.

The friction and wear structure of the surface is shown in Fig. 9. In the initial stage, there is obvious ridge in the bonding phases and Mo_2FeB_2 solid phases resist the abrasive attrition effectively. As the solid phases are worn gradually, the substrate is worn quickly. After a long period, Mo_2FeB_2 solid phases are disjuncted from the surface of the coating by recurrent extrusion and wearing.

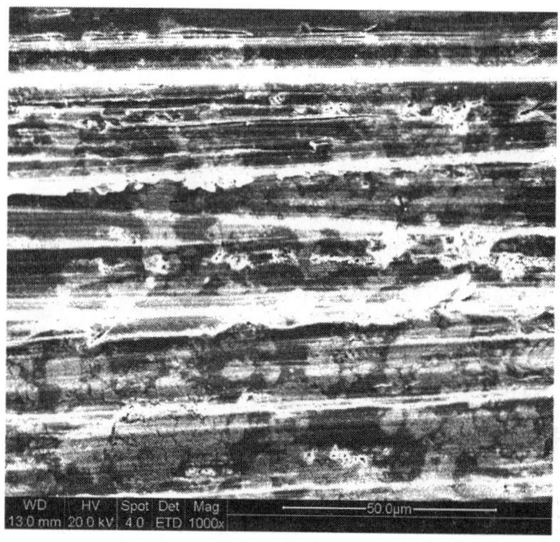

a

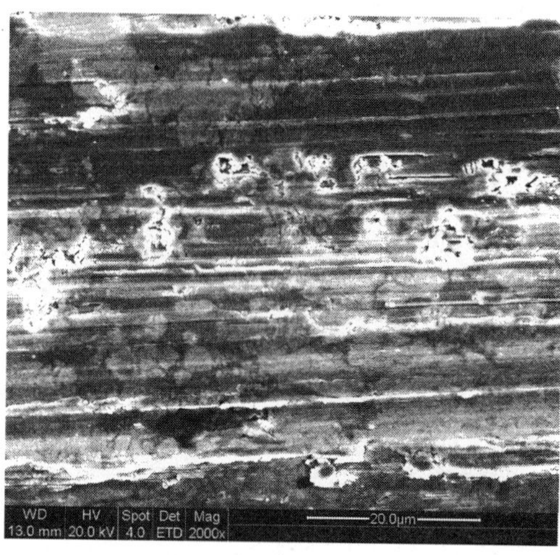

b

Fig. 9 The friction and wear structure of the surface

a—wear for 2h; b—wear for 8h

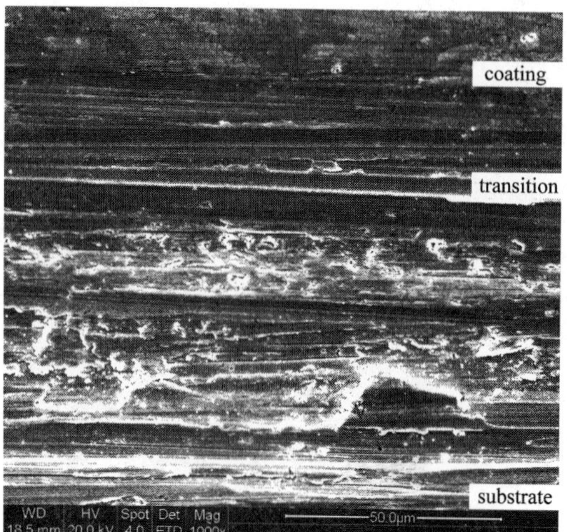

Fig. 10 The friction and wear structure of the section

So the spalling of the Mo_2FeB_2 solid phases is the critical failure path of coating.

The friction and wear structure of the section is shown in Fig. 10. The ridge is not shown in the coating, but shown in the transition, and deeper in the substrate and there are obvious detrital besides the ridge.

Because of a large number of Mo_2FeB_2 solid phases, the coating has the best wear resistance. The transition has solid-solution martensitic, so has better wear resistance. The hardness of the substrate is the lowest, so has the worst wear resistance.

5 Conclusion

(1) Powder constituents of the coating from ternary boride-based cermet by vacuum powder sintering:35% FeB,45% Mo,3% Ni,2% Cr,15% Fe.

(2) Optimum sintering cycle diagram is shown in Fig. 1.

(3) Microstructures in the coating:bonding phase of α-Fe + Mo_2FeB_2 hard particulate.

(4) Diffusion of B, Ni, Mo in coating towards steel substrate in combination with diffusion of Fe, Cr, V in steel substrate towards the coating results in firmly metallurgical bonding in the diffusion-penetration layer between the coating and steel substrate.

(5) Microhardness of HV1100 in prepared coating by vacuum powder sintering is superior in wear resistance to H13 steel, resulting in elevation of both surface and integrated performances of the material in a great extent.

Acknowledgement

The project is financed by national natural scientific foundation (50175086,50335060), Ministry of Education([2002]383) and Hubei Provincial Department of Education (2004J002).

Authors would like to express their sincere appreciation to Professor Xiong for technical discussions during writing this paper.

References

[1] J. SjÖstrÖm, J. BergstrÖm. Thermal fatigue testing of chromium martensitic hot-work tool steel after different austenitizing treatments. Journal of Materials Processing Technology 153—154(2004):1089—1096.

[2] A. Persson, S. Hogmark, J. BergstrÖm. Simulation and evaluation of thermal fatigue cracking of hot work tool steels. International Journal of Fatigue 26(2004):10951107.

[3] K. Takagi, M. Komai and S. Matsuo. Powder Metallurgy Proceeding of World Congress, PM,94, Paris, European Powder Metallurgy Association, 1994. 1:227—234.

[4] K. Takagi, S. Ohira, T. Ide et al. New P/M iron containing multiple boride base hard alloy. Modern Developments in Powder Metallurgy, 1985. 16:153—166.

[5] Zhang Tao, Zhao-Qian Li, Chuan-Zhen Huang. Liquid Sintering and Application of Ternary Boride Based Cermet. Journal of Inorganic Materials, 2002, 17(1):17—23.

[6] Yong-guo Wang, Zhao-Qian Li, Jian-Xin Deng et al. The Study of Ternary Boride Based Cermet Produced by Reaction Sintering Method. Journal of Ceramics, 2000, 21(4):209—213.

【编者按】 本文原载于《材料热处理学报》2008 年第 29 卷第 1 期。

热处理对耐磨铸造 Fe-C-B 合金组织及性能的影响

宋绪丁[1] 符寒光[2] 杨 军[3]

1. 长安大学工程机械学院，西安，710064；
2. 西安交通大学材料科学与工程学院，西安，710049；
3. 西安建筑科技大学冶金工程学院，西安，710055

摘 要：用光学显微镜、扫描电镜、透射电镜和销盘式磨损试验机研究了硼含量 0.5% ~ 2.0% 和碳含量不大于 0.2% 的铸造 Fe-C-B 合金热处理后的组织和性能，并对铸造 Fe-C-B 合金进行了销盘磨粒磨损试验。试验结果表明：铸造 Fe-C-B 合金的凝固组织为 Fe_2B 相和珠光体、铁素体基体，Fe_2B 相呈鱼骨状和网状分布。Fe-C-B 合金经 950 ~ 1100℃水淬 + 200℃回火处理后，局部出现断网现象，基体全部转变为板条马氏体。随着淬火温度增加，Fe_2B 相断网现象明显，基体中会出现少量片状马氏体。铸造 Fe-C-B 合金热处理后的硬度为 55 ~ 60HRC，冲击韧度大于 $10J/cm^2$，动态断裂韧度大于 $30MPa \cdot m^{1/2}$。在 0.122mm（120 目）石英砂磨粒磨损条件下，Fe-C-B 合金的耐磨性优于高锰钢，比高铬白口铸铁稍低。

关键词：Fe-C-B 合金，硼化物，微观组织，耐磨性，热处理

Effect of Heat Treatment on Microstructure and Properties of Wear Resistant Cast Fe-C-B Alloy

Song Xuding[1] Fu Hanguang[2] Yang Jun[3]

1. School of Engineering Machinery, Chang'an University, Xi'an, 710064, China;
2. School of Materials Science and Engineering, Xi'an Jiaotong University, Xi'an, 710049, China;
3. School of Metallurgical Engineering, Xi'an University of Architecture & Technology, Xi'an, 710055, China

Abstract: The microstructure and properties of cast Fe-C-B alloy containing 0.5% ~ 2.0wt% B and lower than 0.2 wt% C after heat treatment were investigated by means of optical microscopy (OM), scanning electron microscopy (SEM), transmission electron microscopy (TEM) and wear test. The results show that the solidification microstructure of the cast Fe-C-B alloy consists of Fe_2B type boride and pearlite and ferrite matrix. The distribution of borides is in the form of fishbone and network. After water quenching at 950 ~ 1100℃ and tempering at 200℃, the broken boride network is observed and the matrix transforms to lath martensite in the alloy. When the quenching temperature increases, more broken borides are found, and there is a few plate martensite in the matrix. Hardness of the cast Fe-C-B alloy after heat treatment is 55 ~ 60HRC, its impact toughness and fracture toughness are more than 10 J/cm^2 and 30 MPa · m$^{1/2}$, respectively. Using 120 mesh quartz as abrasive, the wear resistance of cast Fe-C-B alloy under abrasive wearing is higher than that of high manganese steel and slightly lower than that of high chromium white cast iron.

Key words: Fe-C-B alloy, boride, microstructure, wear resistance, heat treatment

提到硼元素在钢中作用，人们往往认为在钢中即使含有少量的硼都会产生“硼脆”现象。但是，硼可明显增加钢的淬透性，可节约大量贵重元素，硼和铁形成的硼化物具有高硬度和良好的热稳定性。近年来，由于合金元素 Cr、Mo、Ni、V 等的价格越来越高，而硼铁的价格相对比较低，因此利用硼化物的高硬度和良好的热稳定性，以它为主要硬质相的耐磨材料的研究日益受到国内外材料界的重视[1~3]。基于上述原因，开发一种价格低廉的耐磨铸造 Fe-C-B 合金，其铸造组织为硼化物（Fe_2B）和珠光体、铁素体基体[4,5]。材料的抗磨粒磨损性能一方面取决于硬质相形态、分布、尺寸和数量；另一方面取决于基体对硬质相的支撑和包裹作用。为了提高耐磨铸造 Fe-C-B 合金的耐磨性，本文对硼（B）含量 0.5% ~2.0%、碳（C）含量小于 0.2% 的铸造 Fe-C-B 合金进行了热处理后的组织和性能研究。

1 试验材料及方法

试件的化学成分如表 1 所示，所有试样按文献［6］的熔炼方法浇注成基尔试块。基尔试块用箱式电阻炉经 950℃、1000℃、1050℃和 1100℃奥氏体化水淬 +200℃回火处理后，用线切割机加工冲击韧度试样、断裂韧性试样和磨损试样，其尺寸分别为：20mm × 20mm × 110mm，15mm × 30mm × 140mm 和 ϕ6mm × 25mm。硬度的测量在冲击试样上进行。

表 1 铸造 Fe-C-B 合金的化学成分（%）

C	B	Si	Mn	V	Ti	Fe
≤0.2	0.5 ~ 2.0	0.5 ~ 1.5	0.5 ~ 1.5	0.05 ~ 0.2	0.05 ~ 0.2	Bal.

用 Neophot 32 显微镜进行组织观察，用 JSM-6700F 扫描电镜观察硼化物的形态和基体组织，在 JEM3010 透射电镜上进行薄膜透射观察，研究马氏体的亚结构。磨损试验在 ML-10 销盘式两体磨损试验机上进行，磨料采用 0.122mm（120 目）石英砂。磨损过程是通过在载荷作用下，试样相对于装有砂纸的圆盘运动，磨程 10.409m，载荷分别为 9.8N 和 19.6N。磨损数据取 3 个试样的平均值。磨损量用精度万分之一克的电光分析天平测定。试样相对耐磨性 β 用下式表示：

$$\beta = M_{标} / M_{试} \tag{1}$$

式中，$M_{标}$ 为正火态 20 号钢标样的磨损量，mg；$M_{试}$ 为被测试样的磨损量，mg。实验采用 20 号钢正火状态为标样，高锰钢和高铬铸铁为耐磨性的对比试样，高锰钢经 1050℃水韧化处理，高铬铸铁铸态试样经 600℃回火处理，然后对实验试样、20 号钢、高锰钢和高铬铸铁用线切割加工成 ϕ6mm × 25mm 的圆柱试样。

2 试验结果及分析

2.1 铸造 Fe-C-B 合金凝固组织

根据 Fe-B 合金二元相图[7]可知，含硼量高的 Fe-C-B 合金在凝固过程中，首先从液相中析出γ相，由于Mn、B等元素在γ相的分配系数小于1[7]，引起合金元素和硼在γ相长大的同时向γ相周围的液相富集，当合金的温度下降到1149℃，残余液相硼含量达到3.8%时，残余液相发生共晶反应生成γ相+Fe_2B共晶组织。随后合金在冷却过程中，γ相中固溶的硼量不断减少，以二次Fe_2B相在奥氏体晶界沉淀，最终γ相转变为铁素体和珠光体组织。铸造Fe-C-B合金的凝固组织见图1，其中图1a和b分别为铸造合金的低倍和高倍组织。从显微组织可以看出，共晶Fe_2B相呈现为鱼骨状组织，二次Fe_2B相在初生奥氏体晶界呈现网状组织。基体组织由大量铁素体和少量珠光体组成。

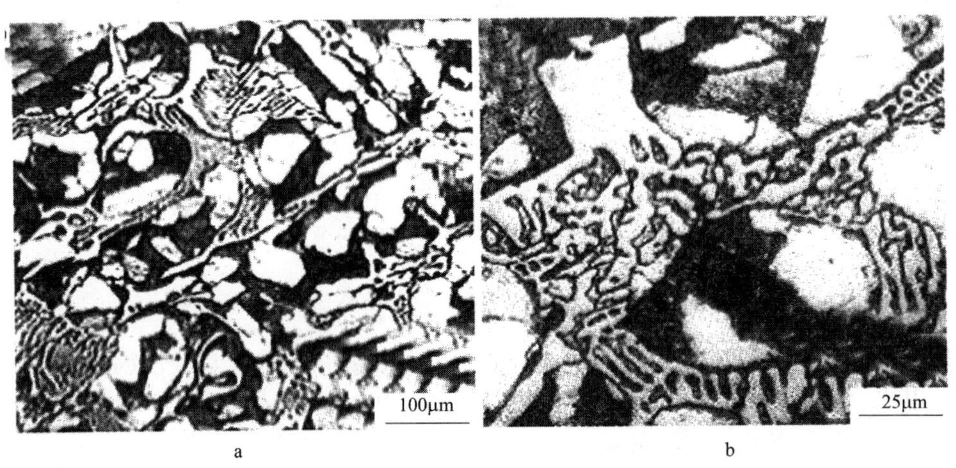

图1 铸造Fe-C-B合金的低倍组织（a）和高倍组织（b）

2.2 热处理对Fe-C-B合金组织的影响

根据Fe-B合金二元相图[7]可知，Fe-B-C合金的奥氏体化温度范围在910～1149℃之间，因此选择950℃、1000℃、1050℃和1100℃进行奥氏体化，保温时间2h，目的是让二次Fe_2B相重溶，提高奥氏体的含硼量，使网状硼化物断开，形成断续的网状硼化物。由于硼化物的存在，高的奥氏体化温度不会引起奥氏体晶粒长大。由于其基体碳含量较低，具有良好的耐热冲击性能，选择Fe-C-B合金的淬火冷却方式为水淬，不会引起开裂。淬火后及时进行200℃回火，得到较稳定的回火马氏体组织。

Fe-C-B合金在不同奥氏体化温度下淬火+200℃回火后的组织如图2所示，从组织观察可知：不同奥氏体化温度热处理后，组织中共晶鱼骨状硼化物相的形态变化不明显，但是随着奥氏体化温度的提高，特别是温度在1050℃、1100℃时，由于二次硼化物的重溶，部分网状硼化物断网，形成不连续的网状硼化物。基体组织热处理后全部为回火马氏体组织，而且主要为韧性高的板条马氏体。随着奥氏体化温度的提高，二次硼化物重溶量增加，使奥氏体的固溶硼量增加，特别是在1050℃、1100℃奥氏体化时，由于固溶硼量的明显增加，使基体中出现了少量针状马氏体，形成了混合马氏体组织，如图2c、d所示。

大量的研究证明，低碳钢和低碳合金钢淬火后一般获得板条马氏体，很难获得针状马氏体[8]。本研究的基体组织中，虽然奥氏体的含碳量比较低，但在高温奥氏体化时硼元素的固溶量增加，占据了奥氏体的部分间隙。根据Fe-B合金二元相图[7]，硼在奥氏体的最大固溶量为0.02%，少量硼的固溶相当于增加了奥氏体的含碳量，使基体中出现了针状马

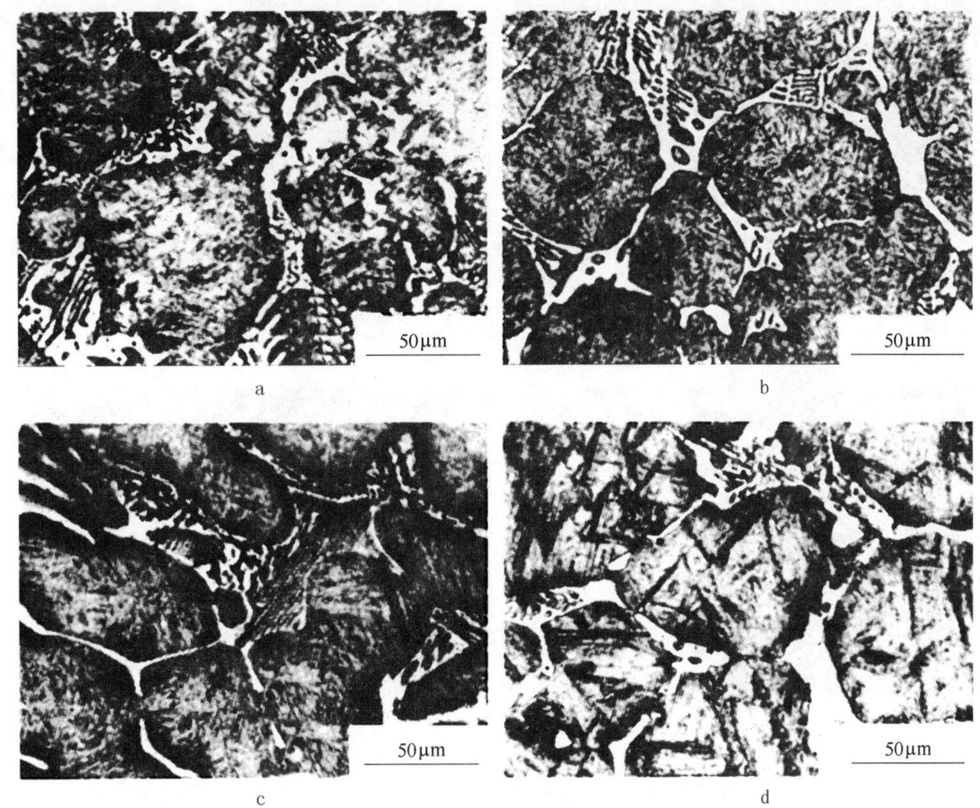

图2 Fe-C-B 合金在 950℃（a）、1000℃（b）、1050℃（c）、1100℃（d）淬火和 200℃回火后光学显微组织

氏体。为了进一步弄清楚马氏体的形态和亚结构，对 Fe-C-B 合金进行了扫描和透射电镜观察。图 3a 为 1000℃奥氏体化淬火和回火后基体的板条马氏体的形态，图 3b 为共晶硼化物和基体马氏体的形态。图 3c 为 1000℃奥氏体化淬火和回火后马氏体的亚结构，这种马氏体由宽度 0.1～0.2μm 的板条组成，在板条之间缠结有大量的位错，属于位错型马氏体。板条马氏体与母相奥氏体的晶体学位向符合 K-S 关系，惯习面为 $(111)_\gamma$，在一个奥氏体内可能有 3～4 个马氏体板条束。随着奥氏体化温度的提高，板条马氏体的板条束宽度有所增加。图 3d 为 1100℃奥氏体化淬火和回火后马氏体的亚结构，可以看出马氏体内相变孪晶，它是针状马氏体的主要特征。

2.3 热处理对 Fe-C-B 合金性能的影响

热处理前后硼化物的硬度没有明显变化，硼化物的硬度为 1400～1800HV0.1。表 2 列出了 Fe-C-B 合金经不同奥氏体化温度淬火 + 回火后的宏观硬度、基体显微硬度、冲击韧度和断裂韧度。

从表 2 看出，奥氏体温度对 Fe-C-B 合金热处理后的硬度影响比较小，材料硬度在 55～60HRC 范围内。但是奥氏体化温度明显影响材料的冲击韧度和断裂韧度，表现为随着奥氏体化温度的提高，材料韧度下降。这主要与基体的马氏体形态有关，1050℃、1100℃

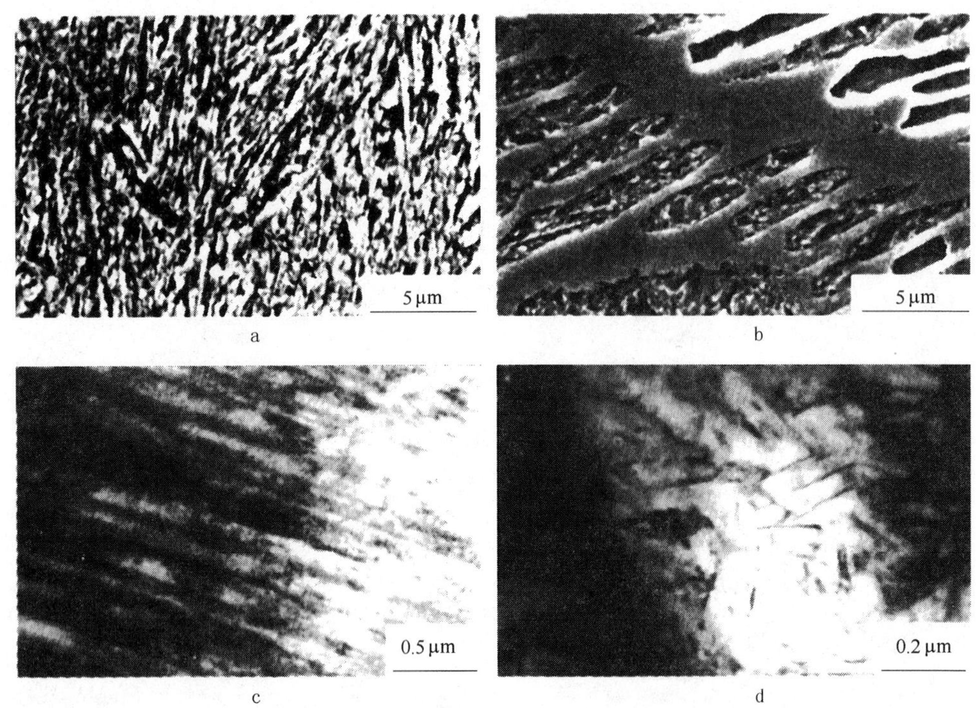

图 3 1000℃奥氏体化淬火和 200℃回火后 Fe-C-B 合金微观组织及亚结构
a—基体中板条马氏体的 SEM；b—鱼骨状硼化物和马氏体的 SEM；
c—板条马氏体的亚结构；d—马氏体相变孪晶

表 2 Fe-C-B 合金热处理后的力学性能

奥氏体化温度/℃	硬度 HRC	基体显微硬度 $HV_{0.1}$	a_K/J · cm^{-2}	K_{IC}/MPa · $m^{1/2}$
950	55.4	596	12.5	31.3
1000	58.0	645	14.6	35.1
1050	58.2	612	10.8	30.8
1100	57.3	660	10.4	30.3

奥氏体化后，虽然使网状硼化物局部断开，但是淬火后马氏体板条粗大和出现少量针状马氏体，使材料的韧度下降。

图 4 为 Fe-C-B 合金经不同奥氏体化温度热处理后的相对耐磨性与高锰钢（Mn13 铸态）和高铬铸铁（Cr15Mo3）的对比图。可以看出：无论低载荷还是高载荷情况下，Fe-C-B 合金的耐磨性明显高于高锰钢，略低于高铬铸铁。Fe-C-B 合金表现出优异的耐磨性，这与 Fe-C-B 合金中高硬度的硼化物硬质相和高韧性的板条马氏体基体有关。不同奥氏体化热处理对合金的相对耐磨性影响不大，在 1100℃奥氏体化的耐磨性最好，1000℃次之，950℃最差。这与 1100℃奥氏体化时，基体中出现混合马氏体，提高了基体的硬度有关。Richardson 认为：在以显微切削机制为主的条件下，材料磨后硬度与磨料硬度比大于 0.8

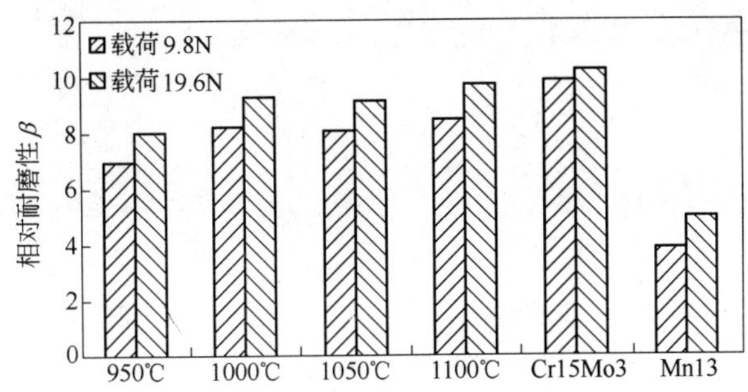

图 4 Fe-C-B 合金和其他材料的相对耐磨性对比

时，硬质相能抵抗磨料的切削，对基体起到很好的保护作用[9,10]。Fe-C-B 合金经不同奥氏体化热处理后，组织中高硬度的 Fe_2B 化合物具有强有力的支撑和包裹作用，抵抗磨粒的显微切削作用明显。而高锰钢在低冲击情况下，未达到表面硬化效果，表现出低的耐磨性，高铬铸铁中含有大量 M_7C_3 碳化物和高硬度的基体，表现出高的耐磨性。

3 结论

（1）铸造 Fe-C-B 合金的凝固组织为硼化物（Fe_2B）和珠光体、铁素体基体，硼化物呈鱼骨状和网状分布。

（2）Fe-C-B 合金经 950～1100℃水淬 +200℃回火处理，局部再现断网现象，基体全部转变为板条马氏体，随着淬火温度增加，断网现象明显，基体中会出现少量片状马氏体。

（3）不同奥氏体温度对 Fe-C-B 合金热处理后的整体硬度影响比较小，材料的硬度在 55～60HRC 范围内，随着奥氏体化温度的提高，材料韧度下降。

（4）在 0.122mm（120 目）石英砂磨粒磨损条件下，Fe-C-B 合金的耐磨性优于高锰钢，比高铬铸铁稍低。

参考文献

[1] Dogan O N, Hawk J A, Rice J. Comparison of three Ni-hard I alloys[C]. Materials Science and Technology. AIST Process Metallurgy, Product Quality and Applications Proceedings. New Orleans, LA, United States, Sep 26～29, 2004: 451～455.

[2] Martini C, Palombarini G, Poli G, et al. Sliding and abrasive wear behaviors of boride coatings [J]. Wear, 2004, 256: 608～613.

[3] Christodoulou P, Calos N. A step towards designing Fe-Cr B-C cast alloys [J]. Materials Science and Engineering A, 2001, 301(2): 103～117.

[4] 符寒光，蒋志强．耐磨铸造 Fe-B-C 合金的研究［J］．金属学报，2006（5）：545～548.

[5] 符寒光．铸造 Fe-B-C 合金组织和性能的基础研究［J］．铸造，2005（9）：859～863.

[6] 宋绪丁，蒋志强，符寒光．高硼钢的制备与应用［J］．铸造技术，2006（8）：805～808.

[7] 本溪钢铁公司第一炼钢厂．硼钢［M］．北京：冶金工业出版社，1977.

[8] 刘云旭．金属热处理原理［M］．北京：机械工业出版社，1981.

[9] Richardson R C D. Maximum hardness of strained surfaces and abrasive wear of metals and alloys [J]. Wear-Usure-Verschleiss, 1967, 10(5): 353～382.

[10] Richardson R C D. Wear of metals by relatively soft abrasives [J]. Wear, 1968, 11(4): 245～275.

【编者按】 本文原载于《铸造》2008年第57卷第5期498~501页。

硼含量对高硼铁基合金组织和性能的影响

宋绪丁[1] 刘海明[1] 符寒光[2,3] 邢建东[3]

1. 长安大学工程机械学院，西安，710064；
2. 北京工业大学材料学院，北京，100022；
3. 西安交通大学材料科学与工程学院，西安，710049

摘 要：借助Leica图像分析仪，对硼含量0.5%~3.0%和碳含量约0.4%的高硼铁基合金经1000℃×2h水淬，200℃回火4h后进行了硼碳化合物数量分析，并在ML-10销盘式磨损试验机和MLD-10动载冲击磨损试验机上进行了二体磨损和三体磨损试验。试验结果表明：硼含量对硼碳化合物的体积分数的影响呈$y=7.078e^{0.822x}$指数曲线变化。在二体磨损试验条件下，高硼铁基合金的耐磨性优于高铬铸铁，硼含量越高耐磨性越好。在三体动载磨损试验条件下，硼含量低于1.5%的高硼铁基合金的耐磨性优于高铬铸铁，而硼含量大于1.5%的高硼铁基合金的耐磨性比高铬铸铁稍差。

关键词：图像分析，高硼铁基合金，磨粒磨损，硼碳化合物，耐磨性

Effect of Boron Concentration on Microstructure and Properties of High-boron Low-carbon Ferro-matrix Alloy

Song Xuding[1] Liu Haiming[1] Fu Hanguang[2,3] Xing Jiandong[3]

1. School of Engineering Machinery, Chang'an University, Xi'an, 710064, China;
2. School of Materials Science and Engineering, Beijing University of Technology, Beijing, 100022, China;
3. School of Materials Science and Engineering, Xi'an Jiaotong University, Xi'an, 710049, China

Abstract: The amount of boroncarbide in high-boron low-carbon ferro-matrix alloy which contained 0.5% ~3.0wt% B and 0.4 wt% C and was quenched at 1000℃ for 2h and tempered at 200℃ for 4h had been analyzed using the Leica Qwin image analysis system. The wear resistance of high-boron low-carbon ferro-matrix alloy was evaluated under the ML-10 type two-body pin-on-disc wear and MLD-10 type three-body impact wear. The results show that the effect of boron concentration on the volume fraction of boroncarbide is exponential curve, namely, $y = 7.078e^{0.822x}$. Under the two-body pin-on-disc wear, the wear resistance of high-boron low-carbon ferro-matrix alloy is more excellent than that of high chromium cast iron and the wear resistance increase with the increase of boron concentration. Under the three-body impact wear, the wear resistance of high-boron low-carbon ferro-matrix alloy containing smaller than 1.5 wt% B is more excellent than that of high chromium cast iron, and the wear resistance containing more than 1.5wt% B is slightly lower than that of high chromium cast iron.

Key words: image analysis, high-boron ferro-matrix alloy, abrasive wear, borocarbide, wear resistance

硼是我国富有的元素，价格低而且稳定。随着铬、钼、镍、钨、钒等合金元素在钢铁材料中使用量的不断增加，价格飞速上涨，供应日趋紧张，导致普通钢铁耐磨材料生产成本不断攀升。笔者设想在普通钢铁材料中，加入适量硼，通过调节合金中硼含量和碳含量可以实现对硼化物体积分数及基体含碳量的控制，使材料具有优异的耐磨性和强韧性。在此背景下，开发成功了以硼为主要合金元素的高硼铁基合金，具有良好的淬硬性和淬透性，贵重合金元素加入量少，生产成本低廉，熔炼工艺简单，并在工业生产中获得了推广应用[1~4]。本文通过硼合金元素的变化，获得了不同硼碳化合物体积分数的高硼铁基合金，研究了硼含量与硼碳化合物体积分数的关系，并研究了硼碳化合物体积分数对其抗磨粒磨损性能的影响。

1 试验材料及方法

铸造高硼铁基合金材料在 50kg 中频感应电炉内熔炼，炉料为生铁、废钢、硼铁（含 20% B）、钛铁、高碳铬铁和微碳铬铁等。待钢水过热至 1550 ~ 1600℃时，经造渣、扒渣、插铝脱氧处理和加入钛铁定氮处理后，再加入硼铁合金。在蜡模中浇注成基尔试块，经取样进行化学成分分析，所得到的试样的化学成分如表 1 所示。铸态试样经 1000℃ ×2h 水淬和 200℃回火 4h 后，采用 Leica 图像分析仪进行硼碳化合物体积分数的测量。

实验所用试样都取自蜡模浇注的基尔试块。冲击韧性试样尺寸为：20mm × 20mm × 110mm，磨损试验在 ML-10 销盘式试验机上进行二体磨损试验，试样尺寸 ϕ6mm × 25mm，磨料采用 0.122mm（120 目）石英砂纸，载荷 9.8N。在 MLD-10 动载磨损试验机上进行三体动载磨损试验，试样尺寸 10mm × 10mm × 30mm，磨料采用 0.180 ~ 0.323mm（45 ~ 75 目）的石英砂，冲击功 2.5J。耐磨性的对比试样采用 Cr15Cu1Mo 高铬铸铁，高铬铸铁试样经 980℃正火和 550℃回火处理，硬度 56 ~ 58HRC。

表 1 试验材料的化学成分（%）

试样代号	C	B	Cr	Mn	Ti	Si	S	P	其余
B1	0.49	0.65	2.01	1.08	0.13	0.92	0.041	0.024	
B2	0.41	1.10	1.12	1.10	0.19	0.75	0.044	0.031	
B3	0.42	1.67	1.50	0.98	0.14	0.68	0.035	0.033	
B4	0.33	2.15	2.01	1.12	0.18	0.83	0.032	0.035	
B5	0.35	2.57	2.02	0.89	0.13	0.78	0.028	0.037	
高铬铸铁	2.8 ~ 3.0	—	13.5 ~ 15	0.8 ~ 1.5	—	1.08 ~ 1.5	<0.05	<0.05	Cu 1.0 Mo 0.5

2 实验结果及分析

2.1 铸造高硼铁基合金凝固组织

根据 Fe-B 合金二元相图[5]可知，硼含量高的铁基合金在凝固过程中，首先从液相中析出γ相，由于B等元素在γ相的分配系数小于1[6]，引起合金元素和硼在γ相长大的同时向γ相周围的液相富集，当合金的温度下降到1149℃，残余液相硼含量达到3.8%时，残余液相发生共晶反应生成γ相+Fe_2B共晶组织。随后合金在冷却过程中，γ相中固溶的硼量不断减少，以二次Fe_2B相在奥氏体晶界沉淀，最终γ相转变为铁素体和珠光体组织。

铸造高硼铁基合金（B含量为1.1%）的凝固组织见图1，其中图1a和b分别为铸造合金的低倍组织和高倍组织。从金相组织可以看出，共晶Fe_2(B，C）相呈现为鱼骨状组织，二次Fe_2(B，C）相在初生奥氏体晶界呈现网状组织。基体组织由大量铁素体和少量珠光体组成。

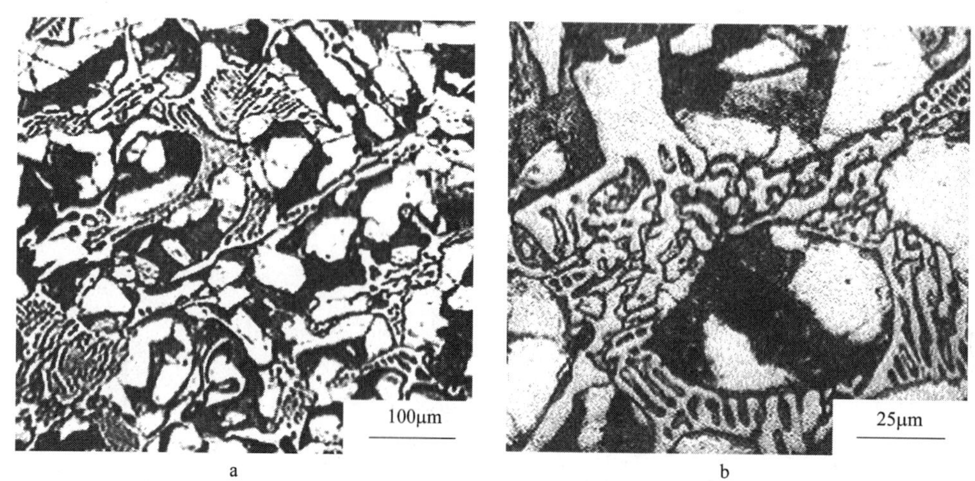

图1 铸造高硼铁基合金的低倍组织（a）和高倍组织（b）

2.2 热处理后硼碳化合物的体积分数

采用Leica图像分析仪对表1的5种不同硼含量的高硼铁基合金经1000℃×2h水淬+200℃回火4h后，进行硼铁化合物体积分数的测定。每个试样测量7个视野的硼碳化合物数量，取其平均值，硼含量的变化对硼碳化合物体积分数的影响如图2所示。实验数据的拟合曲线符合$y=7.078e^{0.822x}$指数曲线，y为硼碳化合物体积分数；x为含硼量。因此，在含碳量一定情况下，硼含量对硼碳化合物的体积分数有明显的影响，呈指数曲线变化。图3显示了硼含量的变化对高硼铁基合金显微组织的影响，随着硼含量增加，硼化物明显增多。

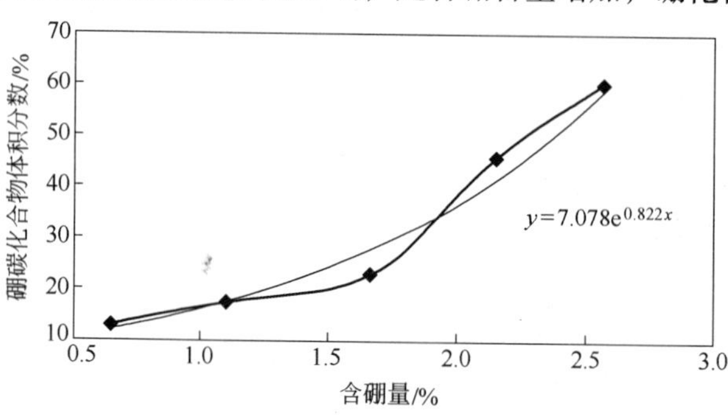

图2 硼含量对硼碳化合物体积分数的影响

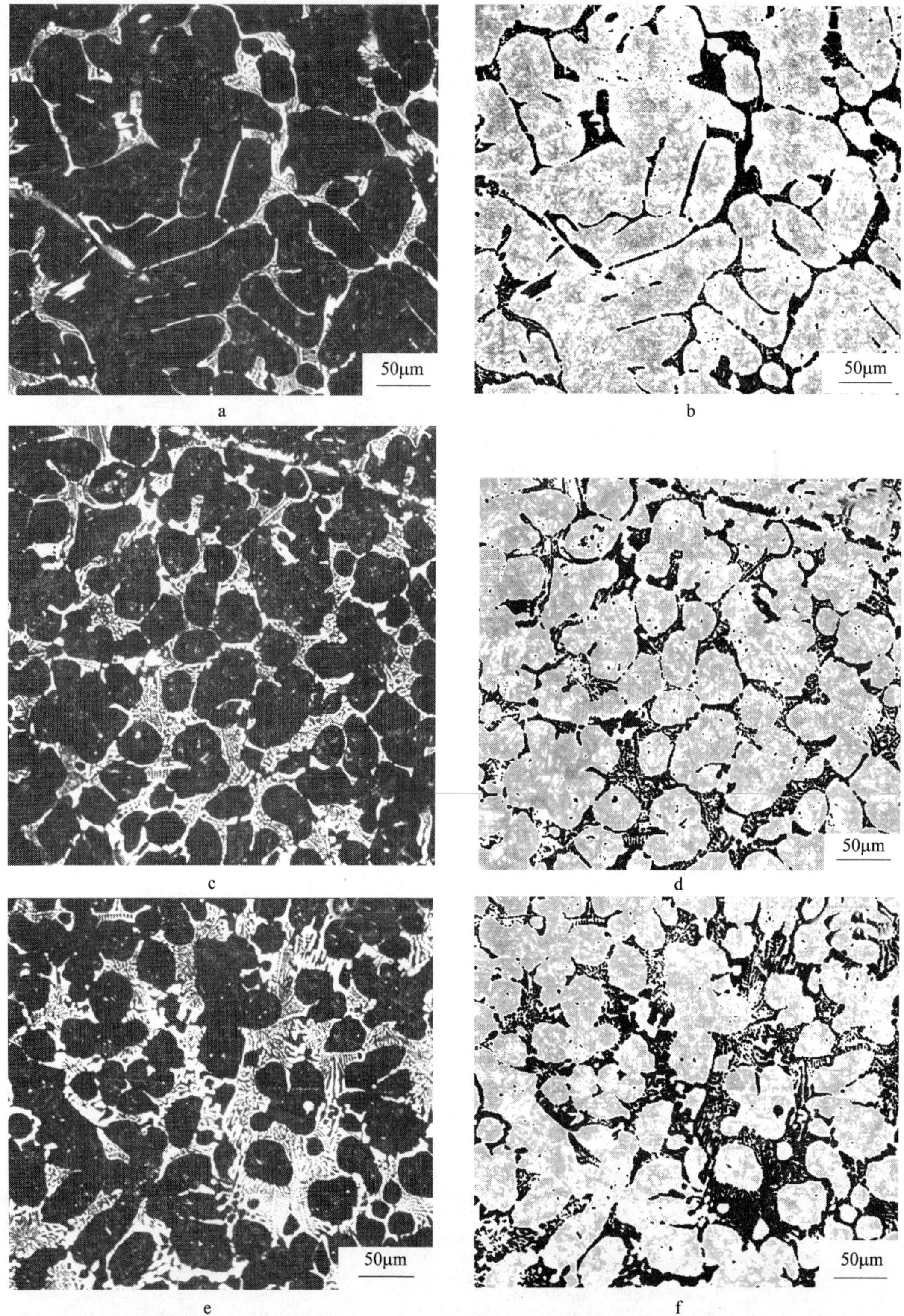
50μm
50μm
50μm
50μm
50μm
50μm
a
b
c
d
e
f

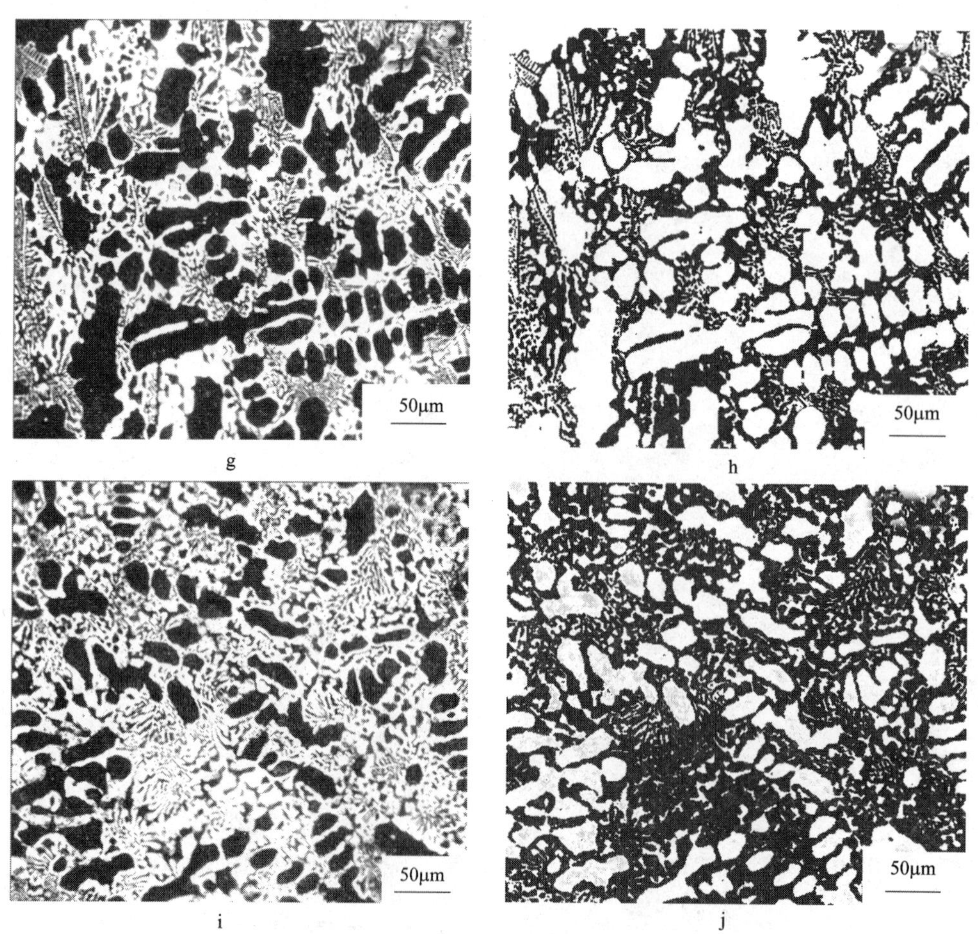

图3 硼含量对高硼铁基合金显微组织的影响

a，b—B1 试样；c，d—B2 试样；e，f—B3 试样；g，h—B4 试样；i，j—B5 试样

2.3 热处理后的组织及性能

高硼铁基合金热处理后组织主要由马氏体基体＋网状的硼碳化合物两部分组成。热处理后的硬度和冲击韧性如表2所示。从表2中可以看出，随着含硼量的增加，高硼铁基合金宏观硬度增加，而冲击韧性减少。这主要是由于硼含量的增加，硼碳化合物的体积分数相应增加引起的。

表2 高硼铁基合金热处理后的硬度和冲击韧性

试样代号	B1	B2	B3	B4	B5	高铬铸铁
硬度 HRC	53	51	57	60.5	60.7	56～58
冲击韧性/J·cm^{-2}	9.5	9.0	8.8	7.0	6.3	8.4

2.4 二体磨损的实验结果及分析

在ML-10磨损试验机上的磨损结果如图4所示。从图中可以看出，B1、B2试样与高铬铸铁耐磨性相当，而B3、B4、B5试样的耐磨性明显高于高铬铸铁。说明当硼含量小于1.5%时，实验材料的耐磨性与高铬铸铁相当，当硼含量超过1.5%时，实验材料的耐磨性明显大于高铬铸铁。这主要与实验材料的宏观硬度和硼碳化合物的体积分数有关。实验材料的硬度和硼碳化合物的体积分数随硼含量增多而增加，明显提高了合金的耐磨性能。二体磨损的磨损机制以微切削机制为主，随着实验材料中硼碳化合物的体积分数增加，抵抗微切削的硬质相增加，硬质相能抵抗磨料的切削，对基体起到很好的保护作用[7,8]，使微切削难以进行，减少了失重量，耐磨性得以提高；同时由于硼化物的显微硬度（HV 1400~1800）大于高铬铸铁的碳化物（Cr，Fe）$_7$C$_3$型的显微硬度（HV 1300~1500），使得微切削也难以进行，从而提高了高硼铁基合金的耐磨性。

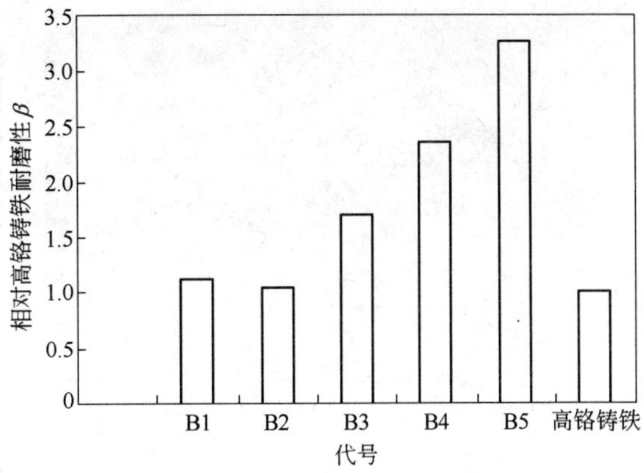

图4 不同硼含量高硼铁基合金的二体磨损试验结果

2.5 三体动载磨损的实验结果及分析

在MLD-10动载磨损试验机上进行的三体动载磨损试验结果如图5所示。从图5中可以看出B1、B2、B3试样的耐磨性高于高铬铸铁，而B4、B5试样的耐磨性略低于高铬铸铁。这主要与三体动载磨损的磨损机制有关，三体动载磨损的磨损机制不同于二体磨损的磨损机制，它主要表现为塑性变形疲劳机制，从图6磨损面的扫描照片可以看出，磨损过程中，在磨粒的作用下，B1、B2、B3试样的塑性变形明显，最后形成塑性变形薄片的疲劳断裂；而B4、B5试样的塑性变形不明显，主要表现为脆性断裂的疲劳磨损。分析其原因认为B1、B2、B3试样的含硼量不高，基体马氏体所占的比例较大，而硼碳化合物的体积分数较少，基体马氏体对硼碳化合物的包裹作用好，在磨损过程中，主要是基体马氏体的塑性变形疲劳磨损。但B4、B5试样中含有大量的硼碳化合物，由于硼碳化合物硬脆，抵抗冲击性能差，容易脆断，因此表现为脆性疲劳断裂而磨损。

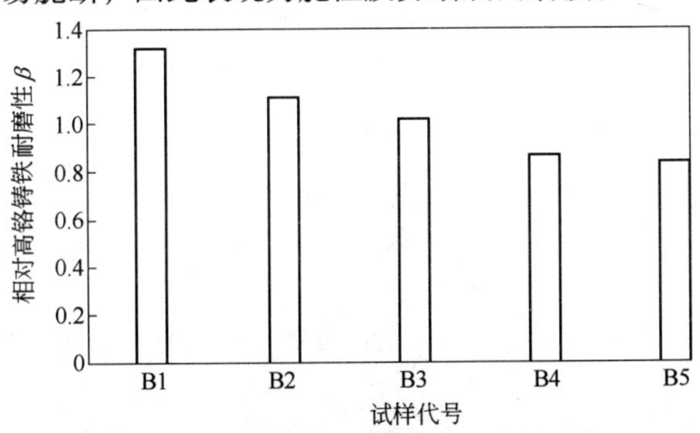

图5 不同硼含量高硼铁基合金的三体动载磨损试验结果

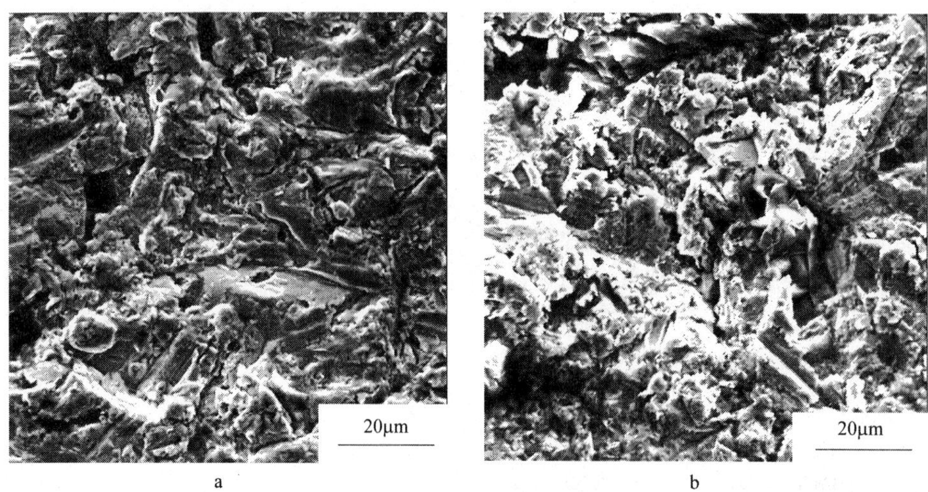

a　　b

图6　三体动载磨损的磨损面扫描形貌

a—B2 试样；b—B5 试样

3　结论

（1）在碳含量相同情况下，硼含量对硼碳化合物的体积分数的影响呈指数曲线变化，实验获得的指数曲线方程为 $y = 7.078e^{0.822x}$。

（2）在二体磨损试验条件下，高硼铁基合金的耐磨性优于高铬铸铁，硼含量越高耐磨性越好。

（3）在三体动载磨损试验条件下，硼含量低于 1.5% 的高硼铁基合金的耐磨性优于高铬铸铁，而硼含量大于 1.5% 的高硼铁基合金的耐磨性比高铬铸铁略差。

参考文献

[1] 宋绪丁，蒋志强，符寒光. 高硼钢的制备与应用［J］. 铸造技术，2006（8）：805 ~ 808.

[2] 符寒光，蒋志强. 耐磨铸造 Fe-B-C 合金的研究［J］. 金属学报，2006（5）：545 ~ 548.

[3] Fu, H, Zhou, Q, Jiang Z. A Study of the Quenching Structures of Fe-B-C Alloy[J]. Materials Science and Engineering Technology, 2007, 38(4): 299 ~ 302.

[4] 宋绪丁，符寒光，杨军. 热处理对耐磨铸造 Fe-B-C 合金组织及性能的影响［J］. 材料热处理学报，2008（1）.

[5] Baker H. ASM Handbook, Volume3, Alloy Phase Diagrams[M]. ASM International, Materials Park, Ohio 44073-0002, 1992: 281.

[6] 本溪钢铁公司. 硼钢［M］. 北京：冶金工业出版社，1977：2 ~ 10.

[7] Richardson R C D. Maximum hardness of strained surfaces and abrasive wear of metals and alloys[J]. Wear-Usure-Verschleiss, 1967, 10(5): 353 ~ 382.

[8] Richardson R C D. Wear of metals by relatively soft abrasives[J]. Wear, 1968, 11(4): 245 ~ 275.

【编者按】 本文原载于 Materials Science and Engineering A 396 (2005) 206 ~ 212.

Heat Treatment of Multi-element Low Alloy Wear-resistant Steel

Fu Hanguang [1] Xiao Qiang [2] Fu Hanfeng [3]

1. Department of Mechanical Engineering, Tsinghua University, Welding Building, Room 204, Beijing 100084, PR China;
2. Department of Mechanical Engineering, University of Wyoming, P. O. Box 3295, Laramie, WY 82071, USA;
3. First Manufacturing Steel Plant, Shanghai Baoshan Iron and Steel Group Corporation, Shanghai 201900, PR China

Abstract: The effects of heat treatment on the performances of Multi-element Low Alloy Wear-resistant Steel (MLAWS) used to make the rolling mill torii liner were investigated. The results show that the hardness and tensile strength increase as the quenching temperature increase to 900℃. However, the hardness decreases rapidly as the quenching temperature increases from 900℃, while the temperature has little influence on the tensile strength when it exceeds 900℃. No clear influence on the impact toughness has been observed unless the quenching temperature is beyond 920℃. As the tempering temperature exceeds 300℃, tiny ε carbides separate out from martensite and bainite complex structures, and cause the carbon content in the complex structures to decrease. This results in the toughness to increase significantly. The best wear resistance can be obtained by tempering at 350℃. The optimum heat treatment of MLAWS comprises quenching at 900 ~ 920℃ and tempering at 350 ~ 370℃.

Key words: rolling mill torii, liner, heat treatment, mechanical performances, wear resistance

1 Introduction

In order to protect the stand, the liners have been installed on the torii of roughing mill[1]. The interval between the liner and the bearing chock of Baosteel ϕ1300mm roughing mill is 1.3mm. When it becomes too large the liner needs to be replaced. Because the poor service condition of the roughing mill, the impact of roll on the roughing mill torii is very large, and the wear of liner is very severe[2]. Therefore, the wear resistant explosive complex liners have been developed, which consist of Q235 steel plate and Multi-element Low Alloy Wear-resistant Steel (MLAWS)[3,4]. Under the explosive complex situation, the structure of MLAWS is pearlite, which has low hardness and poor wear resistance[4]. It is very necessary to study the influences of heat treatment on the mechanical performances and wear resistance of working layer material (namely MLAWS) of complex liner and improve the wear resistance of MLAWS. The influence of quenching and tempering temperature on low alloy steel properties has many reports. P. Q. Dai et al. [5] investigated the effect of quenching and tempering temperature on the impact abrasive wear resistance of 40SiMnCrMoVRE steel and found quenching and tempering temperature affected the wear resistance greatly. The wear resistance increased as quenching temperature increased, and reached maximum at 950℃, and then decreased with further increasing in quenching temperature. The wear resistance decreased slightly as tempering temperature increased below 350℃, and then increased rapidly and come up to the maximum at 400℃, and then declined successively with further increasing tempering temperature. Medium carbon low alloy Cr-Mo-Ni-V steels are used widely for general engineering and ordnance applications. The typical heat treatment for these materials involves a two stage austenitizing, followed by tempering and oil quenching[6,7]. The steel, after heat treatment, is required to meet certain mechanical property specifications set up by the designer. These properties often include the transverse Charpy impact strength at −40℃ and the proof stress. The influence of heat treatment on high carbon low alloy steel properties has few reports. In the present work, the influences of quenching temperature, quenching cooling modes and tempering temperature on the hardenability, mechanical performances and wear resistance of high carbon MLAWS were studied. As a result, we obtain a satisfied heat treatment process.

2 Experimental

MLAWS was melted in an arc furnace. Table 1 shows the composition of the MLAWS. The heat treatment was conducted on a RJX-18-13 resistance furnace. Impact toughness (A_K) tests were performed on a JB30A Charpy impact testing machine. The size of specimen was 10mm × 10mm × 55mm without notch. An 1251-Instron[8] was used for the measurement of fracture toughness (K_{IC}). The specimen size was 10mm × 10mm × 55mm, with a notch of 0.2mm in depth and 2mm in width. The hardness was measured on an HR-150A Rockwell hardness tester. The specimen size was 10mm × 10mm × 20mm. The tensile strength (σ_b), elongation (δ) and section reduction (ψ) tests were performed on a WE-30 universal testing machine[9]. The specimen size was ϕ10mm × 130mm. The wear test was performed at room temperature using a MM-200 wear apparatus described elsewhere[10]. The dimension of samples was 10mm × 10mm × 20mm. Test time was 30 minutes. Anti-wear material was YG6 hard alloy, its dimension was ϕ45mm × 10mm and its hardness was 67—69HRC. Test load was 200N. The reciprocal of wear amount per unit time represents the wear resistance of materials. According to GB6394—86 and GB225—88, the grain sizes and hardenability of austenite were measured using cementation process and end quenching test respectively. The critical points of MLAWS were measured using the expanding method on a Gleeble-1500 thermal stress-strain simulation test machine. The specimen was ϕ8mm × 60mm in size, the experimental procedures are given in detail elsewhere[11,12].

Table 1 The chemical composition of sample (wt. %)

Element	C	Si	Mn	Cr	Ni
Content	0.6 ~ 1.0	0.5 ~ 1.0	0.8 ~ 1.2	0.5 ~ 1.5	0.4 ~ 0.6
Element	Mo	B	Y	K	Na
Content	0.4 ~ 0.8	0.005 ~ 0.015	0.05 ~ 0.10	0.05 ~ 0.15	0.05 ~ 0.15

3 Results and discussion

3.1 Effect of different cooling patterns on the hardenability

The critical points of MLAWS are reported in Table 2. Thereinto, A_{c_1} is the lower critical point at heating, A_{c_3} is the upper critical point at heating, M_s is the starting temperature of martensitic transformation, M_f is the finishing temperature of martensitic transformation. The grain structures at different heating temperature are shown in Fig. 1. The grain sizes of the microstructure are in grade 8 ~ 9 when the specimens are heated to 920℃ and held for 6h. This indicates that the grain sizes of austenite are fine and have a very good stability when heated at 920℃.

Table 2 The critical points of material(℃)

A_{c_1}	A_{c_3}	M_s	M_f
782	845	294	98

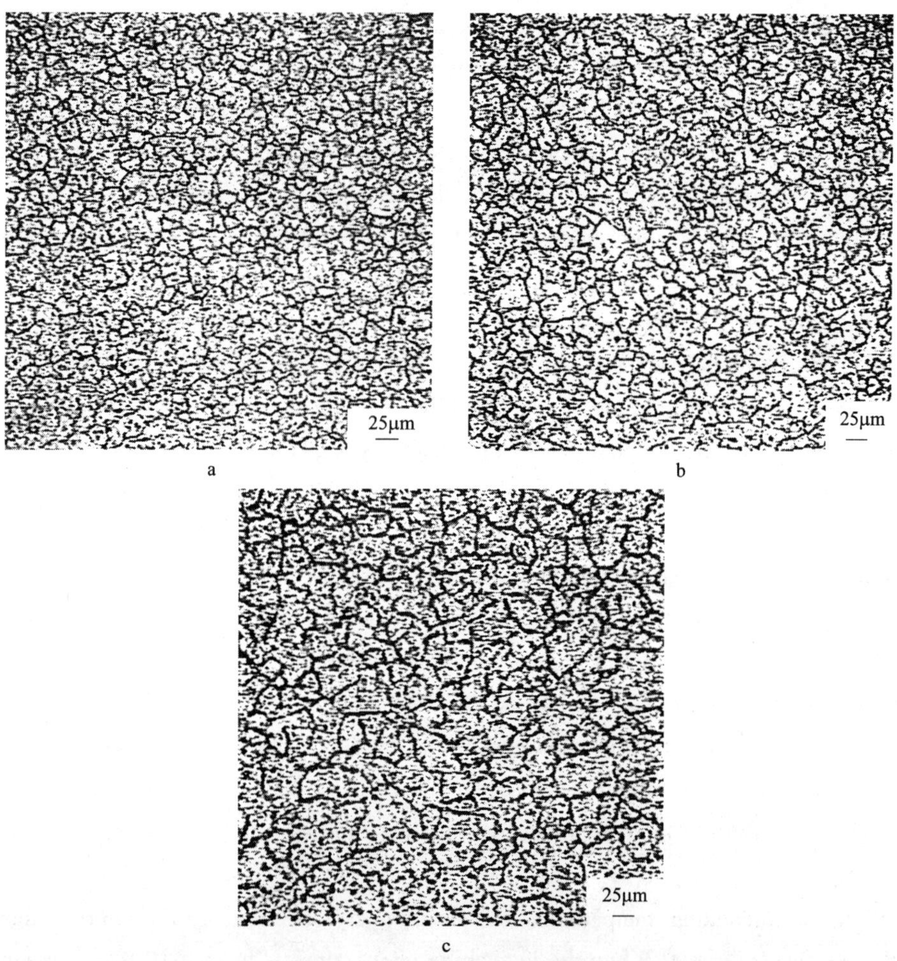

Fig. 1 The grain structures at different heating temperature(held for 6h)
a—840℃; b—920℃; c—960℃

The influences of cooling patterns on the hardenability of MLAWS are shown in Fig. 2. Since there are many alloy elements in MLAWS that can improve the hardenability of the material, the hardenability of MLAWS is excellent. However, it is likely to produce crack under the condition of water and oil cooling due to the high carbon content, the poor heat conductivity and high temperature plasticity[13,14]. Therefore, fog cooling is adopted as the cooling pattern at all stages.

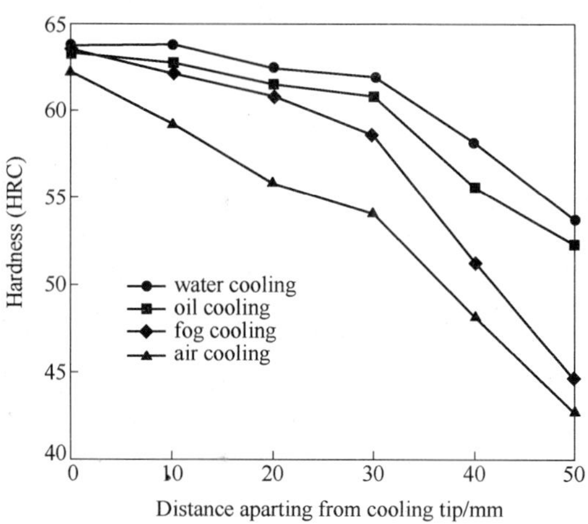

Fig. 2　Effect of quenching cooling modes on hardenability of MLAWS

3. 2　Effect of quenching temperature on mechanical properties

Fig. 3 shows the effects of quenching temperature on the tensile strength and hardness of MLAWS. The hardness increases as the quenching temperature increases to 900℃. However, the hardness decreases rapidly as the quenching temperature increases from 900℃. This correlates with the contents of carbon and alloy elements which dissolves in high temperature austenite. At low quenching temperature, the contents of carbon and alloy elements are relatively small. This results in a quenching structure of bainite and martensite, plus some pearlite with low hardness and poor wear resistance[15,16]. When the quenching temperature is above 900℃, the contents of carbon and alloy elements dissolved in high temperature austenite increase significantly, and the stability of high temperature austenite increases, so the quenching structure contains low hardness retained austenite[5,17]. Therefore, the hardness drops rapidly[18,19]. In addition, it can be seen from Fig. 3 that the effect of quenching temperature on the tensile strengthen of MLAWS is similar to that of hardness when quenching temperature is below 900℃, while the quenching temperature has little influence on the tensile strength when it exceeds 900℃. As we discussed above, the carbon and alloy elements dissolved in high temperature austenite increase with increasing quenching temperature. Accordingly, the quenching structure contains more carbon and alloy elements, which strengthen quenching structures and improve the tensile strength[20]. As quenching temperature exceeds 900℃, the dissolved carbon and alloy elements continue to increase as the temperature increases, and the quenching structure continues to strengthen. At the same time, the stability of matrix increases and quenching structures exist residual austenite having low strength as the temperature increases. The result of the comprehensive function causes tensile strength not to change obviously[21].

Effects of the quenching temperature on the impact toughness and fracture toughness of MLAWS are shown in Fig. 4. When the quenching temperature is below 920℃, it has no obvious influence on the impact toughness. When the quenching temperature is above 920℃, impact toughness slightly drops. This correlates with the growth of crystal grains, as shown in Fig. 1. When quenching temperature is below 920℃, the crystal grains do not easily grow up because of the interaction of micro alloys in the steel, that is, the grain sizes do not change much[22]. Therefore, the impact toughness hardly changes[23]. As the quenching temperature increases from 920℃, the crystal grains grow up constantly[22] and cause the impact toughness to drop slightly. Meanwhile, it can be seen from Fig. 4 that the quenching temperature has no clear influence on the fracture toughness of MLAWS.

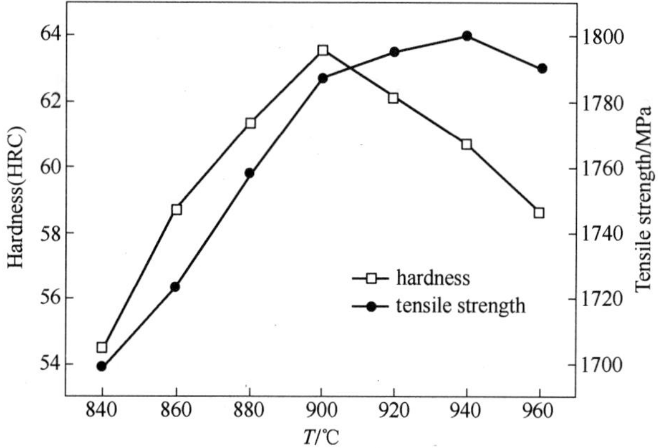

Fig. 3 Effect of quenching temperature on strength and hardness of MLAWS

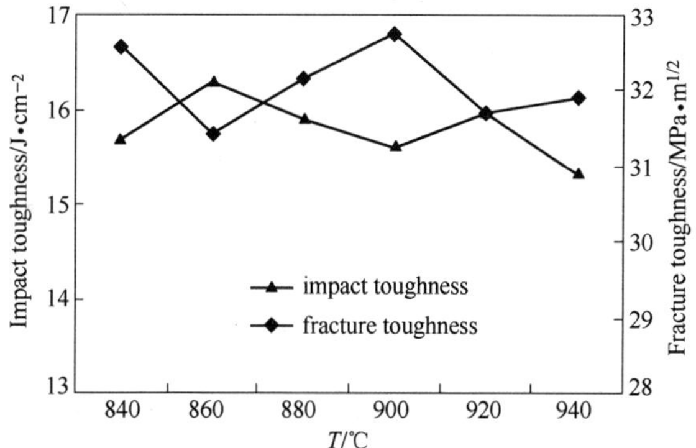

Fig. 4 Effect of quenching temperature on impact toughness and fracture toughness of MLAWS

3.3 Effect of tempering temperature on mechanical properties

MLAWS was quenched at 900℃ and tempered for 2h at different temperatures. The influences of tempering temperature on hardness, tensile strength, impact toughness, fracture toughness, elongation and section reduction are shown in Figs. 5 ~ 7. Fig. 5 shows that the hardness does not change when the tempering temperature is below 150℃. Afterward, the hardness decreases gradually as the temperature increases. The hardness drops about 5 HRC after tempering at

450℃ compare to as-quenched. The hardness tends to drop more rapidly when the tempering temperature is above 450℃. In this case, the structure of MLAWS was transformed into pearlite from martensite because of high temperature tempering. The hardness of MLAWS is therefore reduced more rapidly[24]. Similar behavior can be observed for tensile strength which varies with the increase of the tempering temperature. The slight difference is that the tensile strength curve is smoother than that of hardness curve as the tempering temperature increases from 150℃.

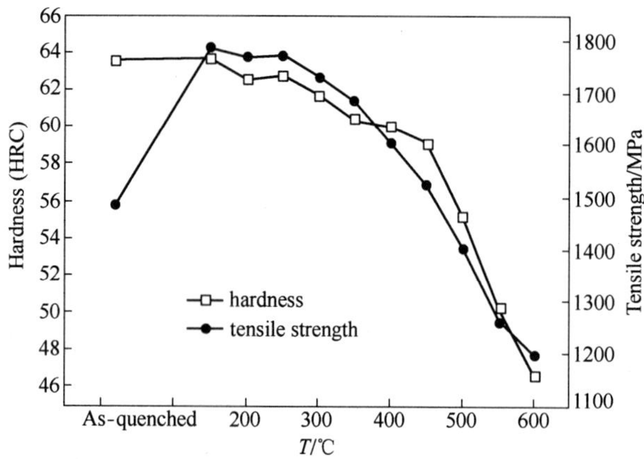

Fig. 5 Effect of tempering temperature on strength and hardness

On the other hand, Fig. 6 shows the influences of tempering temperature on the impact toughness and fracture toughness of MLAWS. Because the phase transformation stress does not fully dispel[25, 26], its toughness is relatively low when tempering temperature is below 294℃. As the tempering temperature exceeds 300℃, tiny ε carbides separate out from the complex structures of martensite and bainite, and cause the carbon content in the complex structures to decrease, thus the toughness increases significantly[27~29]. When tempering temperature rises to 400℃, the amount of ε carbides reduces slowly, and the decomposition of retained austenite occurs[26,30]. Also, the brittle cementite separates out[26,31]. All these led to the reduction of impact toughness[32]. After that, a large amount of cementite began to segregate from the complex structures, which decreases the carbon content in martensite and bainite, and results in the toughness of matrix to increase. Although the amount of the cementite increases further, the integration effects show that the toughness of MLAWS begins to increase greatly as the tempering temperature increases from 450℃. Meanwhile, the overall trend of the fracture toughness changes is similar to the impact toughness. It varies with the increase of tempering temperature as shown in Fig. 6.

Effects of tempering temperature on the elongation and section reduction of MLAWS are shown in Fig. 7. When tempering temperature is below 400℃, both the elongation and section reduction are relatively low. As tempering temperature increases from 400℃, the elongation and section reduction improve by a large margin because of the formation of pearlite in the structure[33,34].

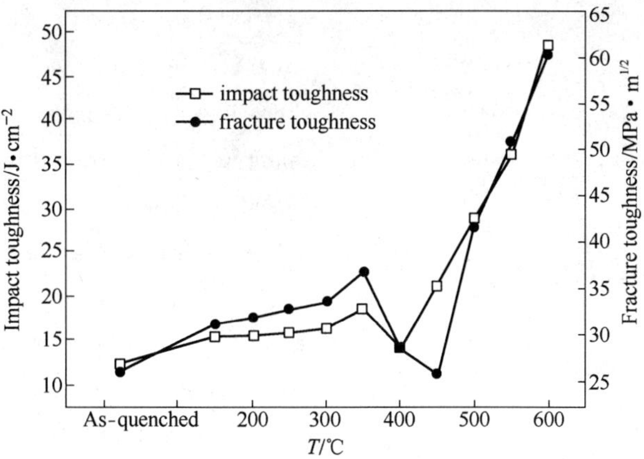

Fig. 6 Effect of tempering temperature on impact toughness and fracture toughness

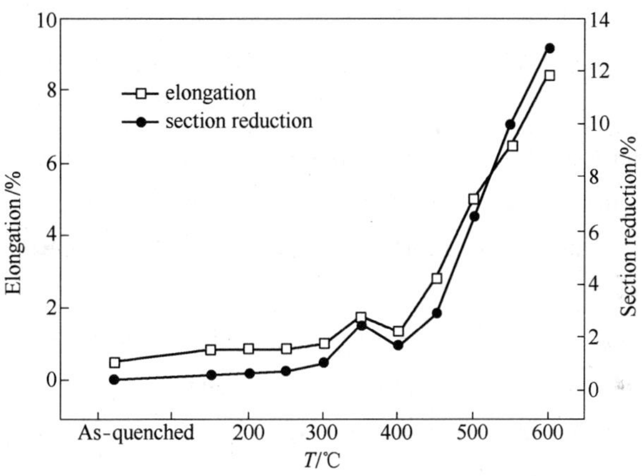

Fig. 7 Effect of tempering temperature on elongation and section reduction

3.4 Effect of tempering temperature on wear resistance

Fig. 8 shows the influence of tempering temperature on wear resistance after quenching at 900℃ and tempered for 2h at different temperatures. When tempering under 300℃, the effect of temperature on wear resistance is not very clear. However, the wear resistance improves significantly as tempering temperature exceeds 300℃, and reaches the maximum value at 350℃. After that, the wear resistance drops constantly as the temperature is continually rising. The relationship between wear resistance and tempering temperature is related to the hardness and impact toughness of MLAWS. In the wear of a material, the wear rate consists of two parts[35,36], namely

$$W_t = W_c + W_f \tag{1}$$

And

$$W_c = K_1 \frac{P}{H} \tag{2}$$

$$W_f = K_2 \frac{P}{(\varepsilon_f H)^2} \tag{3}$$

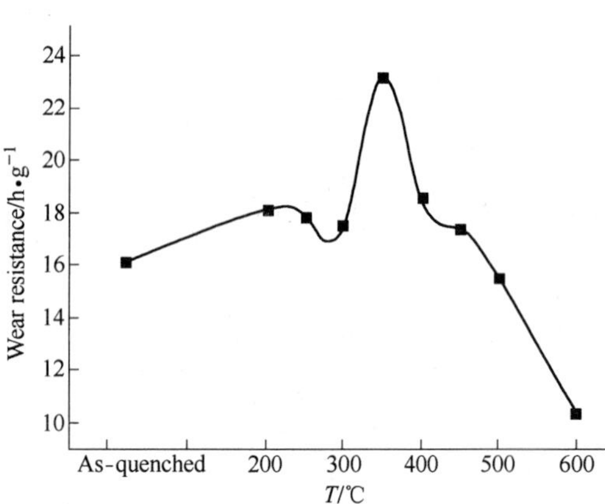

Fig. 8 Effect of tempering temperature on wear resistance

where W_t is the wear rate of materials, W_c is the wear rate caused by cutting, W_f is the wear rate caused by fatigue, P is pressure, H is hardness, and ε_f is fracture strain at single axis tensile, which reflects the toughness. From the above equations, it can be noted that the wear of a material mainly depends on the hardness and toughness of the material. When tempering at 350℃, both the toughness and hardness of MLAWS are relatively high, so the maximum value of the wear resistance was reached. With the further increase of tempering temperature, though the toughness of MLAWS is clearly improved, but the hardness drops by a large margin. Therefore, the wear resistance still drops as a result of combination effect.

In addition, the special relation between wear resistance and tempering temperature has something to do with the elastic limit of MLAWS. It is well known that carbon steel and alloy steel containing 0.6% ~0.8% of carbon have supreme elastic limit[5, 37] after quenching and tempering at a middle temperature. They can be flexibly replied and does not produce plasticity deformation after bearing greater deformation when used for making spring. The carbon content of MLAWS is 0.6% ~ 1.0%, there is a supreme elastic limit as well after quenching and tempering at middle temperature. The possible reasons that its wear resistance is higher than that of low temperature tempering and high temperature tempering include[38]:

(1) Improving elastic limit can make steel produce greater elasticity deformation at the receiving load and reduce the amount of plasticity deformation, while the elasticity deformation can be replied after the external force is released, which will not cause wear and improve the wear resistance.

(2) From the viewpoint of energy, improving elastic limit of the steel can improve elastic specific power. With the same wear load, there is more energy that can turn into the elastic energy, and reduces the energy that is used for the plasticity deformation, crack initiation and propagation. Therefore, it is favorable to the improvement of the wear resistance.

Based upon the above analysis, the optimum heat treatment process of MLAWS is concluded as follow: fog quenching at 900 ~ 920℃ + tempering at 350 ~ 370℃. Fig. 9 shows the microstructure of MLAWS after heat treatment. It consists of tempering martensite, bainite and retained austenite. This structure has excellent comprehensive mechanical properties and good wear resistance.

The above heat treatment techniques were applied to the wear resistant compound liner for industry testing. The complex liner was used in Baosteel ϕ1300mm roughing mill torii, the result of

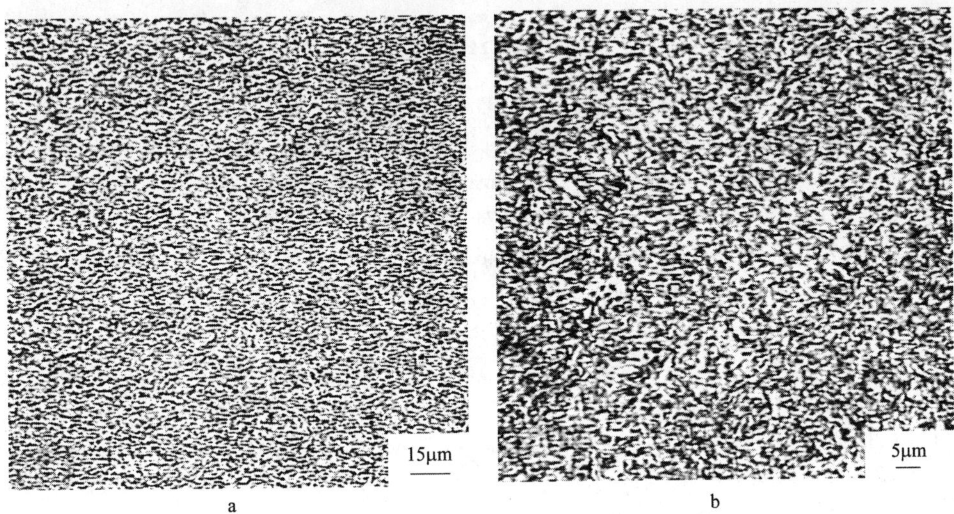

Fig. 9 Macrostructure(a) and microstructure(b) of MLAWS after heat treatment

the on-line service investigation indicated that the wear amount was only 0. 5mm after four months, and the wear amount of common heat treatment liner was 2. 0mm after four months. It appears that the service life of complex liner improves by more than three times.

4 Conclusions

This study was carried out to investigate the effects of heat treatment on the performances of Multi-element Low Alloy Wear-resistant Steel (MLAWS) used to make the rolling mill torii liner. This work supports the following conclusions:

(1) The hardness and tensile strength increase as the quenching temperature increase to 900℃. However, the hardness decreases rapidly as the quenching temperature exceeds 900℃, while the temperature has little influence on the tensile strength when it exceeds 900℃. No clear influence on the impact toughness has been observed unless the quenching temperature is beyond 920℃.

(2) As the tempering temperature is below 150℃, the hardness does not change. Afterward, the hardness decreases gradually as the temperature increases. The overall trend of the tensile strength changes is similar to the hardness. The impact and fracture toughness are relatively low when tempering temperature is below 300℃. As the tempering temperature exceeds 300℃, the toughness increases significantly. The toughness begins to increase greatly as the tempering temperature increases from 450℃.

(3) When quenching at 900 ~ 920℃ and tempering at 350 ~ 370℃, the microstructure with tiny martensite, bainite and particle carbides can be obtained. It has excellent comprehensive mechanical properties and good wear resistance.

(4) In order to satisfy the use of rolling mill torii liner, the optimum heat treatment technique of MLAWS comprises fog quenching at 900 ~ 920℃ and tempering at 350 ~ 370℃

References

[1] R. C. Schrama: Lubrication Engineering, 50(1994)438.

[2] D. Viens, K. Albano and C. Churchill: 39th Mechanical Working and Steel Processing Conference Proceedings, Iron & Steel Soc of AIME, Oct 19—22, 1997, Indianapolis, IN, USA, pp. 467—474.

[3] Z. J. Huang and H. G. Fu: patent number CN03125740. 1.

[4] H. G. Fu and Z. J. Huang: Special Steel, 25(2004)46.

[5] P. Q. Dai and S. X. Huang: Heat Treatment of Metals, 12(1998)19.

[6] T. Wada and W. C. Hagel: Metall. Trans., 9A(1978)691.

[7] Z. C. Liu, J. P. Yan, L. P. Zhao, G. Wang, Q. Li and Y. X. Tian: Journal of Baotou University of Iron and Steel Technology, 20(2001)30.

[8] H. G. Fu, D. M. Fu, D. N. Zou and J. D. Xing: Journal of Wuhan University of Technology-Mater. Sci. Ed., 19 (2004)48.

[9] X. H. Cui, O. C. Jiang, S. Q. Wang and Z. M. He: Acta Metallurgical Sinica (English Letters), 13(2000)1053.

[10] S. O. Wang, Q. C. Jiang, X. M. Sui and Z. M. He: Tribology, 19(1999)33.

[11] H. Y. Li, N. M. Xiao, L. P. Meng and X. J. Xie: J. Cent. South Univ. Technol., 33(2002)495.

[12] F. Cao and X. N. Chen: Heat Treatment of Metals, 28(2003)24.

[13] Y. Mikita and I. Nakabayashi: Transactions of the Japan Society of Mechanical Engineers, Part A, 54 (1988)1246.

[14] B. J. Yin and X H. Li: Hot Working Technology, 6(2003)46.

[15] R. Yang, L. J. Li and Y. C. Li: Iron and Steel, 34(1999)41.

[16] E. Anelli, M. C. Cesile and P. E. Di Nunzio: Materials Science and Technology Meeting, 2003, pp. 453—466.

[17] De S. F. Rodriguez, R. C. Ratnapuli and C. A. Bottrelcoutinho: Metalurgia, 40(1984)195.

[18] Y. Tomita and K. Morioka: Materials Characterization, 38(1997)243.

[19] D. Y. Wei, J. L. Gu, H. S, Fang, B. Z. Bai and Z. G. Yang: International Journal of Fatigue, 26(2004)437.

[20] B. B. Vinokur, A. Vinokur and V. E. Shtessel: Metallurgical and Materials Transactions A, 1996, 27A (1996)2852.

[21] J. Zeman, S. Rolc, J. Buchar and J. Pokluda: ASTM Special Technical Publication, 1074(1990)396.

[22] S. I. Yokoyama, K Kubota, H. Sasaki and Y. Minamino: Journal of the Iron and Steel Institute of Japan, 90 (2004)263.

[23] C. L. Davis and J. E. King: Materials Science and Technology, 9(1993)8.

[24] M. Gojic, L. Kosec and P. Matkovic: Journal of Materials Science, 33(1998)395.

[25] C. Aubry, S. Denis, P. Archambault, A. Simon, F. Ruckstuhl and B. Miege,: Metallurgia Italiana, 91 (1999)33.

[26] H. G. Fu, J. Z. Wu and J. Xu: Research on Iron & Steel, 4(1994)17.

[27] G. D. Pigrova: Prikladnaya Matematika i Mekhanika, 60(1996)2.

[28] Y. Yomei, T. Hiromichi, T. Yasuhiko and I. Yasumi: Tetsu-To-Hagane, 89(2003)705.

[29] E. Gariboldi, W. Nicodemi, G. Silva and M. Vedani: Materials Science Forum, 163—166(1994)107.

[30] Z. P. Zhang, Y. H. Qi, D. Delagnes and G. Bernhart: Heat Treatment of Metals, 29(2004)27.

[31] R. C. Thomson and M. K. Miller: Acta Mater., 46(1998)2203.

[32] R. D. Griffin, J. A. Griffin, G. M. Janowski, C. B. Moss and C. E. Bates: ASM Proceedings: Heat Treating, 1998, pp. 320 ~ 328.

[33] Y. F. Wang, J. D. Hu, Z. Y. Wang and X. Z. Bu: Heat Treatment of Metals, 10(1991)11.

[34] Y. M. Brunzel, Y. B. Gurevich and I. M. Fomin: Metallovedenie i Termicheskaya Obrabotka Metallov, 10 (1993) 10.

[35] S. Spuzic, C. Subramanian and K. N. Strafford: Materials Science Forum, 189—190 (1995) 429.

[36] Q. S. Bai, Y. X. Yao, P. Bex and G. Zhang: Tribology, 23 (2003) 81.

[37] Y. Zhang, X. Y. Gong and H. M. Zhao: Journal of Tianjin Institute of Technology, 19 (2003). 69.

[38] E. Hornbogen: Metall., 34 (1980) 1079.

【编者按】 本文原载于 Met. Mater. Int.，Vol. 15，No. 3（2009），pp. 345～352。

Effect of Homogenization Temperature on Microstructure and Mechanical Property of Low-carbon High-boron Cast Steel

Fu Hanguang [1] Song Xuding [2] Lei Yongping [1] Jiang Zhiqiang [3]
Yang Jun [4] Wang Jinhua [4] Xing Jiandong [3]

1. Research Institute of Advance Materials Processing Technology, School of Materials Science and Engineering, Beijing University of Technology; Beijing 100022, P. R. China;
2. School of Mechanical Engineering, Chang'an University, Xi'an 710064, Shaanxi Province, P. R. China;
3. School of Materials Science and Engineering, Xi'an Jiaotong University, Xi'an 710049, Shaanxi Province, P. R. China;
4. School of Metallurgical Engineering, Xi'an University of Architecture & Technology, Xi'an 710055, Shaanxi Province, P. R. China

Abstract: The effects of quenching treatment on the microstructure, hardness, impact toughness and wear resistance of low-carbon high-boron cast steel (LCHBS) containing 0.15% ~ 0.3% C, 1.4% ~ 1.8% B, 0.3% ~ 0.8% Si, 0.8% ~ 1.2% Mn, 0.5% ~ 0.8% Cr, 0.3% ~ 0.6% Ni and 0.3% ~ 0.6% Mo have been investigated by the optical microscopy (OM), the scanning electron microscopy (SEM), the transmission electron microscopy (TEM), the electron probe microanalyzer (EPMA), the X-ray diffraction (XRD) analysis, impact tester, hardness tester and wear tester. The as-cast matrix of LCHBS consists of the pearlite and the ferrite. There are 8% ~ 10 Vol. % $Fe_2(B,C)$ type boroncarbides on the matrix. The micro-hardness of $Fe_2(B,C)$ is 1430 ~ 1480 HV. $Fe_2(B,C)$ has no obvious change and the matrix all transforms into the lath martensite quenching at 900 ~ 1100℃. The microhardness of matrix and macrohardness of LCHBS sample have a slight increase with the increase of homogenization temperature. When the homogenization temperature exceeds 1050℃, the hardness has no obvious change. The change of homogenization temperature has no obvious effect on the impact toughness of LCHBS. The mass losses of LCHBS increase obviously when the wear load increases. The homogenization temperature is less than 1000℃, the wear rate of LCHBS decreases with the increase of temperature, and the wear rate has no obvious change after exceeding 1000℃.

Key Words: high boron cast steel, homogenization temperature, boroncarbide, mechanical property, wear resistance

1 Introduction

Improving the wear resistance of material is a continuous challenge in any engineering practice due to the varying mechanisms such as abrasive, erosive or adhesive type in the operation. Among the bulk wear resistant materials, many are the ferrous-based, thereinto, high chromium cast iron and Ni-hard cast iron have very good abrasive wear resistance. The uses of these materials are often encountered in the mining industry where ore has to be ground (crushers, ball mills) or transported (slurry pumps, liner plates)[1~3]. Although these cast irons are wear resistant, they are brittle and easy to fracture in the use because of the existence of high carbon martensite and brittle carbides[4~6]. So, developing high strength wear resistant ferrous-based material has an important realistic meaning.

Steels microalloyed with boron have high hardenability [7,8]. The boron element present in the cast steels may form the borocarbides also, in combination with carbon, that can be only partially dissolved at high temperatures. High-boron alloy steels (0.5% ~4.0% B) are used at present as wear-resistant materials[9~15] and as materials for nuclear power generation[16~18]. They have many excellent service properties, such as wear resistance, heat resistance, weldability, large neutron capture cross section, etc. However, wear resistant high boron alloy steel was mainly processed by powder metallurgy[13,14], and it has high production cost and low production efficiency. At present, the change of structures and properties of high boron cast steel at different homogenization temperature lacks particular study, and wear resistant high boron cast steel has no broad application also.

The aim of this work is to develop a new type of wear resistant low-carbon high-boron cast steel (LCHBS) containing eutectic borocarbides with higher hardness than the martensitic matrix by the addition of boron element in the low-carbon low-alloy cast steel. The effects of homogenization temperature on microstructural modification, mechanical properties and wear resistance of LCHBS have been investigated, which can provide the reference on working out the heat-treatment cycle when LCHBS is used in the industry application of the future.

2 Experimental

2.1 The preparation of sample

LCHBS was melted in a coreless laboratory medium frequency induction furnace of capacity 25kg, its chemical compositions are listed in Table 1. The molten steel was then poured into the dry sand-moulds in order to obtain Y-block samples. The pouring temperature of molten steel was 1600 ~ 1620℃. All testing samples were machined from the cast Y-block samples. The samples were heat-treated at 900℃, 950℃, 1000℃, 1050℃, and 1100℃ respectively, for 2h and followed by oil cooling to the room temperature. The tempering process of samples was heating at 200°C for 3h, followed by cooling to the room temperature in still air.

Table 1 Compositions of LCHBS (wt. %)

C	B	Si	Mn	Cr	Ni	Mo	P	S	Fe
0.15 ~0.3	1.4 ~1.8	0.3 ~0.8	0.8 ~1.2	0.5 ~0.8	0.3 ~0.6	0.3 ~0.6	<0.04	<0.04	Bal.

2.2 Microstructure examination

The investigation techniques used for the LCHBS microstructure characterization included X-ray diffraction (XRD), optical microscopy (OM), scanning electron microscopy (SEM), transmission electron microscopy (TEM), and electron probe microanalyzer (EPMA). The samples were etched with 5% nital for optical microscopy examination, while a mixture of 5mL HCl, 45mL 4% picral and 50mL 5% nital was used as an etchant for SEM evaluation. XRD was carried on a MXP21VAHF diffractometer with Copper K_α radiation at 40kV and 200mA as an X-ray source. The sample was scanned in the 2θ range of 20° ~ 85° in a step-scan mode (0.02° per step). The measurement of volume fraction of borocarbides used a Leica digital images analyzer on the deep etched specimens.

2.3 Mechanical performance tests

Impact toughness tests were performed on a Charpy impact testing device. The specimen was of 20mm × 20mm × 110mm without notch. The macrohardness testing was done using an MW32-HR-150 type hardness tester. The microhardness was measured by using a Vickers microhardness tester and a load of 0.5 N. At least seven indentations were made on each sample under each experimental condition to check reproducibility of the hardness data.

2.4 Sliding wear tests

Wear tests were conducted in a ML-10 type pin abrasion testing machine shown in Fig. 1[19,20]. Four different normal loads (4.9N, 9.8N, 14.7N and 19.6N respectively) were applied, the maximum sliding distance was 10.409m and the sliding speed was 0.1m/s for all the tests. The disk dimension was 30mm in diameter and 5mm in thickness. The samples were abraded on a 150 mesh (105μm) quartz cloth disc, and the hardness of quartz was 1180 ~ 1210HV. The size of the specimens was ϕ 6mm × 25mm. The mass losses were measured by using a scale with 0.1mg resolution. The wear rates were calculated from the slopes of mass loss versus sliding distance according to references [21,22].

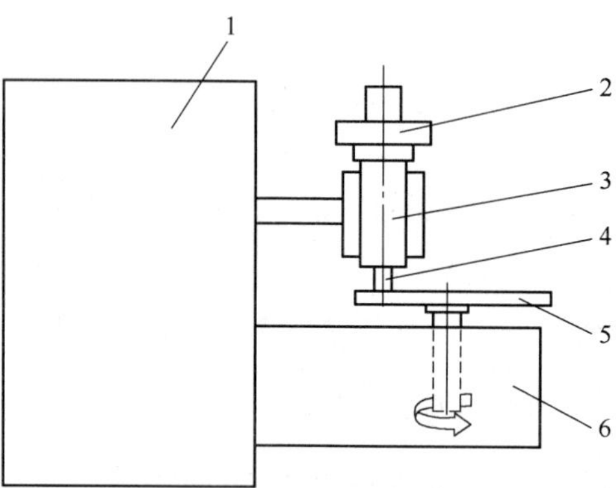

Fig. 1 Schematic drawing of the abrasive wear tester used in this study

1—controller; 2—load; 3—holder; 4—specimen; 5—disk; 6—revolver

3 Results

3.1 Solidification microstructure of LCHBS

The as-cast metallurgical structures of LCHBS are shown in Fig. 2. The as-cast matrix of LCHBS consists of the pearlite and the ferrite. There are many eutectic borocarbides in the as-cast structures. The volume fraction of borocarbides is about 8% ~ 10 Vol. %. The borocarbide in as-cast LCHBS sample is the $Fe_2(B,C)$ type according to reference [23,24]. The micro-harness of $Fe_2(B, C)$ type borocarbides is 1430 ~ 1480 HV. The macrohardness of as-cast LCHBS sample is 38 ~ 40 HRC. Moreover, the $Fe_2(B, C)$ type borocarbide is continuously distributed over the grain boundary. Fig. 3 is the EPMA analysis of as-cast LCHBS sample. It can be discovered that the distribution of boron and carbon elements is not homogeneous in the as-cast LCHBS. Boron element is mainly distributed over the grain boundary, a small amount of boron is distributed over the matrix. The enrichment region of boron in the LCHBS is corresponding to the distribution of $Fe_2(B,C)$ borocarbide at the grain boundary, which shows that boron element is mainly distributed over the borocarbide. Carbon element is mainly distributed over the matrix and there is a few carbon element in the borocarbide.

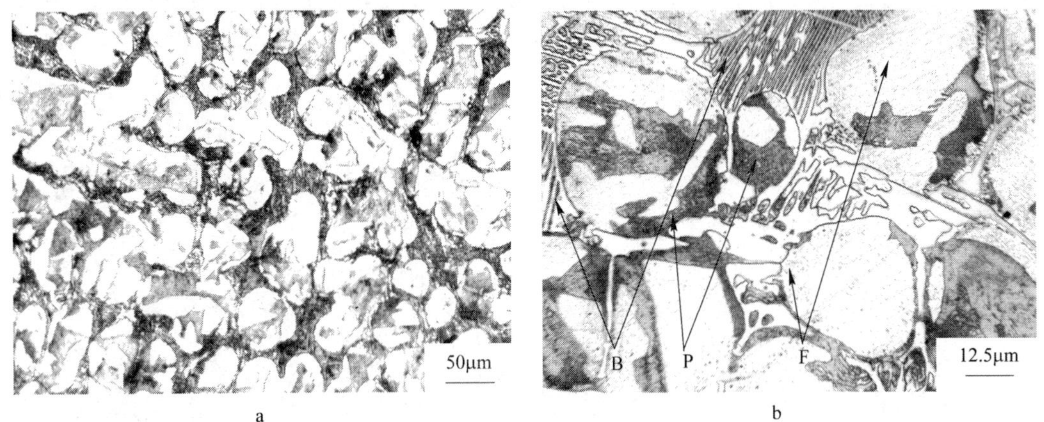

Fig. 2 Macrostructure(a) and microstructure(b) of as-cast LCHBS sample

B—$Fe_2(B,C)$ type borocarbide; P—pearlite; F—ferrite

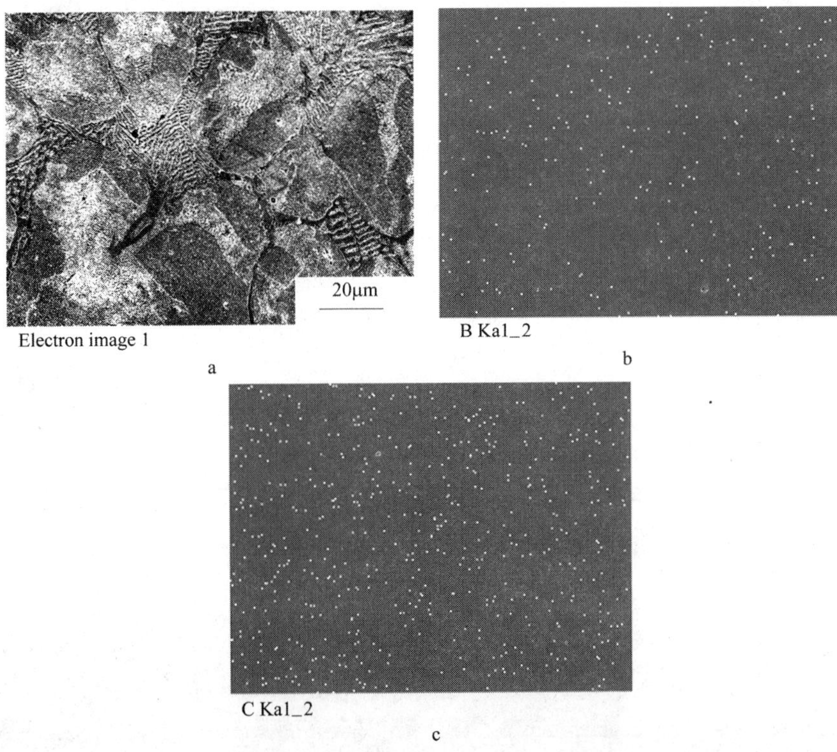

Fig. 3 EPMA analysis of as-cast LCHBS sample

a—SEM; b, c—the X-ray images for respective element: B and C

3.2 Effect of homogenization temperature on microstructure of LCHBS

The quenching microstructures of LCHBS sample in different homogenization temperature are shown in Fig. 4. The matrix of LCHBS all transforms into the martensite after quenching. Because the carbon concentration in the LCHBS is lower, the quenching matrix structure of LCHBS is all the lath martensite. The TEM of Fig. 5 verifies that the matrix structure of quenching LCHBS sample is the lath martensite also. Moreover, when the homogenization temperature reaches 1100℃, the solution amounts of boron, carbon, manganese etc. elements increase in the high-temperature austenite and the stability of austenite increases, and there is a few retained austenite in the quenching structures, as shown in Fig. 5b and c.

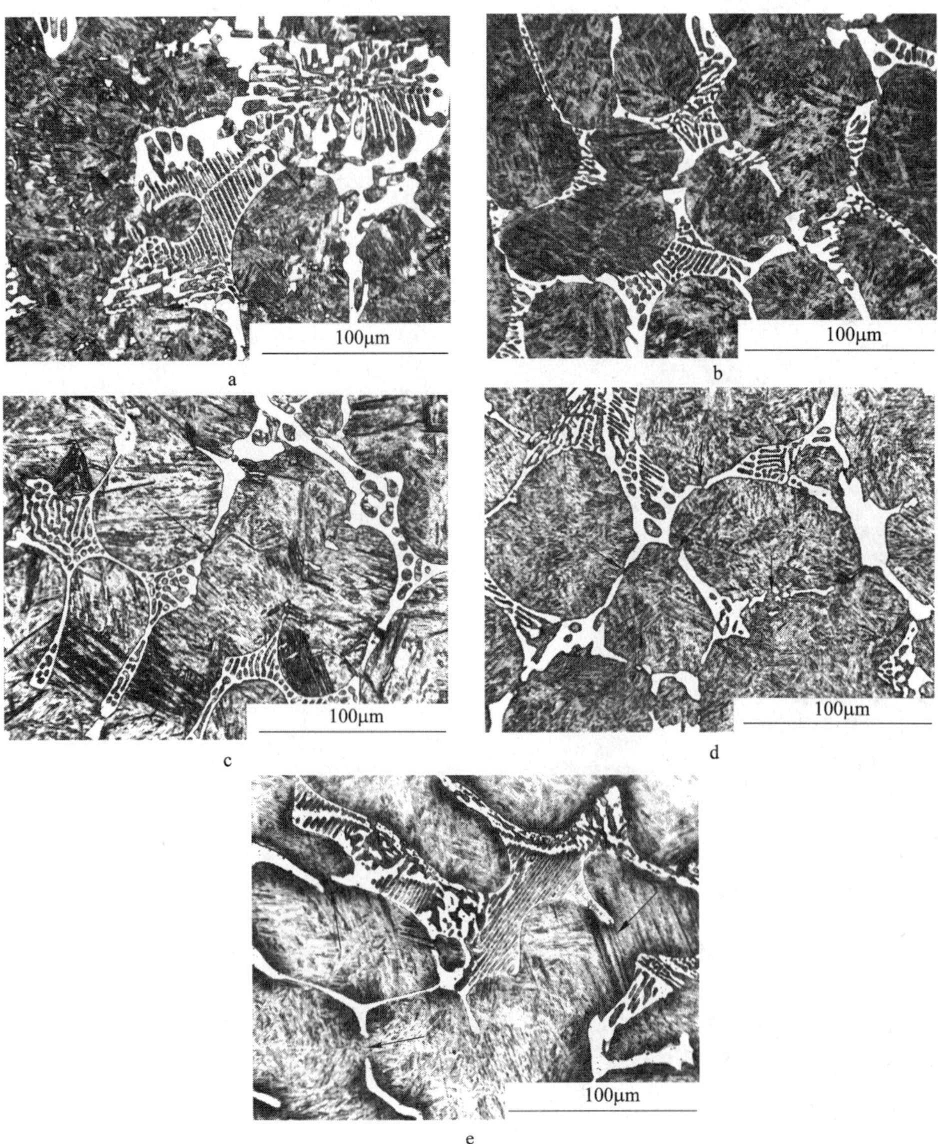

Fig. 4 The quenching microstructure of LCHBS sample at different homogenization temperature

a—900℃; b—950℃; c—1000℃; d—1050℃; e—1100℃

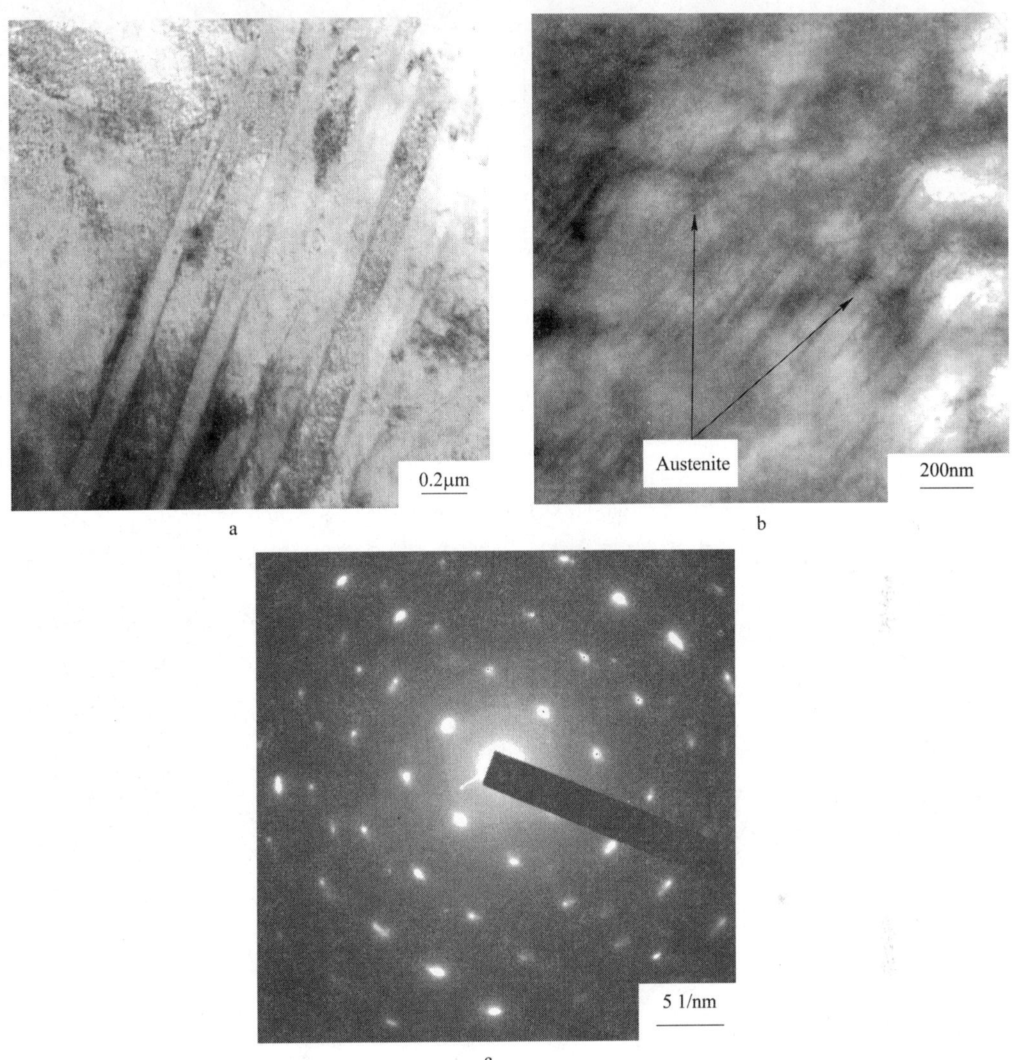

Fig. 5 TEM of LCHBS sample quenching at 1000℃ (a) and 1100℃ (b) and SEAD pattern (c) of Fig. 5b

The $Fe_2(B,C)$ borocarbide has excellent thermal stability and does not decompose heating at 900 ~ 1100℃. The XRD spectrum of Fig. 6 shows that the borocarbide after quenching is still the $Fe_2(B,C)$ type. But part of $Fe_2(B,C)$ borocarbide dissolves into the matrix at the weak linking location of borocarbide network, and the local broken borocarbide network appears, when the LCHBS sample heats at higher temperature, as shown in Fig. 4c ~ e. The EPMA analysis of LCHBS sample quenching at 950℃ and 1000℃ discovers that the distribution of boron and carbon elements is the same as that of the as-cast sample, as shown in Fig. 7 and Fig. 8. Boron element is mainly distributed over the $Fe_2(B,C)$ borocarbide, a small amount of boron is distributed over the matrix. Carbon element is mainly distributed over the matrix and there is a few carbon element in the borocarbide also.

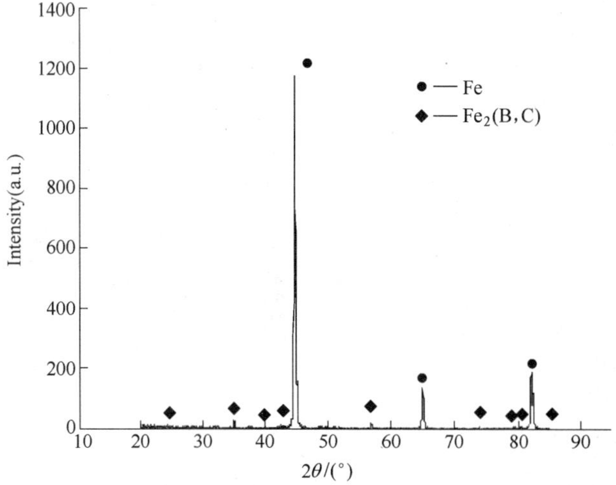

Fig. 6 XRD spectrum of LCHBS sample quenching at 1000℃

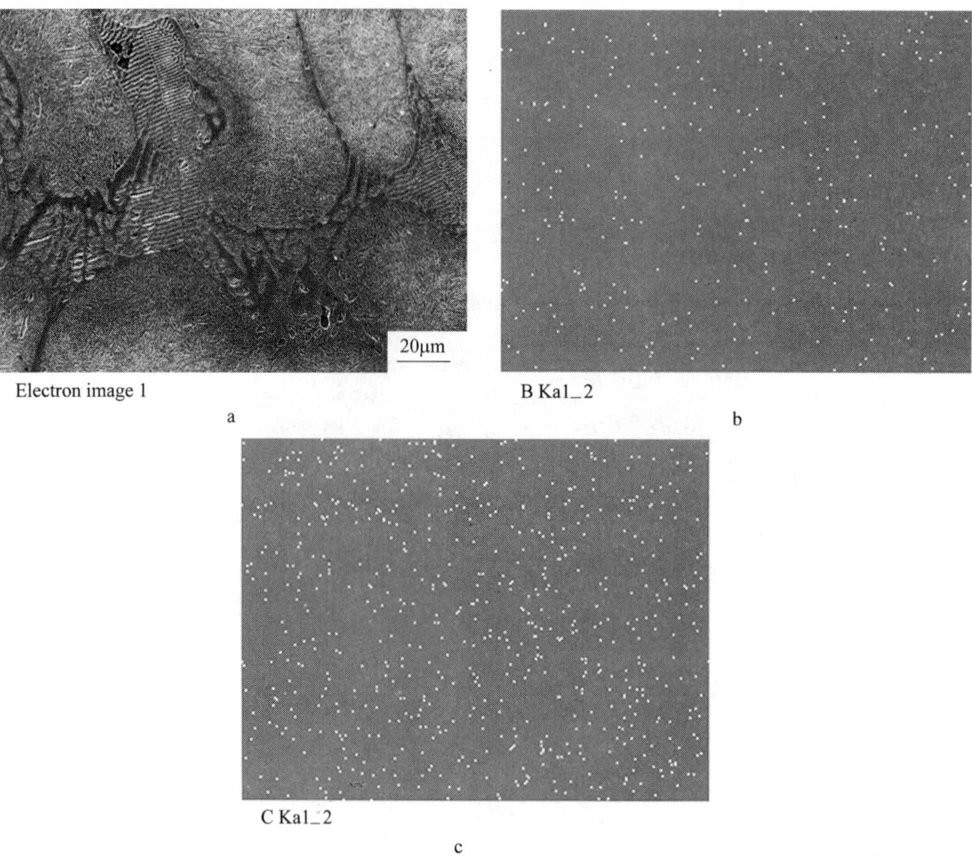

Fig. 7 EPMA analysis of LCHBS sample quenching at 950℃

a—SEM; b, c—the X-ray images for respective element: B and C

3.3 Effect of homogenization temperature on mechanical property of LCHBS

The effect of homogenization temperature on the hardness of LCHBS sample is shown in Fig. 9.

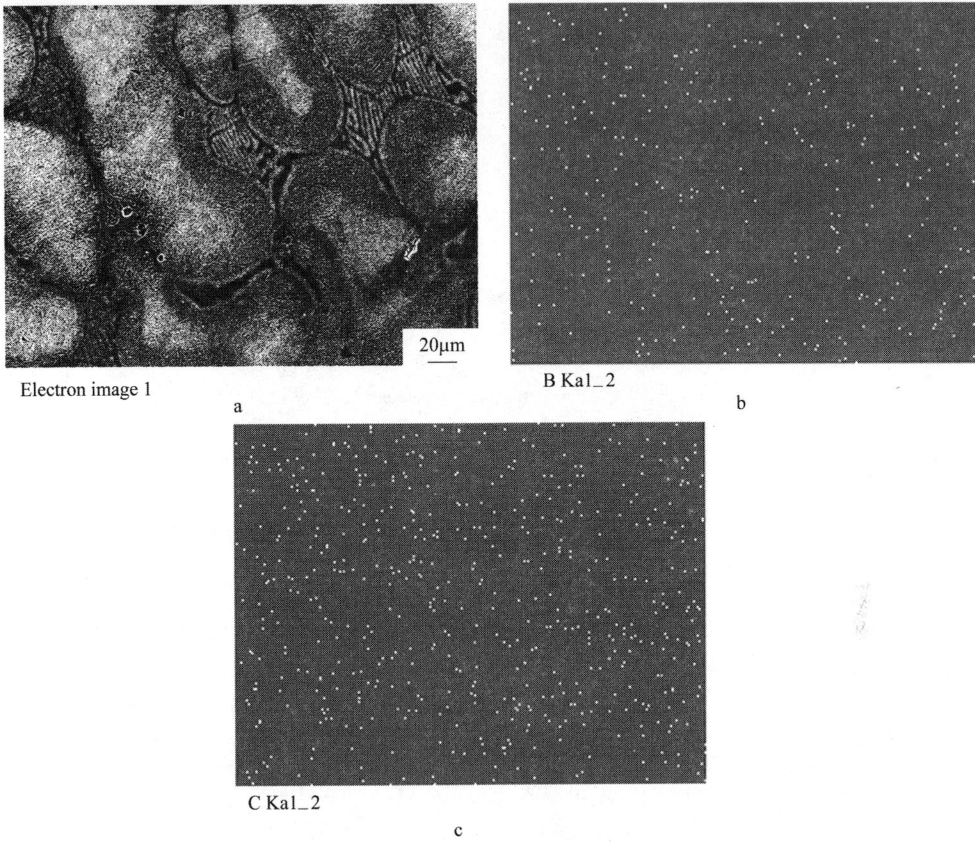

Fig. 8 EPMA analysis of LCHBS sample quenching at 1000℃

a—SEM; b, c—the X-ray images for respective element: B and C

When the homogenization temperature is 900 ~ 1050℃, the hardness of LCHBS has a slight increase with the increase of temperature, and the hardness has no obvious change when the homogenization temperature exceeds 1050℃. The effect of homogenization temperature on the impact toughness of LCHBS sample is shown in Fig. 10. The change of homogenization temperature has no obvious effect on the impact toughness of LCHBS.

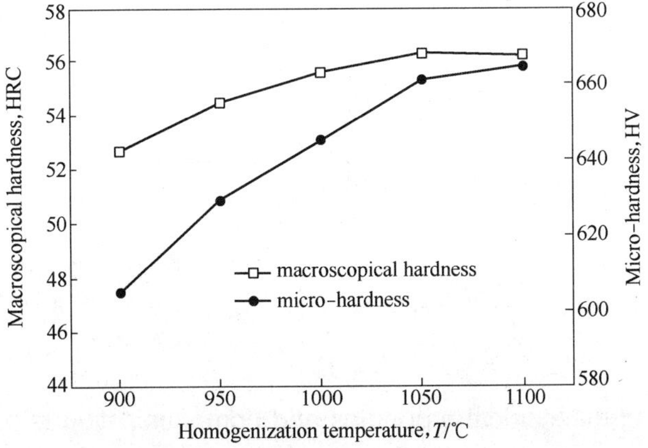

Fig. 9 Effect of homogenization temperature on hardness of LCHBS sample

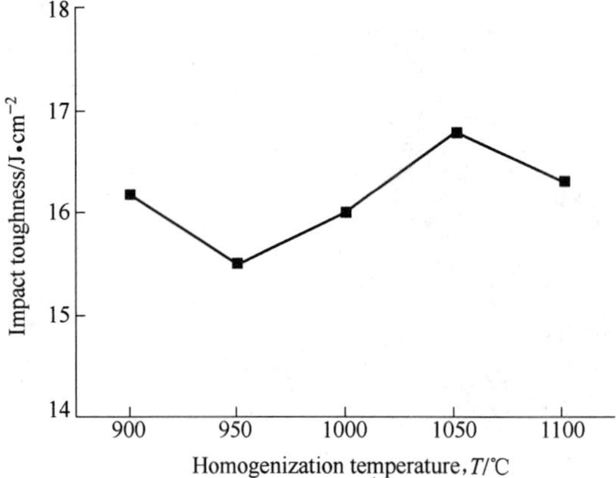

Fig. 10 Effect of homogenization temperature on impact toughness of LCHBS sample

3.4 Effect of homogenization temperature on wear resistance of LCHBS

Fig. 11 shows the variation of mass loss with the sliding distance of 10.409m for LCHBS sample sliding against quartz cloth disc at different homogenization temperature. The mass losses of LCHBS sample increased when the load increased and the higher mass losses were obtained when a normal load of 19.6N was applied in the same homogenization temperature. The homogenization temperature was less than 950℃, the mass losses increased obviously when the load increased. But, the increase of mass losses of the samples quenching at 1000 ~ 1050℃ was slight with the increase of the load. Fig. 12 shows the effect of homogenization temperature on the wear rate of LCHBS sample. The homogenization temperature was less than 1000℃, the wear rate of LCHBS decreased with the increase of temperature, and the wear rate had no obvious change after exceeding 1000℃.

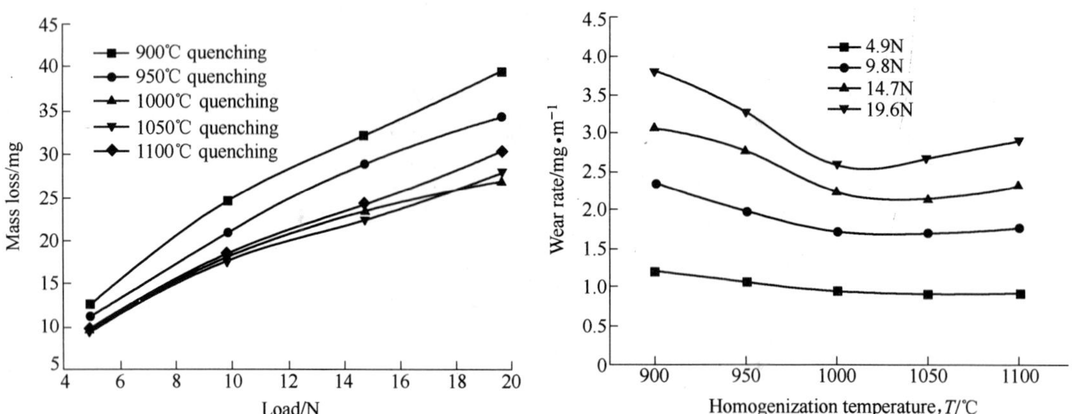

Fig. 11 Effect of wear load on the mass loss of LCHBS sample

Fig. 12 Effect of homogenization temperature on wear rate of LCHBS sample

4 Discussions

4.1 Relation among mechanical properties and homogenization temperature

The hardness of cast alloy depends on the hardness of martix and boride volume fraction[25]. After quenching heatment, the martix of cast B-bearing steel transforms into the martensite, and the boride volume fraction has no obvious change. The change of hardness of LCHBS sample has something to do with the boron concentration in the martix. The rapid cooling of LCHBS restrains the long-distance diffusion of boron atoms in the high homogenization temperature, which makes the boron atoms not produce obvious intergranular and intracrystalline segregation. The rapid cooling also restrains the formation of new phases. Boron atoms solutionise in the matrix and form a supersaturated solid solution[26,27]. The diameter ratio of boron atom to iron atom is 0.70, which is larger than the upper limit (0.59) for forming an interstitial solid solution and less than the lower limit (0.86) for forming a substitutional solid solution[28]. The boron atoms dissolving in the matrix lead to large distortion of the crystal lattice and increase the strength and hardness of matrix [28]. When the homogenization temperature is lower, the boron concentration dissolving in the high temperature austenite is relatively low, and the boron concentration in the quenching martensite is low also. So, the hardness of quenching martensite is low. The boron concentration in the quenching martensite increases when the homogenization temperature increased, which promotes the increase of the hardness of LCHBS. When the homogenization temperature exceeds 1050℃, the appearance of retained austenite leads to the less hardness of steel [25], and the boron atoms dissolving in the matrix lead to the increase of hardness of cast steel. The comprehensive action of above two aspects results in that the hardness of LCHBS has no obvious change when the homogenization temperature exceeds 1050℃.

The theory of fracture mechanics points out, brittle fracture includes the initiation and propagation of crack[29,30], which is determined by matrix and the amount, morphology and size of borocarbides to LCHBS[25]. In the LCHBS sample of lower homogenization temperature, the eutectic borocarbide is continuously distributed over the matrix, the crack is easy to propagate along the network borocarbides, the impact toughness is relatively low. In the LCHBS sample of higher homogenization temperature, the appearance of the local broken borocarbide network can lighten the propagation of crack along the network borocarbides and increase the impact toughness of LCHBS, but the boron atoms dissolving in the matrix decreases the plasticity of matrix and accelerates the propagation of crack [25]. The comprehensive action of above two aspects results in that the impact toughness of LCHBS has no obvious change with the increase of homogenization temperature. The impact fractographes of LCHBS sample in different homogenization temperature are shown in Fig. 13. The LCHBS samples in different homogenization temperature show a predominantly cleavage type of fracture, and there are a few dimples, so the impact toughness of LCHBS samples in different homogenization temperature is low and the difference of impact toughness in different homogenization temperature is small also.

4.2 Relation among wear rate and quenching temperature

During the sliding wear process, the massive $Fe_2(B,C)$ borocarbide are embedded in the lath martensitic matrix of the LCHBS sample, which are firmly combined with the matrix and can not scale off easily [31]. So, LCHBS has lower wear losses and excellent wear resistance. When the

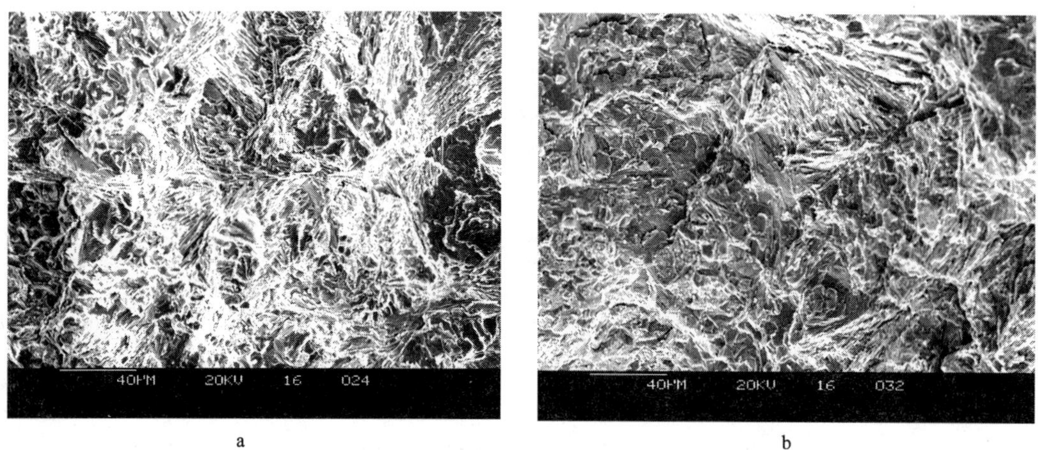

a b

Fig. 13 The impact fractographes of LCHBS sample in different homogenization temperature
a—1000℃;b—1050℃

homogenization temperature is less than 1000℃, the boron concentration dissolving in the matrix is relatively low and the hardness of matrix is lower, and the matrix has lower cutting-wear resistance, the wear rate of LCHBS is higher than that of the sample quenching at higher temperature. Fig. 14 is the SEM micrographs of worn surface of the LCHBS sample quenching at different homogenization temperature after a wear load of 19. 6 N. The changes of worn surfaces in accordance with wear load should be connected to the change of sliding wear behavior. The wear mechanisms identified on the worn surfaces are microcutting and ploughing [21, 31]. The ploughing mechanism is observed from the occurrence of plastically deformed lips on the side of wear grooves, as shown in Fig. 14a. Microcutting causes material to be directly worn off and ploughing deformation results in plastic fatigue wear [22]. The LCHBS sample quenching at lower temperature has lower matrix hardness and its matrix is easy to scale off, as shown in Fig. 14a, but the LCHBS sample quenching at higher temperature has higher matrix hardness and its matrix is not easy to scale off, as shown in Fig. 14b and Fig. 14c, so the wear rate of the latter is lower than that of the former.

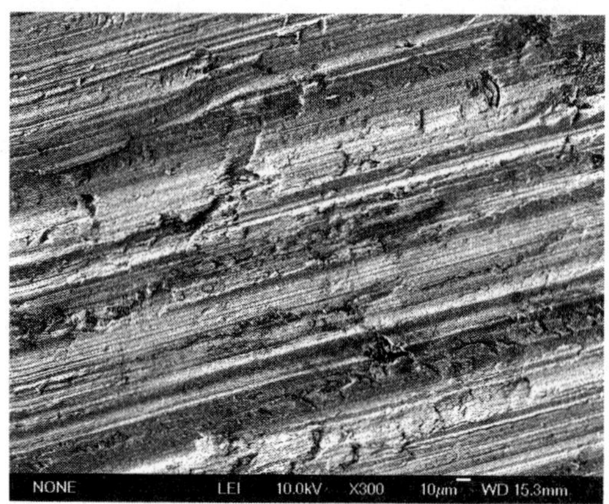

a

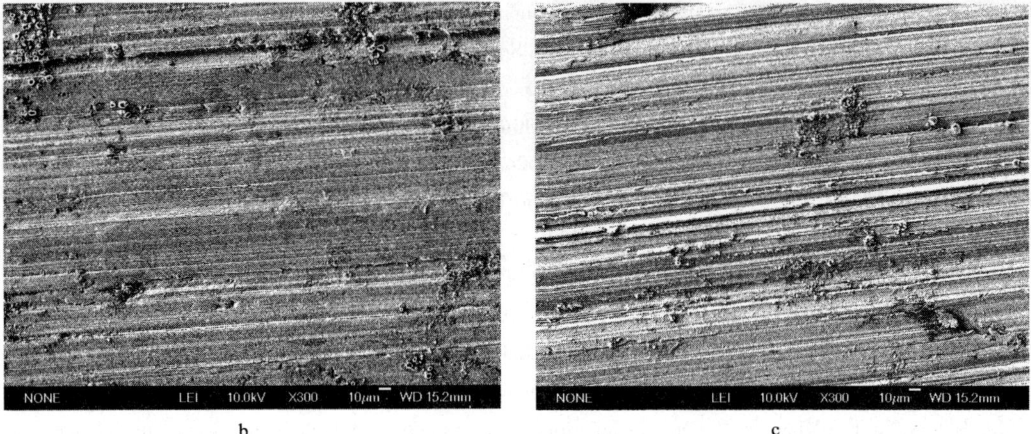

b c

Fig. 14 SEM micrographs of worn surface of LCHBS sample in different homogenization temperature after a wear load of 19. 6N

a—900℃;b—1000℃;c—1100℃

5 Conclusions

This work supports the following conclusions:

(1) The as-cast structures of LCHBS sample containing 0. 15% ~0. 3% C, 1. 4% ~1. 8% B, 0. 3% ~0. 8% Si, 0. 8% ~1. 2% Mn, 0. 5% ~0. 8% Cr, 0. 3% ~0. 6% Ni and 0. 3% ~0. 6% Mo consist of the ferrite, the pearlite and $Fe_2(B,C)$ type borocarbide, and the volume fraction of $Fe_2(B,C)$ type is about 8% ~10 Vol. %.

(2) The matrix of LCHBS sample all transforms into the lath martensite after oil cooling in the homogenization temperature of 900 ~1100℃. There is a few retained austenite in the quenching structures of 1100℃.

(3) When the homogenization temperature is 900 ~1050℃, the hardness of LCHBS has a slight increase with the increase of temperature, and the hardness has no obvious change after surpassing 1050℃. But, the change of homogenization temperature has no obvious influence on the impact toughness of LCHBS.

(4) The mass losses of LCHBS sample increases when the load increases. The homogenization temperature is less than 1000℃, the wear rate of LCHBS decreases with the increase of temperature, and the wear rate has no obvious change after exceeding 1000℃.

References

[1] Tabrett, C. P. ; Sare, I. R. ; Ghomashchi, M. R. Microstructure-property relationships in high chromium white iron alloys. International Materials Reviews, 1996, 41(2):59—82.

[2] Izciler, M. ; Celik, H. Two-and three-body abrasive wear behaviour of different heat-treated boron alloyed high chromium cast iron grinding balls. Journal of Materials Processing Technology, 2000, 105(3):237—245.

[3] Nieminen, R. ; Autio, J. ; Suomalainen, E. ; Husu, N. ; Kauppi, M. ; Vaananen, E. Wear mechanism of Ni-Hard 4 rollers in chromite ore crushing. Wear, 1994, 179(1—2):95—100.

[4] Kootsookos, A. ; Gates, J. D. The effect of the reduction of carbon content on the toughness of high chromium white irons in the as-cast state. Journal of Materials Science, 2004, 39(1): 73—84.

[5] Oh, H. ; Lee, S. ; Jung, J. - Y. ; Ahn, S. Correlation of microstructure with the wear resistance and fracture toughness of duocast materials composed of high-chromium white cast iron and low-chromium. Metallurgical and Materials Transactions A, 2001, 32(3): 515—524.

[6] Noguchi, T. ; Shimizu, K. ; Takahashi, N. ; Nakamura, T. Strength evaluation of cast iron grinding balls by repeated drop tests. Wear, 1999, 231(2): 301—309.

[7] Hara, T. ; Asahi, H. ; Uemori, R. ; Tamehiro, H. Role of combined addition of niobium and boron and of molybdenum and boron on hardnenability in low carbon steels. ISIJ International, 2004, 44(8): 1431—1440.

[8] Gusejnov, R. K. Structure and properties of medium-carbon heat-treatable steel microalloyed with boron. Metallovedenie i Termicheskaya Obrabotka Metallov, 1994(10): 36—39.

[9] Goldshtein, Ya. E. ; Mizin, V. G. Some peculiarities of the structure of high boron steels, Metal Science and Heat Treatment, 1989, 30(7): 479—484.

[10] Song, Xuding; Jiang, Zhiqiang; Fu, Hanguang. Manufacture and application of high boron cast steel. Foundry Technology, 2006, 27(8): 805—808.

[11] Jimenez J. A., Adeva P., Frommeyer G., Ruano O. A. Microstructural characterization of rapidly solidified ultrahigh boron tool steels. Zeitschrift für Metallkunde, 1995, 86(10): 693—699.

[12] Jimenez J. A., Frommeyer G., Acosta P., Ruano O. A. Mechanical properties of two ultrahigh carbon-boron tool steels. Materials Science and Engineering, 1995, A202: 94—102.

[13] Acosta P., Jimenez J. A., Frommeyer G., Ruano O. A. Microstructural characterization of an ultrahigh carbon and boron tool steel processed by different routes. Materials Science and Engineering, 1996, A206: 194—200.

[14] Acosta P., Jimenez J. A., Ruano O. A., Frommeyer G. Response to thermal treatment of a powder metallurgy Fe-0. 8% B-1. 3% C-1. 6% Cr alloy. Steel Research, 1995, 66(8): 360—365.

[15] Spiridonova I. M. Structure and properties of iron-boron-carbon alloys. translated from Metallovedenie I Termicheskaya Obrabotka Metallov, 1984(2): 58—61.

[16] Zawisky, M. ; Basturk, M. ; Rehacek, J. ; Hradil, Z. Neutron tomographic investigations of boron-alloyed steels. Journal of Nuclear Materials, 2004, 327(2—3): 188—193.

[17] Liu, C. S. ; Chen, S. Y. ; Wang, Z. T. ; Yu, B. ; Cai, Q. K. Microstructure and properties of high boron bearing steel. Acta Metallurgica Sinica(English Letters), 2002, 15(2): 248—252.

[18] Liu Changsheng, Cui Hongwen, Chen Suaiyuan, and Ren Xiao. Microstructure and property of high boron steel. Journal of Northeastern University, 2004, 25(3): 247—249.

[19] Luo, Quanshun; Xie, Jingpei; Song, Yanpei. Effects of microstructures on the abrasive wear behaviour of spheroidal cast iron. Wear, 1995, 184(1): 1—10.

[20] Fu, Hanguang; Xiao, Qiang; Xing, Jiandong. A study of microstructure and performance of tempered Fe-V-W-Mo alloy. Steel Research International, 2006, 77(2): 139—143.

[21] Xing, J. D. ; Lu, W. H. ; Wang, X. T. in Proceedings of International Conference on Wear of Materials, Reston, Virginia, April 11—14 1983, edited by K. C. Ludema(ASME, New York, 1983) p. 45.

[22] Wang, H. M. ; Zhang, Q. ; Shao, H. S. Two-body abrasive wear behaviour of austempered steel, Adapted in Lin, F. Y. (eds.), Wear Theory and Anti-Wear Technology, Beijing: Science Press, June 1993, p. 162—165.

[23] Wang, Jinhua. Influence of heat treatment on wear resistant high boron casting steel. Xi'an University of Architecture & Technology, 2007.

[24] Yang Jun; Wang Jinhua; Fu Hanguang; Ren Dazhong. Influence of heat treatment on wear resistant high boron casting steel. Foundry Technology, 2006, 27(10): 1079—1081.

[25] Fu Hanguang: Composition Optimization and Structure Control of Fe-B-C and Fe-B-Ti-C alloys, Tsinghua University, Beijing, 2006.

[26] Guo, C. Q. ; Kelly; P. M. Boron solubility in Fe-Cr-B cast irons. Materials Science and Engineering A. 2003, 352(1): 40—45.

[27] Postnikov, V. S. ; Belova, S. A. ; Kalashnikova, M. S. About features of structure formation by laser alloying of steels with carbon-boron-chromium composition. Society of Photo-Optical Instrumentation Engineers. Proceedings of SPIE -The International Society for Optical Engineering. 1999(3688): 272—278.

[28] Zhou, Yizhi. Wear Resistant Metal Material and Alloying, Central China University of Science and Technology Press, Hubei, China, 1992.

[29] Zavattieri, P. D. ; Espinosa, H. D. Grain level analysis of crack initiation and propagation in brittle materials. Acta Materialia, 2001, 49(20): 4291—4311.

[30] Qiu, H, ; Mori, H. ; Enoki, M. ; Kishi, T. Fracture mechanism and toughness of the welding heat-affected zone in structural steel under static and dynamic loading. Metallurgical and Materials Transactions A, 2000, 31 (11): 2785—2791.

[31] Turenne, S. ; Lavallee, F. ; Masounave, J. Matrix microstructure effect on the abrasion wear resistance of high-chromium white cast iron. Journal of Materials Science, 1989, 24: 3021—3028.

【编者按】 本文原载于 Materials Science and Engineering A 474 (2008) 82~87。

A Study on the Crack Control of a High-speed Steel Roll Fabricated by a Centrifugal Casting Technique

Fu Hanguang[1] Xiao Qiang[2] Xing Jiandong[1]

1. School of Materials Science and Engineering, Xi'an Jiaotong University 28 Xianning West Road, Xi'an, Shaanxi Province 710049, P. R. China;
2. Hysitron, Inc., 10025 Valley View Road, Minneapolis, MN 55344, United States

Abstract: The effects of roll materials, mould parameter, pouring parameter and cooling parameter on the crack of high speed steel (HSS) roll, which is manufactured by means of centrifugal casting, are investigated. The improvement of the HSS roll is effectively achieved through the addition of suitable amount of potassium and rare earth (RE). The hot tearing force (the resistance to hot tearing) of the HSS roll containing potassium and RE is increased by 32.77% and reaches 158 N, while the line constriction (the solidification constriction of HSS in the unit distance) is decreased. In addition, the temperature field and stress field of the roll can be improved by adopting variable speed centrifugal casting, variable flux pouring and variable speed solidification cooling techniques, which help to improve the filling and solidification of the molten steel and eliminate the cracks.

Key words: high speed steel roll, centrifugal casting, crack, rare earth, variable speed casting

1 Introduction

Centrifugal casting is a widely used technique in fabricating metal rolls and has the advantages of low energy consumption, small pollution, simple process and high efficiency[1,4]. It is also used in the manufacture of high speed steel (HSS) roll which has high hardness, excellent red hardness, hardenability and abrasion resistance at high temperature[5,8]. Crack is a major defect during the casting of HSS roll. Previous investigations have reported that the crack of centrifugal casting HSS roll is strongly influenced by alloy composition and centrifugal casting process parameters [9,11]. In this study, we employ the modification technique to improve the hot crack resistance. Moreover, in order to improve the filling and solidification of molten steel and eliminate the cracks, we investigate a new centrifugal casting process in adjusting the distribution of the temperature field and stress field by utilizing variable speed centrifugal casting technique, variable flux pouring process and variable speed solidification cooling techniques. The crack rate (the crack rate is the rate of HSS roll amount having crack to the total HSS roll amount) is evaluated for different production processes.

2 Factors affecting the crack of HSS rolls

2.1 Influence of HSS material

The crystallization characteristics and chemical compositions of cast alloys have obvious influences on the hot crack. The wider the alloy effective crystallizing temperature interval is, the larger the absolute shrinkage mass will be, and the easier the formation of cracks. Every element that can expand alloy solidification interval can promote the formation of hot crack. In addition, every element that can reduce the absolute shrinkage mass of the alloy solidification interval can reduce the inclination of forming crack[12,13].

HSS roll contains a number of alloy elements such as tungsten, molybdenum, chromium and vanadium, etc. Owing to the poor heat conductivity and wide solidification interval, it is likely to cause serious casting stress and form shrinkage cavity and rarefaction (unsound) in the casting structure. Consequently, the strength and toughness of the roll are reduced, which promotes the initiation and propagation of the crack. The solidification structure also has an important effect on the crack formation. Researchers found that, compared with columnar structure, when the solidification structure was equiaxed crystal, the possibility of forming crack is much smaller[14]. The relation between the dendrite morphology and crack inclination is shown in Fig. 1[15]. The ability that coarse grain can bear the intercrystal tension stress is small and it is difficult to adjust the grain position. As a result, coarse grain is apt to fracture. For fine grained material, since the surface area is large and the liquid film is thin and even, it is easy to adjust the grain position. Thus, the fine grained material is relatively difficult to rupture.

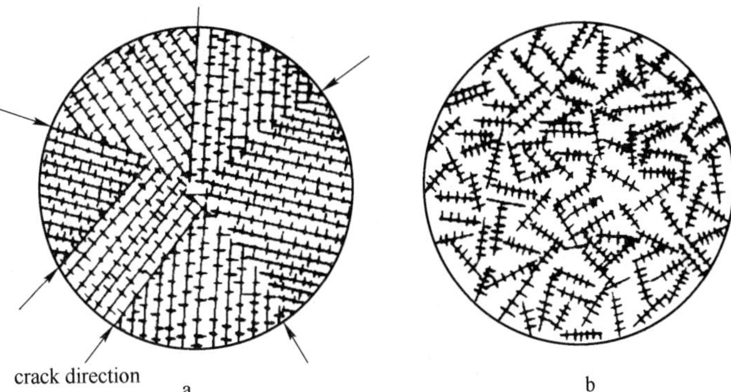

Fig. 1 Relation of hot crack and columnar (a) and equiaxed (b) dendrite morphology[15]

2.2 Influence of mould

Mould and coating have a clear influence on the crack of HSS roll. Ordinary mould is apt to deform under the action of mechanical stress and hot stress. Therefore, cracks and pits are often seen on the inner surface, as shown in Fig. 2. Before pouring the molten steel, a coating is sprayed on the inner surface of the mould. As would be expected, the thermal conductivity at the position of crack is low compared to other positions since the thickness of the coating at the position of crack is greater than other positions. When molten steel starts to solidify in other position, the metal close to the crack is still in the liquid phase or solid-liquid phase, and feeds the already solidified metal. This may causes insufficient feed for the metal close to the crack of the mould. Therefore, it is easy to generate hot crack under the shrinkage stress. As a result, the roll surface forms cracks with the same shape and direction as the inner surface of the mould. Uneven preheating of the mould also leads to different cooling rate in every part of the roll, which results in different shrinkage mass in every part at the same moment. The confinement of each other generates stress. It will propagate a fracture if the stress is large enough.

Fig. 2　Cracks on the inner surface of the mould

When the molten steel pours into the mould, the coating receives an impact, infiltration and friction from the molten steel. After the mould has been filled up, the coating bears the entire centrifugal press of the molten steel. At this moment, the coating could absorb some centrifugal press, which reduces the pressure of the thin solidification layer near the mould. The uneven coating thickness, the large adhesive force between coating and mould, and the pinholes on the coating surface hinder the roll to shrink, and therefore promotes the crack formation. This is because uneven coating thickness causes small heat transmission velocity in the thick coating position and large heat transmission velocity in the thin coating position. Under this condition, a temperature difference appears in the roll. It increases the internal stress and leads to crack easily. If the adhesive force between the coating and the mould becomes large, it will reduce the contractility of the coating and increase the possibility of forming cracks. When there are many pinholes on the coating surface, molten steel can easily penetrates the pinholes, and therefore the solidification obstruction is increased. Too thick coating often cracks easily and tends to peel off under the centrifugal force and the erosion of molten steel. The heat conductivity of the coating also has an effect on the crack formation. When the heat conductivity is poor, the solidifying rate of the roll becomes slow. Consequently, multi-directional solidification begins to happen, and hot crack can be easily induced.

2.3　Influence of pouring and cooling parameters

The pouring rate and pouring temperature of the molten steel have an apparent influence on the cracks of HSS roll. The higher the pouring temperature is, the more the solidification heat will emit and the longer the solidification time is. Since HSS roll is prone to two-directional solidification, viz. HSS roll solidifies from the outer surface to the inner surface and also solidifies from the inner surface to the outer surface at the same time, it may cause serious crack to appear. Therefore, the pouring temperature of the large section HSS roll should reduce properly. At the same pouring temperature, the faster the pouring rate is, the longer the time interval between start of pouring the molten steel into the mould and the completion of solidification is, and the greater the possibility of forming cracks is. In the case of lower pouring temperature and pouring rate, the molten steel spreads forward under the action of centrifugal force. Because of the contact with the mould, the front flowing molten steel loses a large amount of heat, which causes the temperature to drop suddenly. If the front flowing molten steel solidified at the midway, it may anymore flow to the cold end of mould, and therefore the following molten steel will cover on the solidification layer and continue to flow. Due to the short solidification time, the gas and inclusion in the molten steel are unable to discharge from the inner surface by centrifugal force. In the combining position of such two layers of molten steel, a number of pores and inclusion can be easily formed. As a result, cracks appear at the place where the pore and inclusion exist. Therefore, the control of the pouring temperature and pouring rate is clearly beneficial to prevent the formation of cracks.

Because of the long solidification time of HSS roll, the shrinkage has already occurred when the molten steel that closes to the mould started to solidify. This causes the clearance between the roll and mould to emerge. If the rotational speed of the mould is too high at this moment, the inside molten steel will produce a great pressure on the solidified superficial layer, which can be easily cracked. Therefore, the rotational speed should be reduced properly when the following molten steel continues to pour into the mould. On the other hand, when the solidification promotes to the inner layer, the centrifugal force acting on the solidification location will decrease constantly. In order to guarantee the compactability of inner layer roll, the rotational speed should elevate after the strength of the superficial layer improves.

The cooling mode of the mould also influences the formation of roll cracks. During centrifugal casing, the mould temperature rises constantly, and the surface temperature exceeds 400℃ under the natural cooling condition. In this case, the inclination of forming crack increases because of the coarse solidification structure. The obligatory cooling of the mould can improve the heat dissipation ability and increase the cooling rate. Therefore it refines the roll structure and shortens the solidification time. In this case the progressive solidification can be formed from exterior to inner, which certainly reduces the casting stress and avoids the formation of cracks.

3 Research on improving the hot crack resistance of HSS roll

As discussed above, the crystallization characteristics and chemical compositions play a key role in preventing the hot crack in centrifugal casting HSS rolls. It can be seen from Fig. 3 that the casting HSS roll has a wide crystallization temperature range [16]. Owing to the poor heat conductivity and large linear shrinkage amount, the inclination of forming cracks is relatively great. In order to reduce the cracks, a primary method is to improve the molten steel quality and the roll structure. The present study has investigated the effect of modification on the hot-crack resistance of HSS roll by using rare earth (RE) and potassium (K) composite modificator. To measure the linear shrinkage and hot-crack resistance, a ZQS-2000 double specimen heat cracking-linear retractometer[17] was used. Fig. 4 is its schematic draw. Solidification stress was measured using a casting ladder specimen. The diameter at butt end of the specimen is 30 mm, and the length is 70 mm. The diameter at smaller end of the specimen is 10 mm, and the length is 310 mm. The thermal center of the specimen is at the ladder position where it is possible to form hot cracks while HSS solidifies. A sensitive thermocouple was placed in the ladder position to measure the hot crack temperature. The same pouring system was adopted to measure the linear shrinkage amount and stress. Both ends of the specimen are free and the shrinkage amount can be delivered through the specimen, and mechanically superimposed and measured by displacement sensor. The results are shown in Fig. 5 and Table 1.

Table 1 Effect of modification on hot tearing and linear contract of HSS

State	Pouring temperature/℃	Hot tearing force/N	Hot tearing temperature/℃	Linear contraction/%
Unmodified	1480	119	1166	1.87
Modified	1480	158	1147	1.83

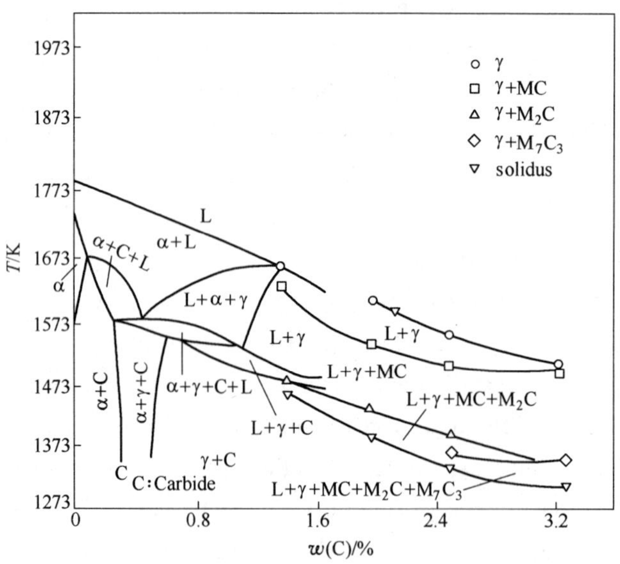

Fig. 3 Phase diagram for Fe-5% Cr-5% W-5% Mo-3% ~4% V-C alloy system [16]

The solidification time vs. temperature curves shown in Fig. 5 indicate that the thermocouple can measure the present temperature of the molten steel immediately after pouring into the mould. Since the thermocouple was placed into the sand of mould, the temperature of molten steel, which was initially cooled by the sand mould, is lower than the pouring temperature of 1480℃. When the molten steel reaches A position whose temperature is about 1238℃, primary

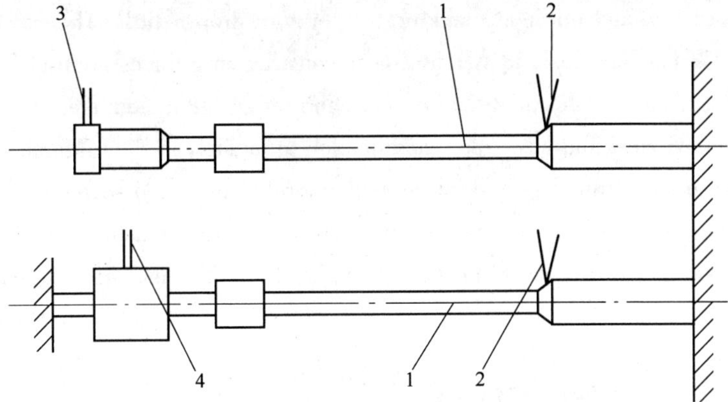

Fig. 4 The schematic draw of double specimen heat cracking-linear retractometer

1—ladder specimen;2—thermocouple;3—displacement sensor;4—stress sensor

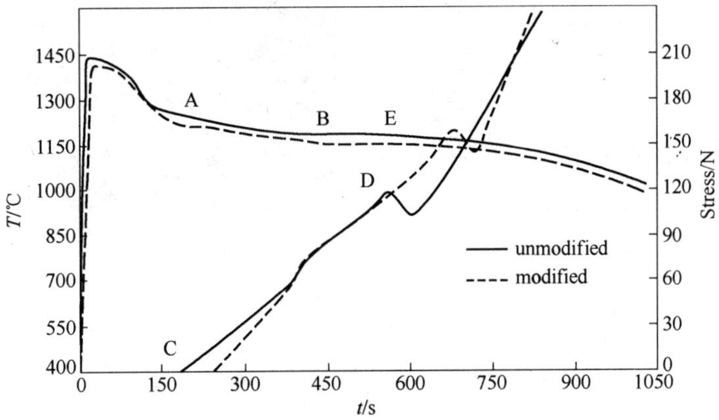

Fig. 5 Relation among solidification time,temperature and stress

austenite begins to separate and the crystallization releases some latent heat,which slows down the cooling. When the molten steel reaches B position whose temperature is about 1180℃, another small plateau appears. This is correlated with the separation of the eutectic structure. Moreover,it can be seen from the solidification time vs. stress curves(also in Fig. 5)that there is no stress at the initial solidification stage. When the molten steel reaches C position,stress begins to appear and increases rapidly. However, when the molten steel reaches D position, it has an obvious inflection point. We can infer that there is little crack to emerge in D position. The appearance of the little crack caused the stress to release. The temperature corresponded to the inflection point is E position in the temperature curve. The corresponding stress is the heat cracking force and the temperature is the cracking temperature while presenting the little crack [17]. The data summarized in Table 1 shows that the heat cracking force of unmodified HSS is 119 N and the heat cracking temperature is about 1166℃.

The curves of solidification time vs. temperature and solidification time vs. stress of modified HSS are similar to those of unmodified HSS. However,the crystallizing temperature of primary austenite, the eutectic temperature and the heat cracking temperature drop a little. The hot tearing force increases by 32.77% and reaches 158 N. The linear constriction reduces slightly. This is because a suitable amount of RE-K can deoxidate, desulfidate and purify the molten steel and help to improve the liquidity of molten steel and have good modification to inclusions[18,19]. Moreover, RE-K modification helps to refine the structures and improve the morphology and distribution of carbides in the HSS roll, as shown in Fig. 6. It also improves the high temperature plasticity of HSS roll[20], which makes the linear shrinkage decrease and the hot tearing force increase, and therefore improves the heat cracking resistance.

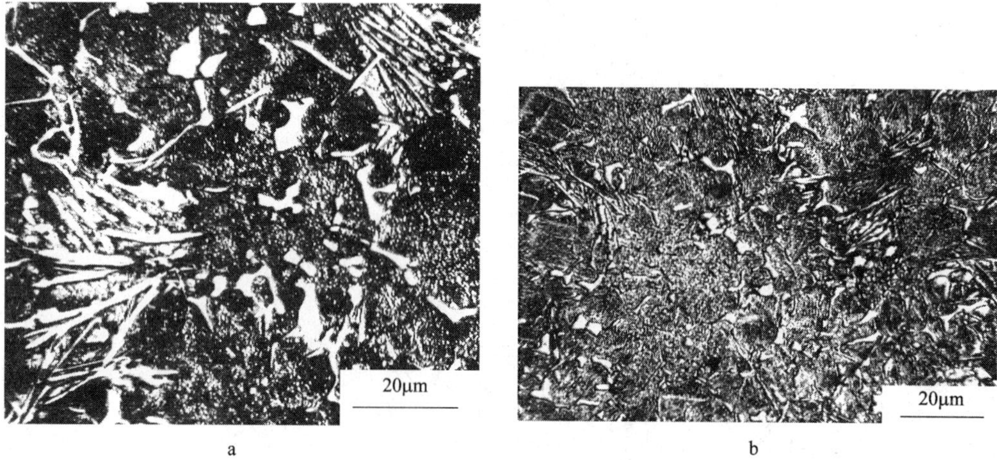

Fig. 6　As-cast solidification microstructures of unmodified (a) and modified (b) HSS roll

4　Improvement of casting and cooling processes

4.1　Study on variable speed centrifugal casting

When the centrifugal casting HSS roll is manufactured under a fixed rotation speed, the centrifugal cast equipment and the mould have a shorter service life. It also increases the power consumption and the roll crack. In order to eliminate the casting crack, the technology of variable speed centrifugal casting was developed. Fig. 7 shows a schematic diagram of changing centrifugal casting rotation speed, where, $n_1 > n_3 > n_2 > n_4$, $t_4 > t_3 > t_2 > t_1$. In the beginning, the molten steel is poured quickly into the mould. To the centrifugal casting HSS roll whose outer diameter, inside diameter and the length are 330mm, 200mm and 150mm respectively, the first speed n_1 (960 ~ 980 r/min) guarantees that the molten steel covers the mould evenly and rapidly, which prevents the roll from producing double skin and cold shut defects etc. The time t_1 (2.0 ~ 2.5min) can not be too long while the mould rotation speed is n_1, otherwise the outer solidification layer of roll will be easy to crack because of too large centrifugal force. After the mould stays for t_1 time at the speed of n_1, it drops immediately to the second speed n_2 (800 ~ 820r/min), which can reduce the pressure of solid shell in the exoexine and avoid the initiation of cracks. The time of staying is t_2 (3.0 ~ 3.5min) when the rotation speed is n_2. To ensure the formation of roll and obtain a compact structure, the rotation speed rises to the third speed n_3 (880 ~ 900r/min) while the exoexine of the roll gains enough strength to bear the large centrifugal force. The time of staying is t_3 (4.5 ~ 5.0min) when the rotation speed is n_3. Furthermore, in order to prevent the roll from forming cracks because of the large internal stress produced by the fast cooling, the rotation speed decreases to the fourth speed n_4 (720 ~ 740r/min) after HSS roll solidifies thoroughly. Once the time of staying reaches t_4 (5.5 ~ 6.0min), the casting machine is shutdown. The roll can be taken out and cooled slowly in the insulation pit or holding furnace, which is helpful to lighten the cold crack of HSS roll.

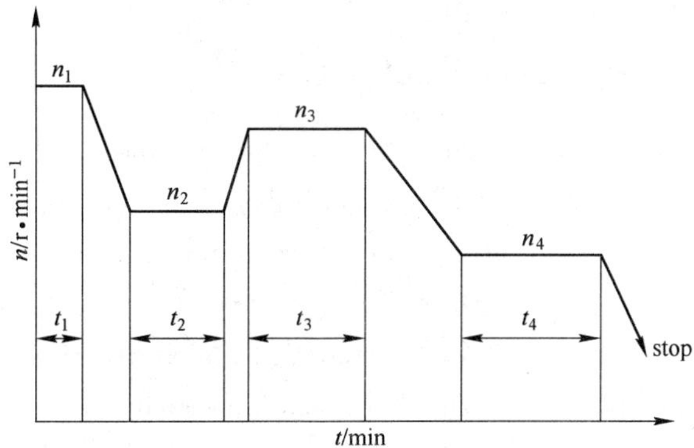

Fig. 7 Schematic diagram of changing centrifugal casting rotation speed

4.2 Study on the control of mould

Under the formidable environment of fast heating and cooling, it is easy to generate heat fatigue crack for casting mould. Once the heat fatigue crack expands, alligator crack will appear on the inner surface of the casting mould. As discussed above, surface crack of the casting mould may further promote the formation of the roll crack. An effective method to prevent this from happening is to improve the mould strength. Therefore, instead of ordinary gray cast iron, high strength steel was selected to manufacture the casing mould. After the mould has been used for a specified period of time, the defect detection should be taken. If there is any crack, the casting mould must be repaired. In addition, the operating system must be strictly checked and the centerline of casting mould should keep the same with the horizontal line of the working platform. Before pouring the molten steel, the centrifugal machine must be debugged to make unbalanced moments be smaller than 0.05J.

It is also known that the end cap of the casting mould can penetrate molten steel, which may lead to the shrinkage of the roll being hindered. As a result, cracks may appear on the roll surface. An effective way to resolve the problem is through the use of refractory material and sodium silicate that are fitted on the end cap whose thickness is larger than 20mm. High temperature paint is then coated on the surface of the refractory material and sodium silicate. The thickness of the paint is great than 4mm.

In order to further improve the heat cracking resistance, the paint of centrifugal casting has been studied. It was found that the paint with good retrogression have low possibility of generating heat crack. And, if the heat conductivity and chill performance are good, the sensibility of crack will be strong. In this investigation, zircon powder that is especially suitable for high alloy steel casting was used as the principal constituent of HSS roll paint, and sodium silicate was utilized as the binding admixture. To reduce the gas-forming property and elevate the suspension and rheological properties, sodium carbonate and bentonite were added into the paint. In the meantime, the technology of spraying paint was employed to replace the original spread paint. The even distribution of paint on the surface of mould makes the bond strength between the paint and the mould elevate and the control of paint thickness is easy.

4.3 Study on solidification and cooling of HSS roll

After the molten steel was poured into the mould, O type inoxidazable flux was immediately put in. The density of the flux is 2500 kg/m^3. Its melting point is lower than 1200℃, and the softening point is 574℃. There is a small quantity of exothermic materials in the flux. The O type inoxidazable flux can change and control the filling and solidifying condition of the molten steel in the centrifugal force field and increase the radial temperature gradient in the liquid cylinder. It also creates the progressive solidification condition from outside to inside and removes the inclusion and shrinkage cavity in the rolls. Therefore, heat crack resistance can be improved apparently. To guarantee shaping and prevent the spatter of molten steel in the inner surface, variable flow pouring technology was also employed. In the beginning, the molten steel (about 40% of the total amount) was quickly poured into the mould. After the mould was full of molten steel, the pouring speed was then reduced. The molten steel under slow speed pouring is about 60% of the total amount.

It is also known that the roll thickness affects the crack formation. With thin thickness roll, the casting structure becomes fine due to the fast solidifying and cooling rate. This helps to prevent the formation of cracks. The formula below is used to determine the nucleating speed[21,22]

$$u = \frac{NkT}{h}\exp\left(-\frac{\Delta F_A + \Delta F^*}{kT}\right) \tag{1}$$

where, u is the forming nucleus quantity per second in per unit volume liquid; N is the total amount of atoms per unit volume liquid; k is Boltzman constant; h is Planck constant; T is the absolute temperature; ΔF_A is the activation energy of atomic diffusion in molten steel; and ΔF^* is the power of critical nucleation, its value is given as follow[22]

$$\Delta F^* = \frac{1}{3}\left(\frac{16\pi\sigma_{LS}^3 T^2}{L^2 \Delta T^2}\right) \tag{2}$$

where, σ_{LS} is the surface energy, N/m; L is the latent heat of crystallization, J/m^3; and ΔT is the degree of supercooling, K.

Formula (1) comprises two portions. As the power of critical nucleation ΔF^* is in inverse proportion to ΔT^2, $\exp\left(-\frac{\Delta F^*}{kT}\right)$ increases rapidly with the increase of degree of supercooling, namely nucleating rate increases correspondingly. On the other hand, as the degree of supercooling decreases, the atomic heat motion becomes weaken; this causes the term $\exp\left(-\frac{\Delta F_A}{kT}\right)$ to decrease and reduces the nucleating rate accordingly.

Because of the strong mobility of metal atom under the solidifying condition, the nucleating rate will increase as the degree of supercooling increases. In order to raise the degree of supercooling, an effective method is to increase the cooling rate by spaying cool water. A water pipe with two lines of blowholes was installed in the upper part of the mould along its axial direction. After the molten steel was poured into the mould, the mould was immediately cooled by spraying water. As we discussed above, HSS roll contains a large amount of alloy elements. It can shift the isothermal transformation curve of austenite to the right, and lower the critical-cooling rate. Therefore, the phase transformation from austenite to martensite can occur even under air cooling condition. Owing to the inconsistent cooling rate between the inside and outside layers, there exists a structural asynchrony. When austenite is cooled sufficiently rapidly, it transforms into martensite with some change in volume. As a result, transformation stress appears in the HSS roll. The directions of transformation stress and heat stress are opposite. In fact, the transformation stress is favorable to lighten the crack formation. However, a rapid cooling after solidification is likely to obtain austenite with poor heat conductivity at room temperature, and promotes the formation of cracks. Thus water-cooling process should be controlled strictly.

Table 2 summarizes the crack rate of centrifugal casting HSS roll in different production processes. It clearly shows that RE-K composite modification can elevate the hot tearing force of HSS roll and reduce the cracks of centrifugal casting HSS roll. The adoption of variable speed centrifugal casting (abbreviated the variable speed), variable flow pouring (abbreviated the control discharge) and variable speed solidification (abbreviated the control cooling) can adjust the distribution of temperature field and stress field in the mould and roll, which are the effective means improving the filling and solidification of molten steel and eliminating cracks.

Table 2 Crack rate of centrifugal casting HSS roll in different producing process

Production method	Normal process	Modification	Modification + variable speed + control discharge + control cooling
Crack rate/%	30. 23	16. 67	2. 44

5 Conclusions

(1) The mould, paint, pouring speed, pouring temperature and the cooling rate have obvious influences on the crack formation of HSS roll.

(2) After composite modification with RE-K, the hot tearing force of HSS roll is increased by 32. 77% and reaches 158 N.

(3) The adoption of the variable speed centrifugal casting, variable flux pouring and variable speed solidification cooling is able to adjust the temperature field and stress field of the roll, and therefore improves the filling and solidification of the molten steel and eliminates the crack of HSS roll.

References

[1] R. K. Gimaletdinov, A. G. Mirozyan, Litejnoe Proizvodstvo, 11(2003)34—35.

[2] Y. Liu, Foundry Technol., 25(2004)101—102.

[3] R. R. Xavier, M. A. De Carvalho, E. Cannizza, T. H. White, A. Rivaroli Jr., A. H. Sinatora, Iron and Steel Technology, 1(2004)28—33.

[4] A. N. Drobyshev, Y. N. Samsonov, E. M. Fedorenko, V. M. Golubev, V. I. Chichkov, Stal', 5(2004)66—67.

[5] A. Okabayashi, H. Morikawa, Y. Tsujimoto, SEAISI Quarterly, 26(1997)30—40.

[6] K. Ichino, Y. Kataoka, T. Koseki, Kawasaki Steel Technical Report, 37(1997)13—18.

[7] J. Lecomte-Beckers, E. Pirar, Stal', 2(2003)88—92.

[8] K. L. Gong, Y. J. Dong, C. L. Gao, Iron and Steel, 33(1998)67—71.

[9] H. G. Fu, Q. Xiao, J. D. Xing, Ironmaking and Steelmaking, 31(2004)389—392.

[10] T. Toyooka, K. Ichino, T. Koseki, H. Hiraoka, Y. Kataoka, Materia Japan, 39(2000)181—183.

[11] H. G. Fu, J. D. Xing, Foundry Technol. 25(2004)859—861.

[12] H. Fredriksson, M. Haddad-Sabzevar, K. Hansson, J. Kron, Materials Science and Technology, 21(2005)521—529.

[13] K. Hansson, H. Fredriksson, Advanced Engineering Materials, 5(2003)66—77.

[14] A. B. Aleksandrovich, B. D. Danilenko, Y. V. Loshchinin, T. A. Kolyadina, I. M. Khatsinskaya, Metal Science and Heat Treatment, 30(1989)502—504.

[15] R. Doepp, Proc of the Int Symp on the Metall of Cast Iron, 2nd, May 29—31, 1974, Geneva, Switz. GEC Journal of Science and Technology, 1975, p 235 ~ 253.

[16] K. Ogi, Y. Ono, H. Zhou, H. Miyahara, Journal of the Iron and Steel Institute of Japan, 81(1995)912—917.

[17] G. J. Chen, X. L. Liu, Y. L. Jin, Y. P. Han, J. Zhao, L. F. Zhang, Foundry, 1(1988)13—19.

[18] Y. H. Pan, H. Yang, X. F. Liu, X. F. Bian, Materials Letters, 58(2004)1912—1916.

[19] F. Q. Zu, X. J. Huang, H. Yang, Iron and Steel, 30(1995)58—64.

[20] H. G. Fu, D. Li, J. D. Xing, Rare Metal Materials and Engineering, 34(2005)1287—1290.

[21] D. Turnbull, Journal of Applied Physics, 21(1950)1022—1028.

[22] Q. C. Li, Theory Base of Formation casting. Beijing: Machinery Press, 1982, 172—186.

【编者按】 本文原载于 Materials Science and Engineering A 479 (2008) 253 ~ 260。

A Study of Segregation Mechanism in Centrifugal Cast High Speed Steel Rolls

Fu Hanguang[1] Xiao Qiang[2] Xing Jiandong[1]

1. School of Materials Science and Engineering, Xi'an Jiaotong University, 28 Xianning West Road, Xi'an, Shaanxi Province 710049, P. R. China;
2. Hysitron, Inc., 10025 Valley View Road, Minneapolis, MN 55344, United States

Abstract: Segregation influences the microstructure and performance of high speed steel (HSS) roll. The main reason why segregation occurs in centrifugal cast HSS roll is that atom clusters are formed in HSS melt and such atom clusters have different densities. The high-density atom clusters move to the outer periphery and the low-density atom clusters move to the inner periphery of the roll under centrifugal force. Changing the movement law of atom clusters in the centrifugal force field and increasing the solidification rate of HSS melt can lighten the segregation in HSS roll and improve its performance.

Key words: high speed steel roll, centrifugal casting, segregation, atom cluster, mechanism

1 Introduction

High speed steel (HSS) rolls exhibit high performance in terms of wear resistance and surface roughening resistance. Currently, a HSS roll is mainly manufactured by means of continuous pouring process for cladding (CPC)[1]. However, this method has lower productivity and higher production cost compared with a centrifugal casting method. On the other hand, when a high-speed roll is produced by centrifugal casting, segregation of alloying elements can be a problem, which usually decreases the mechanical properties and reduces wear resistance[2 ~ 7]. Moreover, it is impossible to remove the segregation by heat treatment. In this paper, we study the segregation mechanism of alloying elements in centrifugal cast HSS rolls. The main factors that affect the segregation are determined and analyzed.

2 Effect of segregation on the microstructure and performance

2.1 Effect of segregation on the microstructure of centrifugal cast HSS roll

A number of researches have discovered that segregation can cause microstructural changes in centrifugal casting[8 ~ 10]. Fig. 1 is a distribution diagram of alloying elements along the radius direction in a horizontal centrifugal casting of HSS roll whose chemical compositions are 1.91% C, 5.05% Cr, 3.28% V, 5.52% W, 4.76% Mo. The outer diameter, inside diameter and length of the roll is 360 mm, 200 mm and 800 mm, respectively. The mould rotation speed is 950 r/min. After pouring at 1480℃, the mould is air-cooled. It can be seen that the content of the element whose density is greater than molten steel (such as tungsten and molybdenum) decreases continuously as the distance departing from the roll surface increases. In contrast, the content of the element whose density is lower than molten steel (such as vanadium and carbon) increases slowly. In the meantime, there is no clear segregation for the element (such as chromium) whose density is close to molten steel. The effect of rotation speed on the relative segregation ratio of elements is shown in Fig. 2. Evidently, segregation of alloying elements (W, Mo, V) aggravates as the mould rotation speed increases.

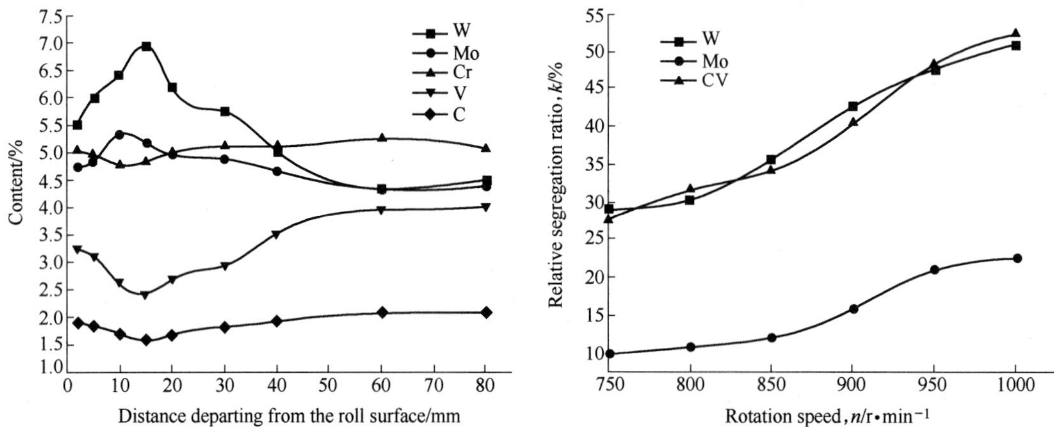

Fig. 1 Distribution of elements along radius direction

Fig. 2 Effect of rotation speed on the relative segregation ratio of elements

The calculation formula of relative segregation ratio k is as following:

$$k = (C_2 - C_1)/C_0 \times 100\% \tag{1}$$

where, C_2 is the highest content of element, %; C_1 is the lowest content of element, %; C_0 is the average content of element, %.

Owning to the segregation of alloying elements, structure segregation can be observed in the roll. Especially, the distribution of carbides is changed (see in Fig. 3). The outer layer contains many M_2C and M_6C type carbides, and there are a few MC type carbides. The inner layer is just opposite to the outer layer. But it should be noted that the segregation in the thin-layer closing to the mould surface is not obvious due to the shock cooling of casting mould.

2.2 Effect of segregation on performance of centrifugal cast HSS roll

As illustrated in Fig. 4, a schematic diagram shows where the different samples are retrieved from the roll. The effect of radial location on the hardness, red hardness, tensile strength, elongation percentage, impact toughness and weight loss of centrifugal cast HSS roll are shown in Fig. 5 ~ 7. Among them, the hardness testing was done using an HR-150A type hardness tester; charpy unnotched impact tests were performed at room temperature using a 150J capacity machine, the dimensions of samples are 10mm × 10mm × 55mm; the tensile tests were performed on a universal

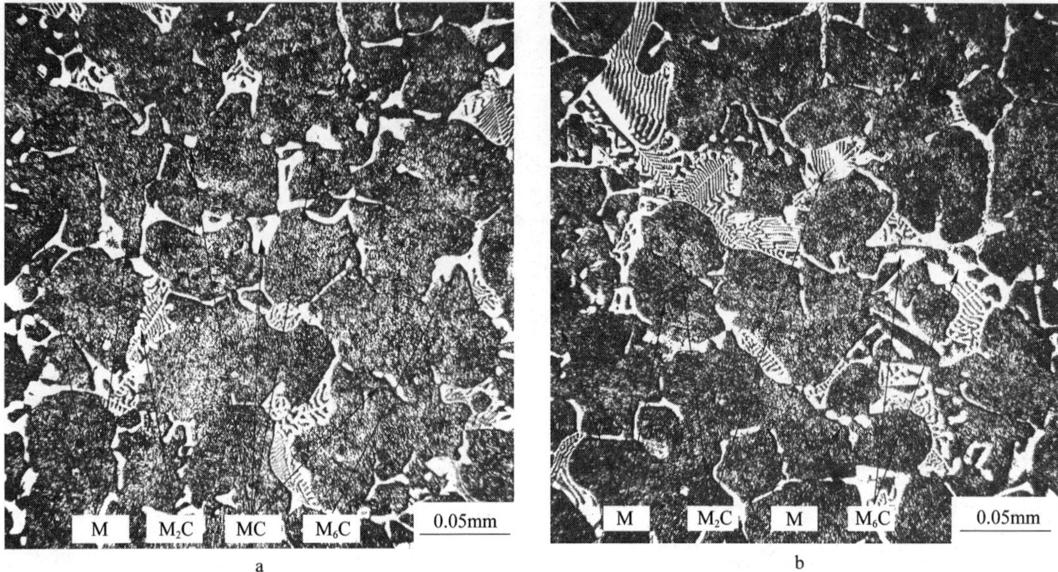

Fig. 3 Microstructures of centrifugal cast HSS roll
a—at inner layer; b—at outer layer
M—martensite

material testing machine, the dimensions of specimens were $\phi 10$ mm × 130 mm; the sliding abrasion wear test was performed using a ML-10 type abrasion tester under the load of 19.6 N. The result shows that the segregation leads to noticeable performance difference between different radial locations. The exoexine (< 5mm) of the HSS roll almost has no segregation due to the shock cooling. The performance in the exoexine can roughly reflect the performance that there is no element segregation. In the outer layer of the roll, there are many tungsten and molybdenum, and carbon and vanadium concentrations are low because of the segregation. Tungsten and molybdenum are strong elements forming the carbides and decrease the carbon concentration in the matrix. The matrix of the outer layer of the roll has poor hardenability and the hardness is low after quenching treatment, as shown in Fig. 5. It has a bad resistance to abrasion. On the other hand, the concentrations of tungsten and molybdenum are relatively low and the concentrations of vanadium and carbon are relatively high in the inner layer. The amount of M_2C and M_6C type carbides including tungsten and molybdenum in the inner layer is smaller than that of the outer layer, as shown in Fig. 3. When the HSS roll is quenched, the stability of MC type carbide including vanadium is high, and its dissolution is very slow compared with M_2C and M_6C type carbides including tungsten and molybdenum[11,12]. Meanwhile, the concentrations of tungsten and molybdenum are low in the quenching matrix of inner layer because of the segregation[13,14]. The inner layer of roll has lower hardness and a bad resistance to abrasion. Moreover, the segregation promotes crack formation during the solidification and heat treatment of HSS roll[15].

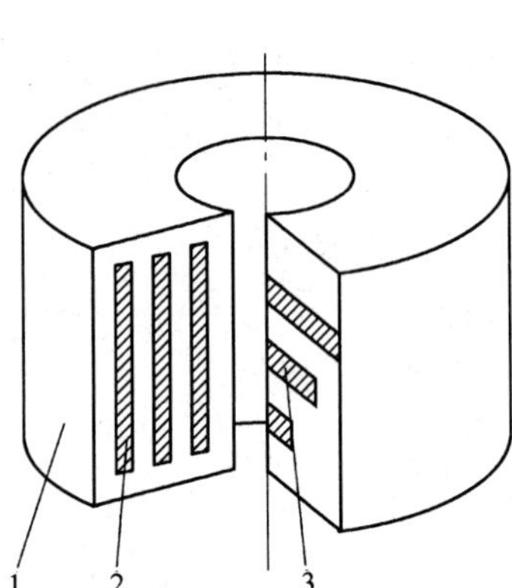

Fig. 4 Schematic diagram of retrieving samples from the roll

1—HSS roll; 2—impact and tensile samples; 3—hardness and wear samples

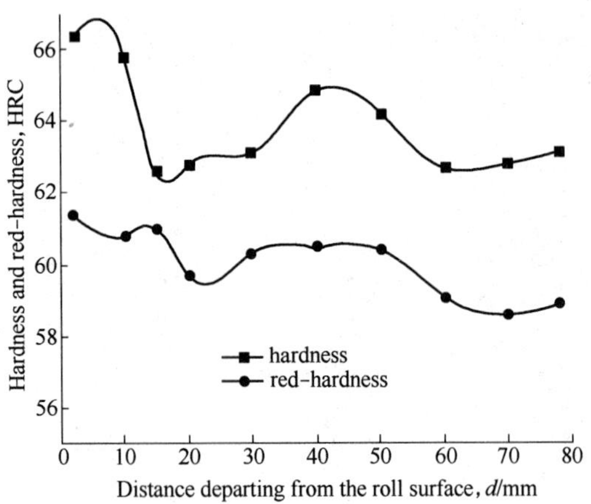

Fig. 5 Hardness and red hardness at different radial location

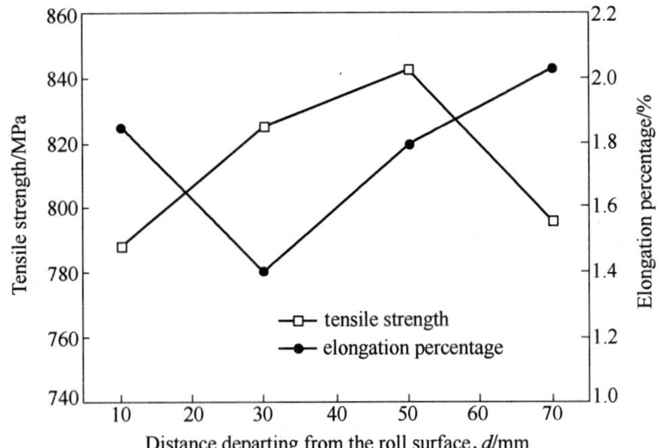

Fig. 6 Tensile strength and elongation percentage of centrifugal cast HSS roll at different radial location

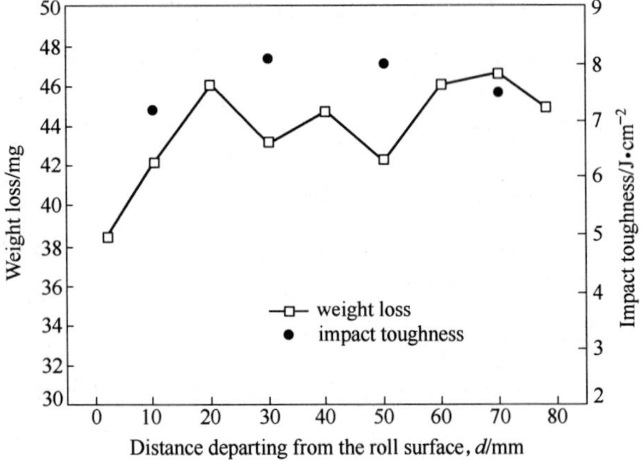

Fig. 7 Impact toughness and weight loss of centrifugal cast HSS roll at different radial location

3 Stress and motion of melt in the centrifugal force field

In the centrifugal casting of HSS roll, the rotated molten steel occupies a certain space. If getting a M particle whose mass is m from the molten steel (as shown in Fig. 8), the M particle subjects to a double-response of centrifugal force F_C and gravity force m_g. F_C directs outside along the radial direction, and

$$F_C = m\omega^2 r \tag{2}$$

where, F_C is the centrifugal force, N; m is the mass of the particle, kg; ω is the rotary angular velocity, r/s; and r is the rotary radius of the particle, m.

The centrifugal acceleration of the particle in the centrifugal force field is $\omega^2 r$. The ratio G of the centrifugal acceleration and the gravitational acceleration is called gravitational coefficient, namely

$$G = \frac{\omega^2 r}{g} \tag{3}$$

In order to obtain compact microstructure, the gravitational coefficient must be guaranteed in the centrifugal casting. In most case the value of G must be up to dozens or over 100[16]. Because the centrifugal force is far greater than the gravity, we neglect the influence of the gravity on the particle to simplify the analysis in the centrifugal force field. As discussed below, we only consider the influence of centrifugal force on the segregation of HSS roll.

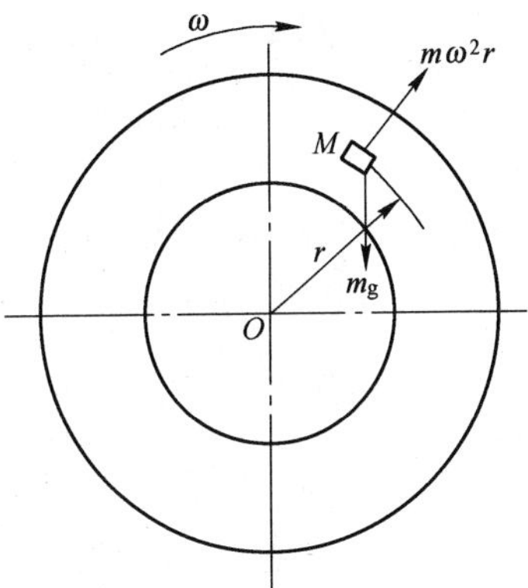

Fig. 8 Schematic diagram of force field of centrifugal cast HSS roll

According to the buoyancy law, when the molten steel and the outphase particles (such as atom clusters, pro-crystalline phase, etc.) coexist, if the densities between outphase particles and molten steel are different, these particles in the gravity field will float and sink. The buoyancy F_f of outphase particles is given by

$$F_f = \frac{\pi d^3}{6}(\rho_1 - \rho_2)g \tag{4}$$

where, F_f is the buoyancy of outphase particle, N; d is the diameter of outphase particle, m; ρ_1 is the density of outphase particle, kg/m^3; ρ_2 is the density of molten steel, kg/m^3; and g is the gravitational acceleration, m/s^2.

The floating and sinking speed caused by the buoyancy can be expressed by the Stokes formula[17], namely

$$v_g = \frac{d^2(\rho_1 - \rho_2)g}{18\eta} \tag{5}$$

where, v_g is the sinking and floating speed of outphase particles (positive value indicates sinking and negative value indicates floating), m/s; and η is the viscosity of molten steel, Pa · s.

In the centrifugal force field, the outphase particles can get radial buoyancy F_C and radial moving rate v_C, which is similar to the gravitational field. Because all materials are weighted according to the gravitational coefficient, the calculation formulas of the buoyancy F_C and the moving rate v_C in the centrifugal casting are as follows [18]:

$$F_C = \frac{\pi d^3}{6}(\rho_1 - \rho_2)g \times \frac{\omega^2 r}{g} = \frac{\pi d^3}{6}(\rho_1 - \rho_2)\omega^2 r \tag{6}$$

$$v_C = \frac{d^2(\rho_1 - \rho_2)g}{18\eta} \times \frac{\omega^2 r}{g} = \frac{d^2(\rho_1 - \rho_2)\omega^2 r}{18\eta} \tag{7}$$

where, F_C is the radial buoyancy of the outphase particles, N; v_C is the radial moving rate of the outphase particles, m/s.

During centrifugal casting, if $\rho_1 < \rho_2$, then $v_C < 0$ and the outphase particles move to the inner surface of the roll. On the other hand, if $\rho_1 > \rho_2$, then $v_C > 0$ and the outphase particles move to the outer surface of the roll.

In addition, the outphase particles in the centrifugal force field also exist in the gravitational field. The stress and movement of the particle are superposed by these two kinds of force fields. Based on the above formulas 4 ~ 7, we can obtain the following:

$$\frac{F_C}{F_f} = \frac{v_C}{v_g} = \frac{\omega^2 r}{g} = G \tag{8}$$

This formula indicates that the "buoyancy" and moving speed of the particles in the centrifugal force field is G times of the gravitational field. Therefore, the influence of the gravitational field is very small and can be ignored. The outphase particles mainly suffers from the function of the centrifugal force field. No matter how many degrees between the rotational direction of the centrifuge and the direction of the gravitational force are, we can consider the outphase particles move along the radial direction. The elementary segregation of HSS roll is unavoidable when there is a density difference between the outphase particles and molten steel no mater what type of centrifuge methods (horizontal centrifuge, vertical centrifuge or tilter centrifuge) are being used to cast rolls.

4 Segregation mechanism of centrifugal cast HSS roll

4.1 Segregation of MC carbides

Researchers[4,5] discovered that MC type carbides were remarkably segregated in centrifugal cast HSS roll. Such carbide composed mainly of V has a smaller specific gravity than a hot melt. To prevent centrifugal separation of the MC type carbide, it is effective to increase the specific gravity of such carbide to thereby decrease the difference between that gravity with respect to the hot melt. Ichino et al. [4,5] investigated the effect of alloying element niobium on the segregation of MC type carbides, and showed that the addition of niobium, which formed the compound (V, Nb) C and increased the density of the primary MC type carbides, can help to suppress the segregation of carbides. But niobium can only lighten the segregation of VC and has no influence on the segregation of tungsten and molybdenum. Also, the segregation of primary crystallization VC is not only the segregation in centrifugal cast HSS roll. In fact, the comprehensive segregation mechanism is much more complicated.

We know that the cast HSS roll has a hypoeutectic microstructure by analyzing the phase diagram of Fe-5% Cr-5% W-5% Mo-3% ~4% V-C [19]. When the roll begins to solidify in liquid state, the primary austenite manages to precipitate during cooling. The primary phase precipitates more and more with the decrease of temperature and its quantity follows the law of phase diagram. Before reaching the eutectic temperature, the primary phase and molten steel coexist. The pro-precipitated primary phases become the spontaneous outphase particles. There are little carbon and alloy elements in the primary phase (see in Fig. 9 and Table 1). Through theoretical calculation, we found that the density of the primary phase is close to the gravity value of iron (7900kg/m^3) and slightly lower than that of molten steel (7918kg/m^3). The primary austenite therefore moves to the roll inner surface under centrifugal force according to the above formula 7. Due to such a small difference between the densities of primary austenite with respect to the hot melt, the moving speed of the primary austenite is slow, and the composition segregation caused by the movement of the primary austenite is thus very small.

Table 1 Results of EDAX of elements in the primary austenite (wt. %)

Elements	C	W	Mo	Cr	V	Si	Fe
Contents	—	2.28	2.18	3.93	2.27	1.84	87.50

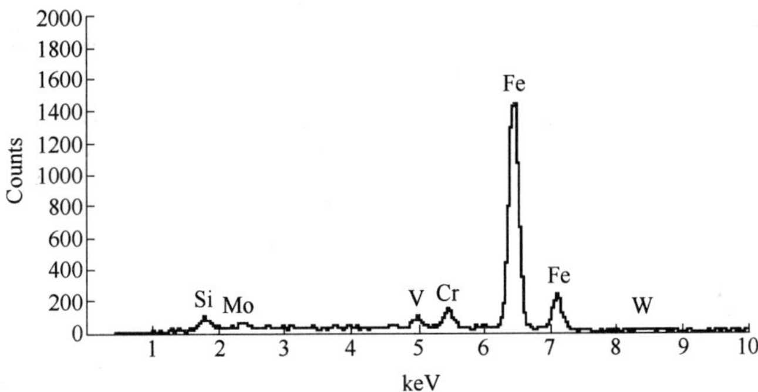

Fig. 9 EDAX of primary austenite

4.2 Theoretical analyses of forming atom clusters in the HSS melt

The elementary segregation of centrifugal cast HSS roll is influenced by the density difference among the elements, the outphase particles and molten steel[20,21]. By analyzing the physical and chemical characteristics of alloying elements in HSS roll, the authors have found that the key factors affecting the segregation in centrifugal cast HSS roll are the capability to form carbides and the bonding force between element atoms, which influence the formation of outphase particles in the molten steel. Actually, the elementary segregation of HSS roll is the comprehensive result of the density difference between the elements and molten steel and the capability forming carbides and the bonding force between element atoms.

When the transition metals form carbides with carbon, the bonding force between the metal atom and carbon atom is mainly decided by the outer layer electronic quantity of the transition metal atom. This is because the valence electron of the carbon atom will fill the sub-*d* electronic layer that is not full of the metal, which makes the atoms in the carbides have the characteristics of metallic bond. The less the electronic quantity in the sub-d electronic layer of transition metal atom is, the more the valence electronic quantity offered by the carbon atom is when forming the carbides, accordingly, the binding force between the metallic element atom and carbon atom becomes bigger. Table 2 lists the valence electron structures of the major metal elements in the HSS roll. Heat of formation for several carbides in the HSS roll are summarized in Table 3. According to the thermodynamic viewpoint, the greater the absolute value of heat of formation of carbides is, the higher its stability will be.

Table 2　Valence electron structures of elements in the HSS roll [22]

Elements	Valence electron structures	Number of sub-d electron
Fe	$3d^6 4s^2$	6
Cr	$3d^5 4s^1$	5
Mo	$4d^5 5s^1$	5
W	$5d^4 6s^2$	4
V	$3d^3 4s^2$	3
Nb	$4d^4 5s^1$	4

Table 3　Heat of formation of carbides in the HSS roll(kJ/mol) [23]

Carbides	NbC	VC	WC	W_2C	Cr_7C_3	Mo_2C	MoC
Heat of formation	-134.81	-102.58	-35.17	-54.43	-51.50	-17.59	-8.37

The difference between the dimensions of the metal atom and carbon atom, namely r_C/r_{Me}, also affects the stability of the carbide formed. The larger the r_C/r_{Me}, the smaller the electronic excitation energy of metal atom, and of course easier to gain electron from the carbon atom and form more stable carbides. Table 4 shows the ratios between the carbon atomic radius and different metal atomic radius. Considering all kinds of factors, the element sequence of forming carbides in the HSS rolls is as follow: Nb, V, W, Mo, Cr and Fe (according to the stability of carbides) [24].

Table 4　Ratios between the carbon atomic radius and metal atomic radius [24]

Elements	Fe	Cr	V	Mo	W	Nb
r_C/r_{Me}	0.61	0.61	0.57	0.56	0.55	0.53

On the other hand, the bonding degree among the atoms can be expressed by the relevant physical parameters of element [23], such as the Young's modulus, the heat of sublimation, the melting point and boiling point, etc. In general, the greater the values of the above parameters are, the stronger the bonding abilities among the atoms are, and the larger the bonding energies of chemical bond are. Table 5 lists the relevant physical parameters of several elements in the HSS roll. The specific heat intensity at high-temperature and self-diffusion coefficient of elements are also included as well. The larger the specific heat intensity at high-temperature is, the smaller the self-diffusion coefficient is, and the greater the bonding force among atoms will be[23]. If considering the data in Table 5, it is clear that the sequence of bonding forces among the element atoms in the HSS roll is: W > Mo > Nb > Cr > V > Fe (from great to small).

Table 5 Physical parameter of some elements in HSS roll [23]

Element	Young's modulus /MPa	The heat of sublimation /kJ · mol^{-1}	Melting point /℃	Boiling point /℃	Specific heat intensity at high-temperature /m	Self-diffusion coefficient /$m^2 \cdot s^{-1}$
Fe	2.117×10^5	416.59	1535	2327	90	10^{-17}
Cr	1.862×10^5	397.75	1925	2880	460	10^{-18}
Mo	3.293×10^5	657.33	2620	4227	450 ~ 600	10^{-24}
W	4.067×10^5	837.36	3420	5930	500	10^{-29}
V	1.47×10^5	535.91	1890	3400	60	—
Nb	1.56×10^5	724.32	2450	4740	500	10^{-19}

Based on the above discussion, we can conclude that carbides such as Nb-C, W-C, V-C and Mo-C can be formed and enrich into the atom clusters in the molten steel before eutectic reaction takes place in HSS melt. This is because Nb, V, W and Mo elements have a strong capability to form carbides. In addition, atom clusters containing W, Mo, Nb, W-Fe, Mo-Fe and Nb-Fe will also appear in the molten steel due to the strong bonding ability for the atoms of W, Mo and Nb etc.

4.3 Experimental verification of atom clusters in HSS melt

Researchers have found that the microstructure of metal melt changes at different tempera ture [25~27]. When the melt temperature is low, the melt contains many atom groups, also called atom cluster, which have the order in the short range and are similar to the solid phase. With the increase in temperature, the atom clusters will melt constantly and become a disorder state. Bian et al. [27] investigated the structure of Fe-C melt by using a high temperature X-ray diffraction (XRD), and found that atom clusters with δ-Fe, γ-Fe and ε-Fe structures exist in the high temperature melt of Fe-C alloy. Cong et al. [28] studied the structure of Cu_3Au melt and discovered that atom clusters with the size of 1.35 ~ 1.85 nm exist in the Cu_3Au melt under the temperature of 400 ~ 500K.

In order to verify the existence of atom clusters in HSS melt, HSS thin strip was fabricated in a single-roller chilled equipment under the protection of inert gas. The non-consumable tungsten arc induction heating was adopted to smelt the HSS. Through revolving the roller wheel, a sample can be obtained. The chilled HSS thin strip was then analyzed by XRD. The result is shown in Fig. 10. At the temperature of 1650℃, which is 350℃ higher than the liquidus temperature, there are V_2C and VC atom clusters in the HSS melt. The experiment, however, had failed to measure the W-C and Mo-C atom clusters because of the interference of γ-Fe (restricted by the experimental condition, it was actually difficult to prove that the high temperature XRD directly analyzed the HSS melt). Due to the large density difference of all elements and carbides in HSS roll (see in Table

6), atom clusters and pre-precipitated phases in the melt will move under the action of centrifugal force before eutectic reaction. Distribution of elements was uneven in the radial direction. In order to control the element segregation, it is therefore very important to study the moving raw and the affecting factors for atom clusters and pre-precipitated phases under centrifugal force.

Table 6 Densities of elements and carbides in HSS roll [4]

Carbide	W_2C	WC	Mo_2C	NbC	VC	Fe_3C
Density/kg · m^{-3}	17200	15800	9100	7900	5700	7200
Element	W	Mo	Nb	Fe	Cr	V
Density/kg · m^{-3}	19300	10200	8600	7900	7200	6100

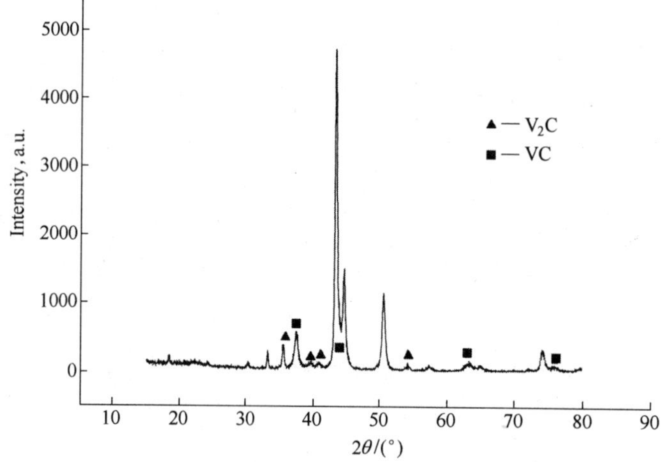

Fig. 10 XRD spectra of chilled HSS thin strip

4.4 Moving raw and affecting factors of atom clusters in the HSS melt

By analyzing the outphase particles in the centrifugal force field, Xu et al. [29] successfully established a differential equation (see Eqn. 9) for the moving speed v and time t of outphase particles, and generated an outline to illustrate the effect of time on the moving speed, as shown in Fig. 11.

$$m\frac{d^2v}{dt^2} + 3\pi d\eta(t)\frac{dv}{dt} + [3\pi d\eta'(t) - M\omega^2]v = 0 \tag{9}$$

The above is a second order homogeneous linear differential equation with variable coefficient. The v-t curve shown in Fig. 11 is the solution of the equation under special initial condition. Actually, it is a complex exponent curve. Based on the initial condition and characteristic points, F_m and F_r curves can be qualitatively given along with the change of time, as shown in the upper part of Fig. 11. Because of the melt environment, initial condition and atom cluster parameters are not completely the same; the corresponding equation 9 and v-t curve are different for each atom cluster. Therefore, every atom cluster has a different total moving distance S, as shown in Fig. 11.

Under special rotation speed, v-t curve can be regarded as the inherent property of atom clusters in the molten steel, and it can stand for the specific moving law of atom clusters. As the thickness of HSS roll is limited, before atom clusters reach r_s, they are perhaps forced to stop moving because of reaching the casting mould. The total moving distance S is smaller than the radial distance S' that is from the starting location of atom cluster to the exterior surface of the roll ($S' = b - r_0$, b is the inner radius of the casting mould).

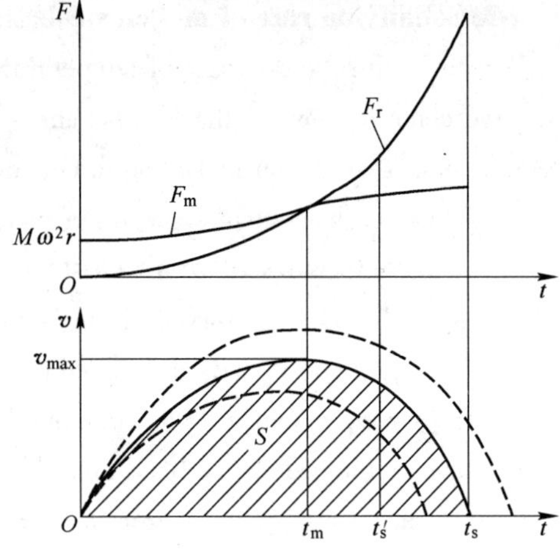

Fig. 11 Effect of time on the moving curve of atom clusters of HSS roll [29]

F_m—moving power; F_r—moving resistance; v_{max}—the maximum velocity; t_m—the time reaching the maximum velocity; t_s—the time when movement stopped; t_s'—the time reaching the exterior surface; S—total distance of movement (the shaded area)

When $S > S'$, for instance, atom clusters nearing the exterior surface of the roll will reach the exterior surface and stop moving at one moment t_s' between $0 \sim t_s$, and the v-t curve becomes the left part of the dot-dashed line in Fig. 11. If all atom clusters can satisfy $S > S'$, then they will gather on the exoexine of the roll.

In practical production a number of atom clusters satisfy $S < S'$. The movement of atom clusters makes the distribution density of those atom clusters nearing the exterior surface increase and the distribution density nearing the inner surface decrease. In the HSS melt, the densities of atom clusters such as W-C, Mo-C, W-Fe, Mo-Fe, W and Mo, etc. are higher than that of molten steel. They enrich in front of the exterior surface under the action of centrifugal force. Especially, the atom clusters containing tungsten element have the higher density than molten steel (see in Table 6). In the end, the segregation of tungsten element is apparently greater than that of molybdenum element.

For atom clusters whose densities are smaller than molten steel, both r and F_m are reduced with the extension of time while F_r still increases exponentially. In this case, the movement of atom clusters makes the distribution density of the atom clusters nearing the inner surface increase and the distribution density nearing the exterior surface decrease. For instance, V-C atom cluster in the HSS roll melt has a smaller density than that of molten steel. It enriches in the inner surface of the roll under the centrifugal force.

In summary, the key factors that influence the movement of atom clusters and the segregation of elements in the centrifugal casting of HSS roll are as follows.

(1) **Rotation speed of centrifuge.** The greater the rotation speed the greater F_m. And the v-t figure spreads upwards, namely the distance of movement S increases and the segregation of element is aggravated. In contrast, the smaller the rotation speed the smaller F_m. In this case, the v-t curve compresses downwards, namely the distance of movement S is reduced and the segregation of elements is alleviated.

(2) **Solidifying rate of molten steel.** The greater the solidifying rate is, the faster the viscosity η will reduce with the decrease of temperature. As a result, the F_r-t curve deviates upward and the v-t curve compress toward the left. It causes the moving distance S to reduce, and therefore alleviate the element segregation in HSS roll. On the contrary, the moving distance S increases, and causes the aggravation of element segregation in HSS roll.

(3) **Characteristics of atom clusters.** The segregation of HSS roll also relates to the volume and shape of atom clusters and the density difference between the atom cluster and molten steel. The larger the density difference and volume are, the larger F_m is, and this results in the increase of moving distance S and prompts the segregation of elements. When the volume and density are the same, the crumby or band atom clusters have the larger extension space comparing with the spherical ones. Consequently, crumby or band atom clusters make F_r increase, and compress the v-t figure toward the left. The moving distance S is therefore reduced and the segregation of elements is alleviated.

5 Conclusions

(1) Centrifugal casting HSS roll has a strong tendency to segregate and cause the fluctuation of hardness, red hardness, tensile strength, and impact toughness, and segregation leads to the decrease of abrasion resistance.

(2) The main reason why segregation occurs in HSS roll is that atom clusters are formed in HSS melt and such atom clusters have different densities. High-density atom clusters tend to move toward the outer surface and low-density atom clusters move toward the inside surface under centrifugal force.

(3) The key factors affecting the segregation of centrifugal cast HSS roll are the rotation speed of centrifuge, solidifying rate of molten steel and characteristics of atom clusters. The higher the rotation speed is and the smaller the solidifying rate is, the more serious the segregation will be. In the other case (in the opposite case), the segregation is lightened.

References

[1] M. Hashimoto, S. Otomo, K. Yoshida, K. Kimura, R. Kurahashi, T. Kawakami and T. Kouga, ISIJ Int., 32 (1992) 1202—1210.

[2] N. Corish, R. Durham, J. Lacaze, A. Muntean and B. Pieraggi, International Journal of Cast Metals Research, 16 (2003) 143—148.

[3] S. W. Kim, U. J. Lee, K. D. Woo and D. K. Kim, Materials Science and Technology, 19 (2003) 1727—1732.

[4] K. Ichino, Y. Kataoka and T. Koseki, Kawasaki Steel Technical Report, 37 (1997) 13—18.

[5] T. Koseki, K. Ichino K, Y. Nakano and T. Hashimoto, CAMP-ISIJ, 10 (1997) 349—352.

[6] Z. Xin and M. C. Perks, 14th Rolling Conference, San Nicolas, Argentina, Nov. 4—7, 2002, 499—506.

[7] K. Ichino, T. Koseki, T. Toyooka and K. Yuda, JP9702062, June 16 1997.

[8] C. K. Kim, J. I. Park, J. H. Ryu and S. Lee, Metallurgical and Materials Transactions A. 35A (2004) 481—492.

[9] A. Halvaee and A. Talebi, Journal of Materials Processing Technology, 118 (2001) 123—127.

[10] C. Vives, Metallurgical and Materials Transactions B, 27B (1996) 445—455.

[11] F. Kayser and M. Cohen, Metal Progress, 61 (1952) 79—85.

[12] Z. R. Liu, Iron & Steel (Peking), 39 (2001) 54—57.

[13] H. G. Fu and J. D. Xing, Manufacturing Technology of High Speed Steel Roll, Metallurgical Industry Press, Beijing, 2007, 115—128.

[14] D. Liu and C. T. Liang, Hebei Metallurgy, 5 (2001) 12—15.

[15] S. Lee, K. S. Sohn, C. G. Lee and B. Jung, Metallurgical and Materials Transactions A, 28A (1997) 123—134.

[16] J. Honda, Trans. ISIJ, 24 (1984) 85—100.

[17] R. W. Ladenburg, Physical measurements in gas dynamics and in combustion, Prince-ton University Press, New York, 1964, 137—144.

[18] Y. J. Fan, Casting Handbook (Special casting), Machinery Industry Press, Beijing, 2003, 519—606.

[19] K. Ogi, Y. Ono, H. Zhou and H. Miyahara, Journal of the Iron and Steel Institute of Japan, 81 (1995) 912—917.

[20] W. Liu and X. L. Li, CN1559725, March 1 2004.

[21] K. L. Gong, Y. J. Dong and C. L. Gao, Iron and Steel (Peking), 33 (1998) 67—71.

[22] D. Feng, Meta Physics: Structure and Flaw, Science Press, Beijing, 1987, 17—30.

[23] H. Z. Fu, Cast Steel and Cast High-Temperature Alloy and Their Melting, Northwestern Polytechnical University Press, Xi'an, 1985, 85—128.

[24] Y. Z. Zhou and X. M. Gong, Metal Wear Resistant Materials and Alloying, Huazhong University of Science and Technology Press, Wuhan, 1992, 65—68.

[25] S. J. Cheng, Z. H. Wang, X. F. Bian, X. B. Qin and P. C. Si, Transactions of Nonferrous Metals Society of China, 14 (2004) 161—165.

[26] G. H. Wang, G. Q. Ni and Y. F. Li, Progress in Natural Science, 5 (1995) 513—519.

[27] X. F. Bian, W. M. Wang, H. Li and J. J. Ma, The Structures of Metal Melt, Shanghai Jiaotong University Press, Shanghai, 2003, 48—65.

[28] H. R. Cong, X. F. Bian and H. Li, Chinese Journal of Inorganic Chemistry, 18 (2002) 455—459.

[29] Z. L. Xu, B. K. Wei, Q. Z. Cai and H. T. Lin, Process of hot working, 3 (1995) 13—15.

【编者按】 本文原载于《金属学报》2006 年第 42 卷第 5 期 545 ~ 548 页。

耐磨铸造 Fe-B-C 合金的研究

符寒光[1] 蒋志强[2]

1. 清华大学机械工程系，清华大学先进成形制造重点实验室，北京，100084；
2. 郑州航空工业管理学院工业工程系，郑州，450015

摘 要：借助光学显微镜、扫描电镜和 X 衍射分析等手段，研究了 B 含量大于 2.0% 和 C 含量小于 0.2% 的铸造 Fe-B-C 合金的凝固组织及热处理后的组织和性能。铸造 Fe-B-C 合金的凝固组织由 Fe_2B、铁素体和珠光体组成，且硼化物呈网状沿晶界分布。Fe-B-C 合金经 950℃ 正火处理后，局部出现断网现象，基体组织全部转变成了板条马氏体，硬度大幅度提高，接近 60HRC，冲击韧度大于 $10J/cm^2$，动态断裂韧度大于 $30MPa \cdot m^{1/2}$。在干滑动磨损条件下，Fe-B-C 合金的耐磨性优于镍硬白口铸铁和 GCr15、Cr12MoV 等合金钢，与高铬白口铸铁相当。Fe-B-C 合金熔炼简便、铸造性能好，且不含镍、钼等昂贵合金元素，具有较低的生产成本。

关键词：铸造 Fe-B-C 合金，硼化物，板条马氏体，耐磨性

A Study of Abrasion Resistant Cast Fe-B-C Alloy

Fu Hanguang[1] Jiang Zhiqiang[2]

1. Department of Mechanical Engineering, Tsinghua University; Key Lab for AMMPT, Tsinghua University, Beijing, 100084, P. R. China;
2. Department of Industrial Engineering, Zhengzhou Institute of Aeronautical Industry Management, Zhengzhou, 450015, P. R. China

Abstract: The solidification structures of cast Fe-B-C alloy containing more than 2.0% B and lower than 0.2% C and the structures and properties of alloy after heat treatment were researched by means of optical microscopy (OM), scanning electron microscopy (SEM), X-ray diffraction (XRD), hardness measurements, impact tester and pin abrasion tester. The results show that the solidification structures of cast Fe-B-C alloy consist of boride (Fe_2B), pearlite and ferrite, and boride distributes along grain boundary in network form. After normalizing at 950℃, the part broken network of boride in cast Fe-B-C alloy appears, the matrix all transforms into lath martensite. The hardness of cast Fe-B-C alloy increases obviously and nears to 60HRC, its impact toughness and dynamic fracture toughness excel $10J/cm^2$ and $30MPa \cdot m^{1/2}$ respectively. In the condition of pin-on-disk wear, cast Fe-B-C alloy shows excellent abrasion resistance. Its abrasion resistance is more excellent than that of Ni-hard white cast iron, GCr15 and Cr12MoV, nears to that of high chromium white cast iron. Cast Fe-B-C alloy has simple melting process and good casting property, there are no costly nickel and molybdenum elements and low production cost.

Key words: cast Fe-B-C alloy, boride, lath martensite, abrasion resistance

在抗磨料磨损材料方面，国内外广泛使用镍硬白口铸铁及高铬白口铸铁[1~4]。前者的铸态组织为（Fe，Cr)$_3$C＋马氏体＋奥氏体，其中碳化物是呈连续网状分布的渗碳体，显微硬度为840～1100HV，具有较好的抗磨性[1,2]。后者含铬量高，碳化物已从（Fe，Cr)$_3$C型转变为（Cr，Fe)$_7$C$_3$型，且呈孤立分布，其显微硬度为1300～1500HV。高铬白口铸铁基体可热处理成马氏体，使分散的块状碳化物镶嵌在马氏体基体中，韧性得以提高且有很高的耐磨性[3,4]。镍硬铸铁虽有较好的抗磨性，但生产成本高。高铬铸铁的铬含量多，生产成本也较高。它还存在高温热处理易开裂以及为了改善淬透性还常需加入价格昂贵的镍、钼合金的缺点[5~7]。近年来，利用硼化物的高硬度和良好的热稳定性，以它为主要硬质相的耐磨材料的研究日益受到国内外材料界的重视，特别是以硼为主要合金元素的耐磨堆焊合金表现出优异的耐磨性[8,9]。钢材渗硼获得的含硼化物的表面也表现出优异的耐磨性[10,11]。受上述硼化物改善钢铁材料耐磨性的启迪，设想在普通碳钢中加入较多的硼，有望形成较多高硬度硼化物，改善钢铁耐磨性。目前以硼为主要合金元素的含硼铸钢的研究，特别是含硼铸钢的组织和性能国内外报道很少。本文介绍在低碳钢中加入较多的硼，经正火处理获得板条马氏体加高硬度硼化物的复合组织，取得良好抗冲击性能和优良耐磨性的研究结果。

1　试验方法

试验材料在400kg中频感应电炉内熔炼，炉料为生铁、废钢、硼铁（含20% B)、硅铁（含75% Si)、锰铁（含70% Mn）和铬铁（含55% Cr)。待钢水过热至1600～1650℃时，经造渣、扒渣、硅钙合金预脱氧和铝终脱氧后，加入硼铁合金。所有试样都取自蜡模浇注的厚度25mm的Y型试块，合金的化学成分（质量分数,%）为：C0.08～0.20，B2.2～4.0，Si0.5～2.0，Mn0.5～2.0，Cr0.5～2.0，P小于0.05，S小于0.05。用Neophot32光学金相显微镜进行显微组织的观察与分析，用CSM950扫描电子显微镜观察硼化物的形态，采用MXP21VAHF高温X射线衍射仪对铸造Fe-B-C合金中的物相进行定性分析，具体参数：采用Cu-K_α辐射，管流管压为200mA和40kV，扫描速度为2°/min，10°～90°耦合连续扫描，步进0.02°。在JB30A型摆锤式冲击试验机上测试冲击韧度a_K，试样尺寸20mm×20mm×110mm，无缺口。参考文献［12］方法测试了动态断裂韧度K_{Id}，在配有示波器的一次冲击试验机上进行。试样尺寸10mm×10mm×55mm，用电火花加工出深2mm、宽0.2mm的缺口。数据处理按ASTM-E399.78的标准进行。用HR-150A型硬度计测量硬度，试样尺寸15mm×15mm×12mm。磨损试验在ML-10型销盘式两体磨损试验机上进行[13,14]，这种试验机的设计和选用是建立在认为显微切削是决定磨损过程的主要因素这一认识上的。磨损过程是通过在载荷作用下，试样相对于装有砂纸的圆盘运动，走过一个螺旋线轨迹来完成的。用120号石英水砂纸与试样对磨，磨损试样尺寸ϕ6mm×25mm，磨程10.409m，载荷分别为9.8N和29.4N。磨损量以试验前后试样的失重值计算，用精度0.1mg的光电分析天平称重，磨损数据取3个试样的平均值。用正火态20号钢做标样，用相对耐磨性β来表征材料的耐磨性能。

$$\beta = \frac{W_1}{W_2} \tag{1}$$

式中，β 为相对耐磨性；W_1 为标样磨损失重，mg；W_2 为试样磨损失重，mg。

2 试验结果及分析

2.1 铸造 Fe-B-C 合金凝固组织

铸造 Fe-B-C 合金的金相组织见图 1，由图可见，Fe-B-C 合金由基体（铁素体 + 珠光体）和共晶（铁素体 + 珠光体 + Fe_2B）组成。在普通低碳钢中如果不加硼或者硼微量加入，其凝固组织将由铁素体和少量珠光体组成[15]。尽管铸造 Fe-B-C 合金的碳含量在低碳钢范围内，在普通铸造条件下却获得了大量的共晶组织，且硼化物多数呈连续网状分布。

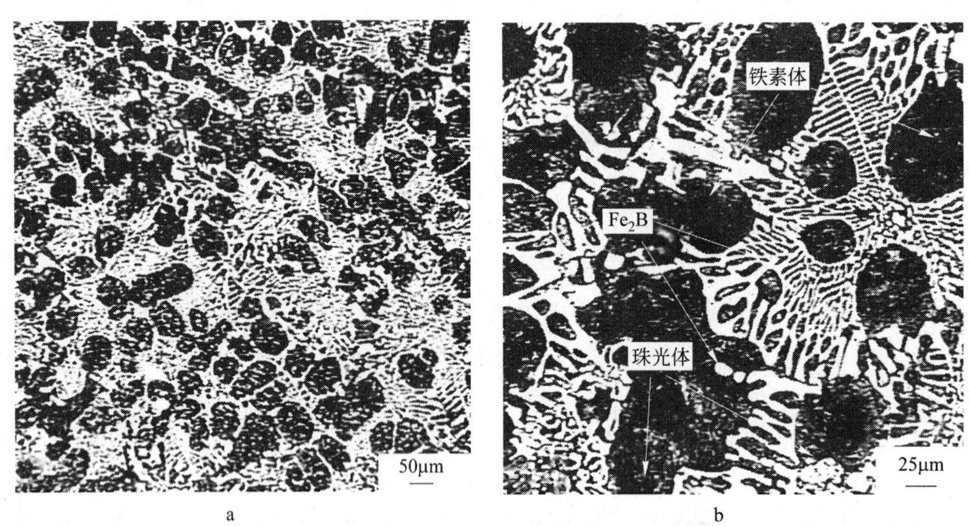

图 1 铸造 Fe-3.25B-0.12C 合金的低倍（a）和高倍（b）金相组织

铸造 Fe-B-C 合金的凝固过程是首先析出初晶 γ 相，由于 Cr、Mn、B 等元素在 γ 相的分配系数小于 1[16,17]，因此随后 γ 相一边向液相中排出 Cr、Mn、B 等元素，一边长大。当 B 含量接近 4.0% 左右时，在和 γ 初晶相接的富集 Cr、Mn、B 的残留液相中发生 γ + 硼化物的共晶反应。XRD 分析表明，铸造 Fe-B-C 合金的共晶硼化物是 Fe_2B，见图 2。基体组织是铁素体和珠光体，它们是由初生奥氏体和共晶奥氏体在凝固冷却过程中转变而成。铸造 Fe-B-C 合金中的 Fe_2B 具有高硬度和良好的热稳定性，显微硬度达到 1400 ~ 1500HV[17]。

铸造 Fe-B-C 合金的扫描电镜组织见图 3。图 3 表明，铸造组织中的少量铁素体主要分布在硼化物周围，这是因为硼化物形成过程中要消耗大量的合金元素，同时也会消耗少量的碳，导致合金凝固过程中紧邻硼化物的区域碳和合金元素含量下降，在随后的冷却过程中，促进铁素体的形成。另外，硼化物连续状分布特征明显。

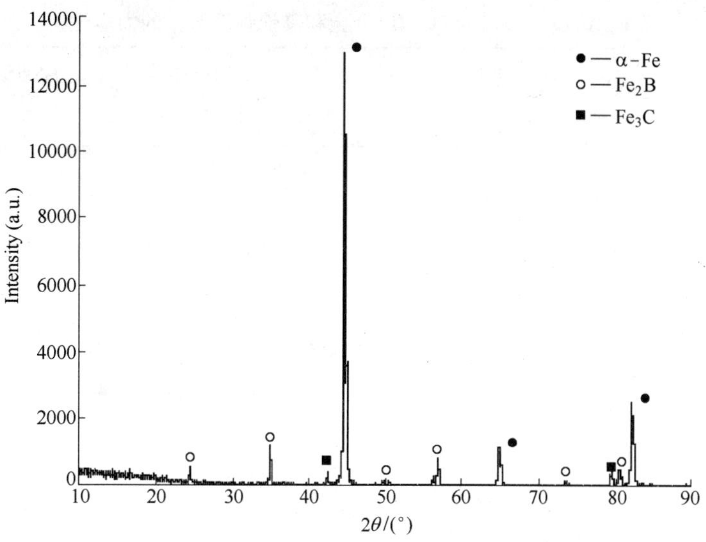

图 2 铸造 Fe-3.25B-0.12C 合金的 X 射线衍射谱线

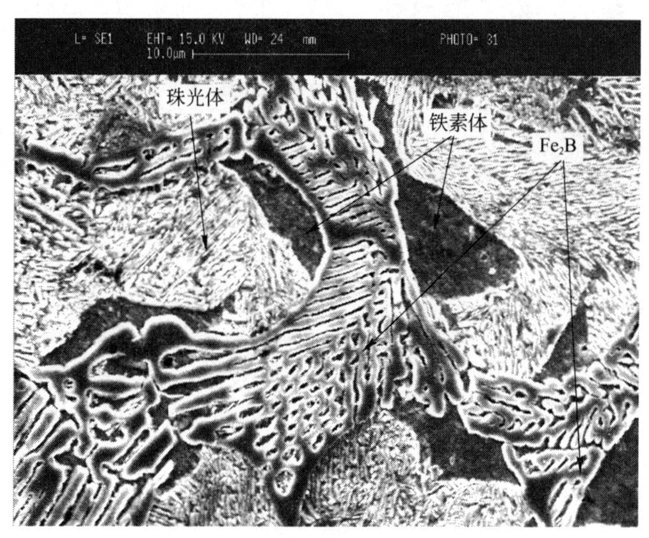

图 3 铸造 Fe-3.25B-0.12C 合金的扫描电镜组织

2.2 铸造 Fe-B-C 合金正火后的组织与性能

图 4 是铸造 Fe-B-C 合金 950℃ 正火后的金相显微组织。由于高温奥氏体化，合金成分和组织的均匀性明显改善，高温奥氏体中溶解的碳、硼、锰、铬等元素增加，经随后的正火处理后，高温奥氏体可以转变成硬度高、韧性较好的板条马氏体。图 4 的金相组织还显示共晶硼化物的形态和分布尽管仍呈网状分布，但局部出现断网现象，见图中箭头所示位置。正火处理还明显消除了铸造应力，因此正火处理铸造 Fe-B-C 合金不仅可以明显提高其硬度，韧性值也有明显的改善，见表 1。

表1 铸造 Fe-3.25B-0.12C 合金和其他耐磨合金的力学性能

材 料	硬度 HRC	冲击韧度/J·cm^{-2}	动态断裂韧度/MPa·m$^{1/2}$
As-cast Fe-B-C	40.7	6.9	—
Normalizing Fe-B-C	59.2	10.4	31.52
Normalizing Cr15Mo3	63.8	7.8	27.63
As-cast Ni-hard Ⅰ	61.8	5.2	—
Oil quenching Cr12MoV	61.3	7.3	—
Oil quenching GCr15	60.4	8.5	—

注：所有试样在230℃回火处理3h。

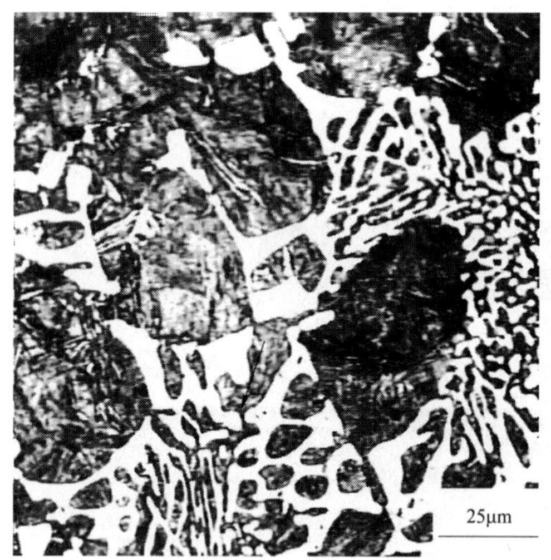

图4 铸造 Fe-3.25B-0.12C 合金后正火后的金相显微组织

2.3 铸造 Fe-B-C 合金的耐磨性

铸造 Fe-B-C 合金与镍硬Ⅰ白口铸铁、GCr15、Cr12MoV 和高铬白口铸铁（Cr15Mo3）等常用耐磨合金的耐磨性对比见图5。无论是低载荷（9.8N）还是高载荷（29.4N）情况下，铸造 Fe-B-C 合金均表现出优异的耐磨性，高硬度硼化物和高韧性板条马氏体的存在是铸造 Fe-B-C 合金磨损抗力高的主要原因。上述合金材料在销盘磨损中，均以显微切削为主的形式流失[18]。Richardson 认为[18]：在以显微切削为主的条件下，材料磨后硬度/磨料硬度大于0.8时，硬质相能抵抗磨料的切削，对基体起到很好的保护作用。铸造 Fe-B-C 合金中含有大量高硬度的 Fe_2B，合金的抗磨性相应增加。另外，铸造 Fe-B-C 合金正火后可以获得韧性较好的板条马氏体，而其他材料中均为脆性的高碳马氏体，Fe-B-C 合金的基体具有很好的抵抗变形的能力，能提高耐磨性。

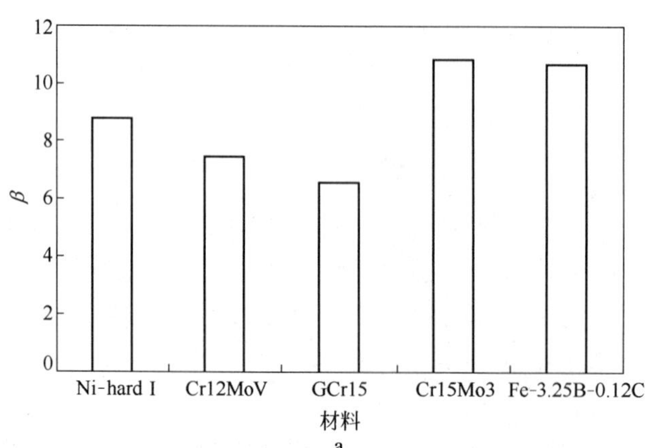

a

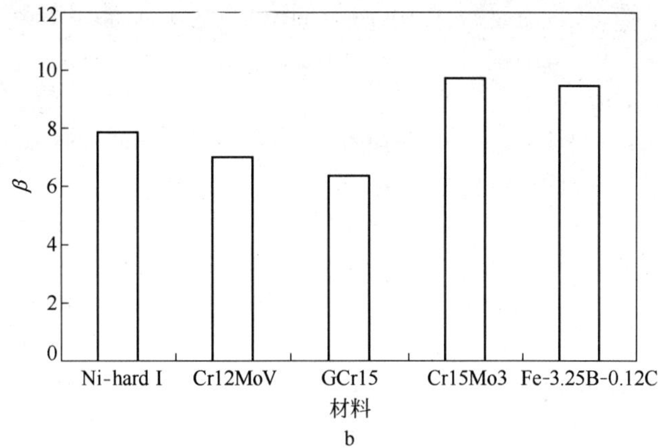

图5 材料在低载荷（a）和高载荷（b）下的相对耐磨性

3 结论

（1）B 含量大于 2.0% 和 C 含量小于 0.2% 的铸造 Fe-B-C 合金的凝固组织由珠光体、铁素体和高硬度的 Fe_2B 组成。

（2）铸造 Fe-B-C 合金中，硼化物呈网状分布，高温正火处理后，局部出现断网现象，基体组织全部转变成了板条马氏体，硬度大幅度提高，接近 60HRC，冲击韧度大于 $10J/cm^2$，动态断裂韧度大于 $30MPa \cdot m^{1/2}$。

（3）在干滑动磨损条件下，铸造 Fe-B-C 合金的耐磨性优于镍硬白口铸铁和 GCr15、Cr12MoV 等合金钢，与高铬白口铸铁相当。铸造 Fe-B-C 合金中不含镍、钼等昂贵合金元素，具有较低的生产成本。

参 考 文 献

[1] Dogan O N, Hawk J A, Rice J. Comparison of three Ni-hard Ⅰ alloys[C]. Materials Science and Technology. In: AIST Process Metallurgy, Product Quality and Applications Proceedings, Sep 26—29 2004, 451—455, New Orleans, LA, United States.

[2] Laird G Ⅱ. Microstructures of Ni-hard Ⅰ, Ni-hard Ⅳ and high-Cr white cast irons[J]. AFS Transactions, 1991, 99: 339 ~ 351.

[3] Carpenter S D, Carpenter D, Pearce J T H. XRD and electron microscope study of an as-cast 26.6% chromium white iron microstructure[J]. Materials Chemistry and Physics, 2004, 85(1): 32 ~ 40.

[4] Maldonado-Ruiz S I, Lopez D, Velasco A, et al. Microstructural evaluation of wear resistant high chromium, high carbon cast irons[J]. Materials Science and Technology, 2004, 20(3): 393 ~ 398.

[5] 范庆云，傅伟. 高铬铸铁热处理裂纹产生原因及对策［J］. 机械工程师，1999（4）：33 ~ 34. FAN Qing-yun and FU Wei. Cause and countermeasure of heat treatment crack of high chromium cast iron[J]. Machinery Engineer, 1999(4): 33 ~ 34.

[6] Zumelzu E, Goyos I, Cabezas C, Opitz O, et al. Wear and corrosion behaviour of high-chromium(14% ~ 30% Cr) cast iron alloys[J]. Journal of Materials Processing Technology, 2002, 128(1 ~ 3): 250 ~ 255.

[7] Tabrett C P, Sare I R and Ghomashchi M R. Microstructure-property relationships in high chromium white iron alloys [J]. International Materials Reviews, 1996, 41(2): 59 ~ 82.

[8] Ge Changlu, Ye Rongchang, Zhu Shouchang. Influence of Boron on the Mechanical Properties and Microstruc-

ture of Surfaced Alloy[J]. Journal of China University of Mining & Technology,1997,7(1):69~72.

[9] Berns H and Fischer A. Microstructure of Fe-Cr-C hardfacing alloys with additions of Nb,Ti,and B[J]. Materials Characterization,1997,39(2~5):499~527.

[10] Martini C,Palombarini G,Poli G and Prandstraller D. Sliding and abrasive wear behaviour of boride coatings [J]. Wear,2004,256(6):608~613.

[11] Pertek A and Kulka M. Microstructure and properties of composite(B + C) diffusion layers on low-carbon steel[J]. Journal of Materials Science,2003,38(2):269~273.

[12] Zum Gahr K H,George E T. Abrasive wear of white cast irons[J]. Wear,1980,64(1):175~194.

[13] Fu Hui-Hui,Han Kyung-Seop and Song Jung-Il. Wear properties of Saffil/Al, Saffil/Al_2O_3/Al and Saffil/SiC/Al hybrid metal matrix composites[J]. Wear,2004,256(7~8):705~713.

[14] Celik H,Kaplan M. Effects of silicon on the wear behaviour of cobalt-based alloys at elevated temperature [J]. Wear,2004,257(5~6):606~611.

[15] Banerjee K,Rollett A D. Microstructure and crystallization texture of a low carbon strip cast steel[J]. Ironmaking and Steelmaking,2003,30(6):62~68.

[16] Baker H. ASM Handbook, Volume3, Alloy Phase Diagrams[M]. ASM International, Materials Park, Ohio 44073-0002,1992:281.

[17] 本溪钢铁公司. 硼钢 [M]. 北京：冶金工业出版社，1977：2~10. (Benxi Iron & Steel Co. Boron Steel[M]. Beijing,Metallurgical Industry Press,1977:2~10.)

[18] Richardson R C D. Wear of metals by relatively soft abrasives[J]. Wear,1968,11(4):245~275.

【编者按】 本文原载于《钢铁研究》2005 年第 1 期 59 ~ 63 页。

高硅耐磨铸钢研究与应用

符寒光

清华大学机械系，北京，100084

摘　要： 高硅耐磨铸钢是一种廉价的耐磨材料，具有较高的强韧性和优异的耐磨性。主要介绍了高硅耐磨铸钢成分、组织、性能、热处理工艺、微合金变质处理工艺和淬火预处理工艺，最后提出了推广应用高硅耐磨铸钢值得重视的若干问题。

关键词： 高硅铸钢，耐磨性，热处理，变质处理

Progress on Study of High Silicon Wear Resistant Casting Steel

Fu Hanguang

Department of Mechanical Engineering, Tsinghua University, Beijing, 100084

Abstract: High silicon wear resistant casting steel is a kind of inexpensive wear resistant material, there is higher strength and toughness and excellent wear resistance. The composition, structures, performances, heat treatment process, micro-alloy modification and quenching pretreatment of high silicon wear resistant casting steel are mainly introduced. At last, many problems are put forward in order to extend and apply high silicon wear resistant casting steel.

Key words: high silicon casting steel, wear resistance, heat treatment, modification

钢铁材料具有生产规模大、易于加工、性能可靠、使用方便、价格低廉和便于回收等特点，仍是占主导地位的工程材料。在钢中的各种合金元素中，硅是最廉价的元素之一。一般条件下，硅超过一定数量后，对钢的力学性能特别是韧性会产生有害影响。因此，硅元素在普通低合金钢中的加入量被严格限制在较低的范围内。近年来，以硅为主要合金元素，利用硅在等温转变过程中强烈抑制碳化物析出的特点进行等温淬火，得到由无碳化物贝氏体和被碳、硅稳定化了的奥氏体组成的奥-贝双相组织的研究，受到了国内外的广泛重视[1~4]。这种组织具有优异的综合力学性能，即高的强度、硬度以及良好的冲击韧性，是一种在耐磨领域极具研究和开发价值的新材料。同时，高硅铸钢是一种廉价的新型材料，所需添加的合金元素仅为1.5%~3.5%的硅，其他的合金元素很少或根本不需添加，因而具有极高的性能价格比。目前国内外在高硅铸钢研究方面做了大量工作，取得了一些

成果。通过介绍这种材料的组织和性能，并提出进一步改善高硅铸钢强韧性的途径，对于高硅铸钢的推广应用将具有积极的意义。

1 硅含量对高硅铸钢组织和性能的影响

硅是高硅铸钢中的主要合金元素，硅含量对高硅铸钢的组织和性能具有重要的影响。陈祥等人[5]研究了硅对等温淬火高硅铸钢组织和性能的影响，随着硅含量的增加，抗拉强度随之降低，硬度值几乎不变，而冲击韧度先逐渐提高，而后又有所下降，见图1。硅含量为2.64%左右时，可以得到完全由贝氏体铁素体和富碳残余奥氏体组成的无碳化物奥-贝组织。硅含量过低，组织中会出现马氏体；硅含量过高，组织中会出现残留的未转变奥氏体组织。这是因为硅的加入改变了材料相变的热力学和动力学条件，阻碍碳化物生成。因为渗碳体的形成要靠碳原子的扩散和硅原子的位移，在等温温度范围内，间隙原子碳的扩散较为容易，而置换原子硅的扩散则非常困难。硅一方面是形成封闭相区的元素，另一方面又是非碳化物形成元素，且在碳化物中的溶解度远低于其在铁素体中的溶解度。这样在贝氏体前沿由扩散控制的排硅过程就成为渗碳体析出的制约因子。因此使奥-贝组织转变初期仅由无碳化物贝氏体和富碳的未转变奥氏体组成。荣守范等人[6]的研究结果也证实硅含量提高，合金韧性增加，见图2。

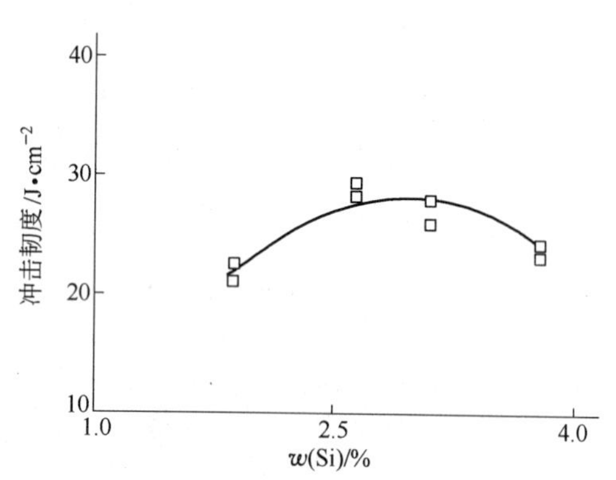

图1 冲击韧度与硅含量的关系

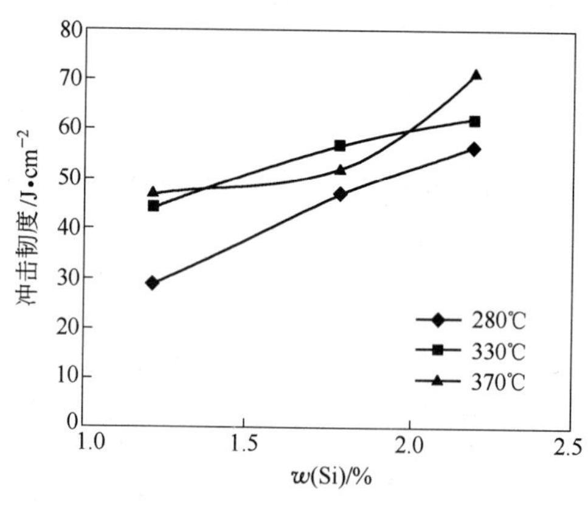

图2 硅对CrMnSi钢冲击韧度的影响

2 等温淬火高硅铸钢的组织和性能

目前，在改善高硅铸钢的组织和性能方面，国内外做了大量的工作，取得了一系列成果。徐继彭等人[3]选择高碳（0.75%）高硅（2.4%）铸钢，在280~360℃范围内进行等温淬火处理后，详细研究了等温淬火工艺对奥-贝高硅铸钢组织和性能的影响。合金详细成分见表1。等温淬火后可以获得无碳化物析出的奥氏体-贝氏体组织，且随着等温淬火温度的升高，贝氏体形貌由针状下贝氏体逐渐向羽毛状上贝氏体转变。试验结果还表明，等温淬火工艺对力学性能的影响较复杂，见图3~图6。奥氏体化温度和时间为900℃×120min、等温淬火温度和时间为320℃×120min时，可以获得较佳的综合力学性能。

表1 高硅铸钢化学成分（%）

C	Si	Mo	Cu	P	S	Fe
0.75	2.4	0.3	0.5	<0.04	<0.04	剩余

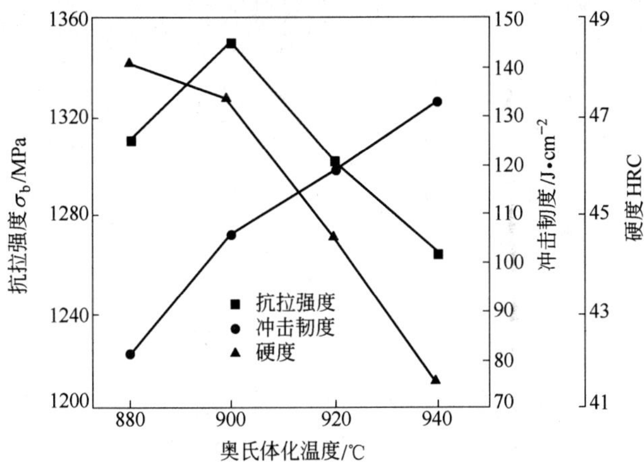

图3 奥氏体化温度对力学性能的影响

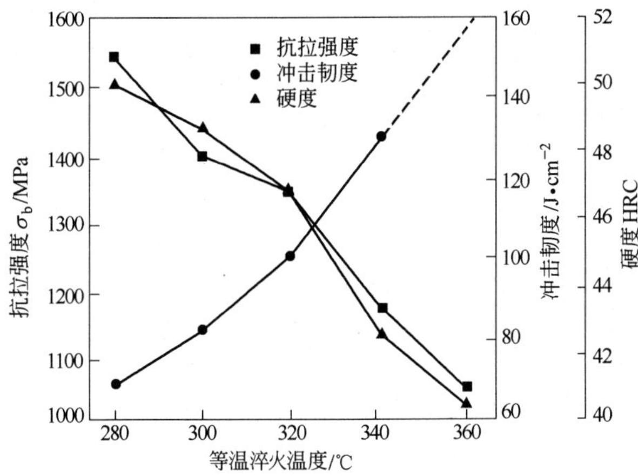

图4 等温淬火温度对力学性能的影响

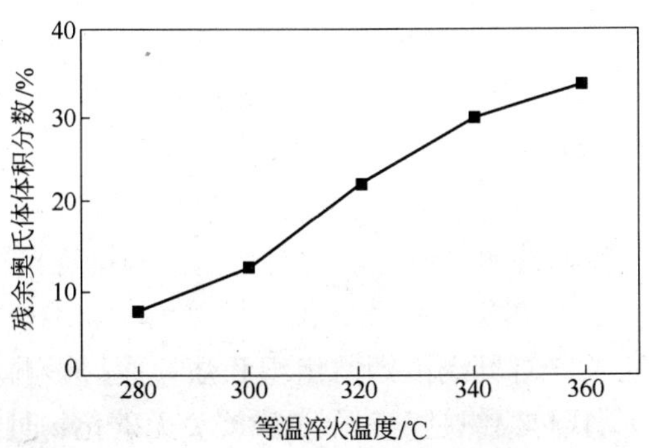

图5 等温淬火温度对残余奥氏体含量的影响

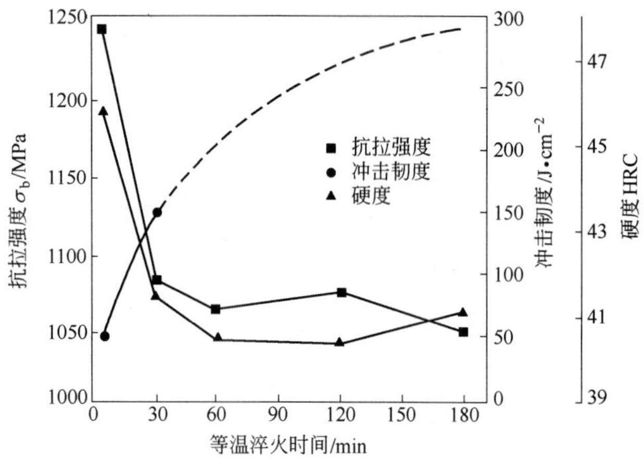

图 6 等温淬火时间对力学性能的影响

文献［4］的研究结果也发现，等温温度是影响高硅铸钢机械性能最显著的因素。随着等温温度的提高，材料的抗拉强度和硬度下降，而冲击韧度先是增加，达到一最高值后开始下降。在 320℃等温时，奥贝组织具有最佳的冲击韧性，抗拉强度和硬度值较等温温度更低时下降幅度不大，并且有一定的伸长率；等温温度低于 280℃时，抗拉强度和硬度较高，但韧性和塑性很差；等温温度高于 360℃时，虽然材料仍有高的韧性，但牺牲了材料的抗拉强度和硬度。因此，在 320℃左右等温时，可以获得最佳强韧性配合的高硅铸钢。

3 高硅铸钢的断裂韧性和疲劳性能

3.1 高硅铸钢的断裂韧性

目前，高硅铸钢断裂韧性的文献报道较少。Putatunda[1]对一种含 1.0% C 和 2.5% Si 的高碳高硅钢的断裂韧性进行了深入研究，试验结果见图 7 和图 8。当钢中贝氏体组织是上贝氏体，残留奥氏体（A_r）35%左右，而奥氏体中的碳含量大约为 2%时，获得了最高的断裂韧性。对于奥氏体含量为 30% ~40%时断裂韧性最好的现象，在等温淬火奥贝球铁（简称 ADI）中也有类似的现象[7,8]，而且在 ADI 中下贝氏体断裂韧性优于上贝氏体，而高硅钢中恰好相反。Prasad and Putatunda 在研究 ADI 时已经发现，25% A_r 时断裂韧性最好，同时尽可能提高奥氏体中含碳量有利于改善断裂韧性[7]。该作者在另外一篇文献[8]报道了通过不同温度等温淬火后发现，ADI 中有 30% A_r，而且 A_r 中碳含量超过 1.8% 时，断裂韧性最好。Putatunda[9]还研究了含 2% Mn 和 3% Si 铸钢的显微组织，其断裂韧性结果显示，在 1010℃奥氏体化 2h 后，随后在 316℃等温 6h，可以获得残留奥氏体大于 80% 的基体组织，基体中大量的奥氏体使钢基本上无磁性。等温淬火可以导致材料的力学性能和断裂韧性明显改善。同时指出这种钢有望在海军、航空以及汽车等领域广泛推广应用。

黄维刚等人[10]也研究了硅对贝氏体钢的组织和强韧性的影响。结果表明，硅含量为 1.4% ~1.8%时，钢中的贝氏体组织是由残余奥氏体和无碳化物贝氏体组成。高硅中低碳钢和中碳钢的断裂韧性分别达到 119MPa · $m^{1/2}$ 和 73MPa · $m^{1/2}$，显著高于硅含量低的钢。

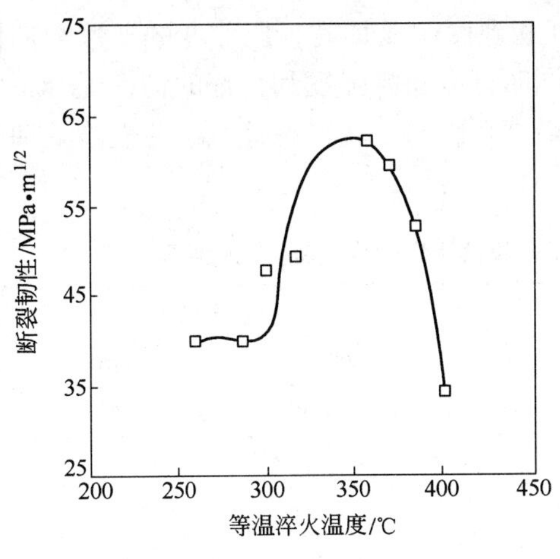

图7 等温转变温度对高硅钢断裂韧性的影响

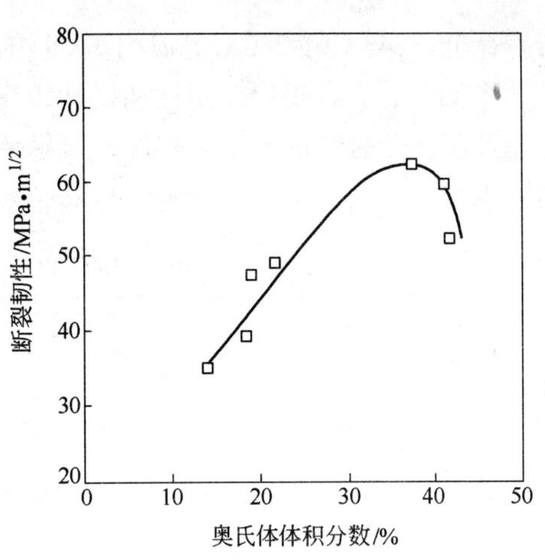

图8 奥氏体体积分数对高硅钢断裂韧性的影响

此外，硅含量增加，可使钢在高强度下仍具有高的韧性。对中低碳钢来说，硅含量为1.4%和1.8%时，断裂韧性分别为114MPa · $m^{1/2}$和119MPa · $m^{1/2}$，高于碳含量相同的低硅钢。硅含量为1.8%的中低碳钢，在冷速为46℃/min时，由于出现少量的先共析铁素体而使韧性降低，但降低幅度不大。中碳高硅钢在强度高于低硅钢的条件下，断裂韧性可达到73MPa · $m^{1/2}$。其中高硅钢在硬度（55HRC）显著高于低硅钢（48HRC）时，断裂韧性仍然较高，K_{IC}达到66MPa · $m^{1/2}$。虽然单从韧性看，与低硅钢（K_{IC} =63MPa · $m^{1/2}$）没有明显差别，但从强度和韧性的综合关系看，高硅钢的性能优于低硅钢。由此可见，增加适量的硅对贝氏体的韧性是有利的。高硅钢的高韧性与微观组织密切相关。含硅量低时，钢中贝氏体为典型的下贝氏体，铁素体条片内分布有片状渗碳体，这种碳化物的存在将促使裂纹的形成与扩展，对钢的韧性不利[11]。含硅量较高时，由于硅对碳化物析出的阻碍作用，使未转变的残余奥氏体富碳，得到无碳化物贝氏体。铁素体条片间或条片内的残余奥氏体取代了渗碳体，消除了渗碳体的有害作用。这种位于铁素体条片间的残余奥氏体对钢的韧性能产生有利作用。因为这种残余奥氏体富碳程度较高，同时受到周围铁素体片条的约束，稳定性相对较高。在受到外力的作用时，塑性较好的残余奥氏体对扩展的裂纹尖端有钝化作用，或者在裂尖应力场的作用下诱发马氏体相变，这都能增加裂纹扩展的阻力，提高钢的韧性。

3.2 高硅铸钢的疲劳性能

关于高硅铸钢疲劳性能的研究，目前国内外文献报道较少。文献［12］介绍了高硅奥-贝双相钢接触疲劳特性，试验结果见表2，奥-贝钢具有优异的抗疲劳性能。材料的接触疲劳失效包括裂纹萌生、扩展及最后断裂。一般认为裂纹形核抗力主要取决于剪切强度，裂纹扩展抗力则主要取决于韧性。奥-贝钢在245～320℃等温形成的奥-贝组织接触疲劳寿命并不随硬度、强度增加而单调升高，而是取决于组织的强度、韧性及其配合。320℃等温的奥-贝组织，强度和硬度最低，易于萌生疲劳裂纹，尽管它的塑性和韧性很高，对抑制裂纹扩展有利，但剥落属于应力疲劳的范畴，疲劳裂纹的萌生是主导过程，因而接触疲劳寿命低。245℃和280℃等温的奥-贝组织，强度和硬度明显提高，但前者的塑性和韧性显著降低，而后者仍保持塑性和韧性较高水平，同时具有超高强度和良好的韧性配合，因此能抑制疲劳裂纹的萌生与扩展，接触疲劳寿命最高，因而是获得高接触疲劳性能最理想的组织。

表2 奥-贝钢及20CrMnTi和SCM420H钢碳氮共渗后的接触疲劳试验结果

材料		组织	硬度HRC	循环次数 N	
				12000N	11000N
奥-贝钢	245℃等温	A_r+B+少量M	54~56	3.58×10^5	4.0×10^5
	280℃等温	A_r+B	50~52	6.4×10^5	17.84×10^5
	320℃等温	A_r+B	44~46	1.4×10^5	2.08×10^5
	淬火+回火	$M_{回}+$少量A_r	58~60	2.6×10^5	3.1×10^5
20CrMnTi		表层：$M_{回}+A_r+Fe_3(C,N)$	表层：58~62	2.54×10^5	3.65×10^5
SCM420H		表层$M_{回}+A_r+Fe_3(C,N)$	表层：58~62	3.78×10^5	3.92×10^5

谭若兵[13]对贝氏体钢的疲劳性能研究表明，同一种材料（40CrMnSiMoV）通过不同的热处理方法获得准贝氏体组织和马氏体组织，两种组织分别进行力学性能、光滑（σ_{-1}）和缺口（σ_{-1N}）及冲击疲劳试验，在马氏体组织的强度高于准贝氏体钢强度时，测得准贝氏体组织的疲劳强度σ_{-1}、σ_{-1N}及冲击疲劳强度却高于马氏体组织，说明准贝氏体组织具有较高的疲劳性能。宋国祥等人[14]研究了ZL-B铸钢车轮材料的接触疲劳性能，发现接触疲劳寿命较低的试样，其裂纹常出现在非金属夹杂物附近，这将使裂纹以更快的速度扩展。能谱分析表明，夹杂物的主要化学成分为Al_2O_3、SiO_2等聚集性化合物，这些都是炼钢时钢中的非金属夹杂物。当这些夹杂物正好处于试样表层的金属中时，将促使疲劳裂纹形成和扩展，从而使接触疲劳寿命降低。由此可见，在冶炼时进一步清除钢液中的非金属夹杂物也是提高高硅铸钢接触疲劳抗力的重要措施。

4 高硅铸钢变质处理和淬火预处理

4.1 高硅铸钢变质处理

钢铁材料中加入微量稀土元素，有利于改善铸态结晶组织，细化晶粒、净化晶界、去除有害夹杂、提高铸钢的韧性[15~17]。在钢洁净度不断提高的今天，稀土元素在钢中的作用将更好的得到发挥。稀土在钢中的净化作用主要表现在：可深度降低氧和硫含量，降低磷、硫、氢、砷、锑、铋、铅、锡等低熔点元素的有害作用。铸钢中加入稀土的同时，还加入V、Ti、B、Ca、Nb等微合金元素，可以进一步细化晶粒，消除铸态粗大的柱状晶和树枝状组织，提高铸钢韧性[18]。已有研究发现[19]，微量锌对贝氏体钢有显著的韧化效应和强化效应，可以显著提高冲击破断的撕裂功和裂纹失稳扩展功，极强烈地减慢裂纹扩展速率。微量锌提高了静力拉伸的均匀塑性和均匀强度及形变硬化指数与形变硬化系数。微量锌还可以减低钢基体相的裂纹敏感性，提高基体相的滑移拉延能力，使冲击断口出现拉延舌和撕裂口特征。王晓颖等人[20]研究了RE-B对Si-Mn铸钢强韧性的影响，研究结果见表3，微量元素的加入，使马氏体Si-Mn铸钢各项力学性能指标均得到改善，其中尤以韧性提高最为显著。RE-B 复合处理明显优于 RE 或 B 单一处理，从综合力学性能来看，RE-B 复合处理最好。

表 3 添加剂对 ZG31Mn2Si 力学性能的影响

添加剂	σ_b/MPa	σ_s/MPa	δ_5/%	a_K /J · cm^{-2}	E/GPa	K_{IC} /MPa · m$^{1/2}$	σ^{-1}/MPa	HRC
无	1570	1290	3.6	29.0	196	96.5	252.1	49.3
RE	1730	1430	5.2	36.5				48.7
B				40.0				48.6
RE-B	1690	1390	5.2	69.0	225	117.5	288.1	48.9

4.2 高硅铸钢淬火预处理

研究还发现[21]，高硅铸钢淬火前进行预处理，可以明显改善其组织，提高综合力学性能。高硅铸钢淬火加热前，添加 760℃ ×2h 的珠光体化预处理，硬度值变化不大，但冲击韧性明显提高，见图 9。珠光体化预处理明显改善高硅铸钢韧性的主要原因如下：铸造贝氏体钢的铸态组织主要以非平衡组织（马氏体、贝氏体和魏氏组织）为主。非平衡组织加热时容易在其板条界上形成针状奥氏体晶核，这种针状晶核在进一步加热或保温时会很快地长大、合并，形成的新奥氏体晶粒，其尺寸基本恢复原奥氏体晶粒尺寸，出现粗晶组织遗传现象[22]。对铸态贝氏体钢进行一次珠光体化预处理，消除了非平衡组织，使原有的板条不复存在，而得到了与旧奥氏体晶粒之间无晶体位向关系的平衡组织珠光体。所以重新加热后，针状奥氏体晶核便失去了形成条件，而在珠光体的铁素体和碳化物界面上创造了形成大量球状奥氏体晶核的条件，这些球状奥氏体晶核则是按无序机理转变，而且各球状奥氏体晶核相互间也无严格的位向关系，因而进一步加热或保温时，在旧奥氏体晶粒范围内就长成了若干个彼此无严格晶体位向关系因而与旧奥氏体晶粒也无位向关系的新的等轴晶粒，从而细化了晶粒。因此，要切断旧奥氏体晶粒的遗传，关键在于切断新旧相晶体位向关系。珠光体化预处理正好切断了这种晶体位向关系，因而达到了消除组织遗传的效果，细化了晶粒，提高了韧性。

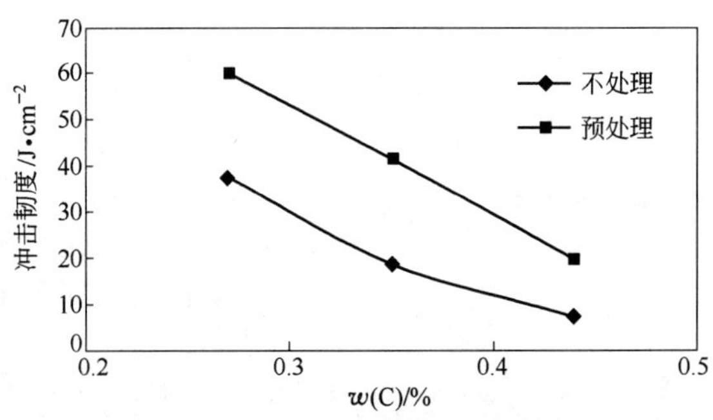

图 9 珠光体化预处理对高硅铸钢冲击韧性的影响

赵宇等人[23]的研究结果也显示，扩散退火之后，铸造贝氏体钢冲击韧度提高了一倍多，弯曲强度提高了 17%。认为性能提高的原因是经扩散退火以后，碳和杂质能充分扩散，使晶界处杂质减少，其对晶界的不利影响减轻了，同时合金元素也有一定程度的扩散，使淬透性提高，同样可提高其强韧性。最近研究发现[24]，提高正火温度有利于改善贝氏体钢铸造组织遗传性，奥氏体化温度在 A_{c_3} +（100～200℃）有明显的细化晶粒作用。正火温度由880℃提高到1080℃时，贝氏体钢的冲击韧度由20.3J/cm^{2}提高到35.6J/cm^2。

5 结束语

高硅耐磨铸钢是一种优异的耐磨材料，具有良好的强韧性和耐磨性，为了扩大其应用范围，有必要进一步加强以下几方面的研究：

（1）高硅耐磨铸钢磨损机理研究。高硅耐磨铸钢优异的耐磨性除了本身具有高硬度和高强韧性外，基体组织中较多的奥氏体在磨损条件下是否发生相变，相变条件以及相变对耐磨性的影响规律值得进行深入研究。

（2）高硅耐磨铸钢纯净化研究。高硅耐磨铸钢的内在质量与钢液的纯净度有很大的关系，钢水中的非金属夹杂物导致产品性能的恶化、内在品质的下降，同时非金属夹杂物有助于气孔的形成，降低铸件的致密度。提高钢液的纯净度主要集中在两方面：尽量减少钢中杂质元素的含量；严格控制钢中的夹杂物，包括夹杂物的数量、尺寸、分布、形状和类型。

（3）高硅铸钢成分优化。化学成分特别是硅含量和碳含量对高硅铸钢断裂韧性和疲劳性能影响较大，但目前有关化学成分对高硅铸钢断裂韧性和疲劳性能影响的研究工作并不多见，不利于高硅强韧铸钢的开发，在若干基础试验基础上，进一步优化高硅铸钢成分，有利于改善高硅铸钢性能。

（4）高硅耐磨铸钢热处理工艺研究。高硅铸钢生产中存在等温淬火温度稳定性差、产品性能波动大等不足，开发复合热处理工艺，有利于稳定等温淬火温度，提高高硅耐磨铸钢性能。

致谢：论文《高硅耐磨铸钢研究进展》得到了宁波市科技攻关项目“高硅铸钢的强韧化研究（2003B10019）”和国家科技部科技型中小企业技术创新基金“高硅奥-贝铸钢（01C26113310371）”资助，特此鸣谢！

参考文献

[1] Putatunda S K. Fracture toughness of a high carbon and high silicon steel[J]. Materials Science and Engineering A,2001,297A(1～2):31～43.

[2] Putatunda S K. Influence of austempering temperature on microstructure and fracture toughness of a high-carbon,high-silicon and high-manganese cast steel[J]. Materials and Design,2003,24(6):435～443.

[3] 徐继彭，严有为，张海鸥，等. 等温淬火工艺对奥-贝铸钢组织和性能的影响［J］. 铸造，2002，51（11）：680～683.

[4] Li Yanxiang,Chen Xiang. Microstructure and mechanical properties of austempered high silicon cast steel[J]. Materials Science and Engineering A,2001,308A(1～2):277～282.

[5] 陈祥，李言祥. 硅对等温淬火高硅铸钢组织和性能的影响［J］. 机械工程材料，2000，24（2）：14～16.

[6] 荣守范，金轮，姚玉环，等. 硅及等温淬火工艺对CrMnSi钢力学性能的影响［J］. 材料科学与工艺，1995，3（3）：70～73.

[7] Prasad R P,Putatunda S K. Influence of microstructure on fracture toughness of austempered ductile iron

[J]. Metallurgical and Materials Transactions A,1997,28A(7):1457～1470.

[8] Prasad R P, Putatunda S K. Dependence of fracture toughness of austempered ductile iron on austempering temperature[J]. Metallurgical and Materials Transactions A,1998,29A(12):3005～3016.

[9] Putatunda S K. Austempering of a silicon manganese cast steel[J]. Materials and Manufacturing Processes, 2001,16(6):743～762.

[10] 黄维刚，方鸿生，郑燕康．硅对Mn-B系空冷贝氏体钢组织与性能的影响［J］．金属热处理学报，1997，18（1）：8～13.

[11] Miihkinen V T T, Edmonds D V. Fracture toughness of two experimental high-strength bainitic low-alloy steel containing silicon[J]. Materials Science and Technology,1987,3(6):441～449.

[12] 栾道成，曲敬信，邵荷生．高强韧性奥氏体-贝氏体双相钢接触疲劳特性研究［J］．热加工工艺，1993（3）：38～41.

[13] 谭若兵，陈大明，康沫狂．超高强度准贝氏体钢冲击疲劳性能［J］．西北工业大学学报，1990，增刊：182～187.

[14] 宋国祥，王治纲，戴雅康，等．ZL-B铸钢车轮材料耐磨性与接触疲劳性能试验研究［J］．铁道车辆，2004，42（1）：9～11.

[15] 王龙妹．稀土元素在新一代高强韧钢中的作用和应用前景［J］．中国稀土学报，2004，22（1）：48～54.

[16] Guan Qingfeng, Fang Jianru, Jiang Qichuan, et al. Effect of rare earth composite modification on microstructure and properties of a new cast hot-work die steel[J]. Journal of Rare Earths,2003,21(3):368～371.

[17] Lan Jie, He Junjie, Ding Wenjiang, et al. Effect of rare earth metals on the microstructure and impact toughness of a cast 0.4C-5Cr-1.2Mo-1.0V steel[J]. ISIJ International,2000,40(12):1275～1282.

[18] Kodjaspirov G. Effect of microalloying and thermomechanical processing on the structure and mechanical properties of constructional steel[J]. Materials Science Forum,1998:284～286,335～342.

[19] 石崇哲，王正品，杨通，等．锌对空冷贝氏体钢净化变质处理的韧化和强化效应［J］．西安工业学院学报，1996，16（4）：336～341.

[20] 王晓颖，陈全德，吴逸贵，等．RE-B对Si-Mn铸钢强韧性的影响［J］．洛阳工学院学报，1997，18（1）：1～6.

[21] 彭晓春．提高硅锰钼系铸造贝氏体钢冲击韧性的研究［J］．西安公路交通大学学报，1995，15（2）：66～70.

[22] Matsuda S, Okamura Y. Microstructural and kinetic studies of reverse transformation in a low-carbon low alloy steel [J]. Transactions of the Iron and Steel Institute of Japan,1974,14(5):363～368.

[23] 赵宇，冉旭，刘喜明，等．扩散退火对铸造空冷贝氏体钢组织与性能的影响［J］．金属热处理，1999（7）：7～10.

[24] 程巨强，何鹏，康沫狂．正火消除准贝氏体铸钢组织遗传性的研究［J］．铸造技术，2002，23（3）：187～188.

冶金工业出版社部分图书推荐